前　言

塑料工业是现代新兴工业之一,它包括塑料原料生产和塑料制品成型加工两大部分。由于塑料具有密度小、化学稳定性好、电绝缘性能高、比强度大等优异的性能,所以从国防到人们的日常生活(农业、电器工业、化工、家具等),塑料的应用都非常广泛,在国民经济中占有重要的地位。

塑料工业从1872年开始萌芽,已有一百多年的历史。塑料的增长率在四大材料(混凝土、金属、木材、塑料)中占第一位。在美国,塑料按体积计算,在四大材料中占第二位。改革开放以来,我国塑料工业的年平均增长率大于10%。

模具是利用其特定形状去成型具有一定形状和尺寸制品的工具,塑料成型模具是成型塑料制品所采用的模具,它是成型塑料制品的主要工艺装备之一,对塑料制品的质量产生重要影响。因此,对于从事塑料模具设计的人员来说,除了应该了解塑料原料的基本情况,还要熟悉塑料制品的结构、工艺性与模具设计之间的关系,这样对于保证塑件质量,提高生产率及推广塑料应用都具有重要意义。

现代社会是信息社会,随着计算机技术的不断发展,塑料模具的生产速度和水平大大提高,塑料模具的生产与设计出现了如下几个发展趋势:塑料模具的理论研究进一步深化;高效率、自动化已经成为模具设计的基本要求之一;大型、超小型或微型模具是塑料模具设计的新兴研究热点;塑料模具设计将更加完善地实现标准化、系统化。

本书针对当今塑料制品的应用现实及高校"塑料成型模具设计"课程教学的基本情况,重点讲述如下内容:塑料的基本知识、塑料零件的设计准则与优化、塑料模具设计的基本知识、塑料注射成型模具设计、压制模具设计、热塑性塑料挤出成型机头和吹塑成型模具设计,并增加了近年来新发展起来的热流道、双色注射模具和热固性塑料注射模具设计的相关内容。

本书由燕山大学骆俊廷、哈尔滨工业大学王国峰、大连理工大学陈国清、哈尔滨工业大学(威海)王刚编著,哈尔滨工业大学张凯锋主审,全书插图由张丽丽绘制并校正。

在本书的编写过程中得到了燕山大学先进制造成型技术及装备国家地方联合工程研究中心、亚稳材料制备技术与科学国家重点实验室和先进锻压成形技术与科学教育部重点实验室各位教师的大力支持与热情帮助,在此表示衷心的感谢。

由于个人能力所限,书中缺点和错误在所难免,望读者批评指正。

编　者

目　录

普通高等教育"十二五"规划教材

塑料成型模具设计
（第 2 版）

骆俊廷　王国峰
陈国清　王　刚　编著
张凯锋　　主审

国防工业出版社
·北京·

内容简介

本书针对当今塑料制品的应用现实及高校"塑料成型模具设计"课程教学的基本情况,重点讲述如下内容:塑料的基本知识、塑料零件的设计准则与优化、塑料模具设计的基本知识、塑料注射成型模具设计、压制模具设计、热塑性塑料挤出成型机头、吹塑成型模具设计和新型塑料注射成型模具设计。

本书可供高等工科院校材料成型及控制工程、机械类模具方向及高分子材料的本、专科学生使用,也可作为相关工程技术人员的参考书。

图书在版编目(CIP)数据

塑料成型模具设计/骆俊廷等编著. —2 版. —北京:国防
工业出版社,2014.9
普通高等教育"十二五"规划教材
ISBN 978-7-118-09679-8

Ⅰ. 塑… Ⅱ. 骆… Ⅲ. 塑料模具—塑料成型—设
计—高等学校—教材 Ⅳ. ①TQ320.66

中国版本图书馆 CIP 数据核字(2014)第 213515 号

※

*国防工业出版社*出版发行

(北京市海淀区紫竹院南路 23 号 邮政编码 100048)
北京奥鑫印刷厂印刷
新华书店经售

*

开本 787×1092 1/16 印张 16½ 字数 376 千字
2014 年 9 月第 2 版第 1 次印刷 印数 1—4000 册 定价 29.80 元

(本书如有印装错误,我社负责调换)

国防书店:(010)88540777 发行邮购:(010)88540776
发行传真:(010)88540755 发行业务:(010)88540717

第1章 塑料的基本知识

1.1 树脂与塑料的概念

塑料的主要成分是树脂,最早,树脂是指从树木中分泌出的脂物,如松香就是从松树分泌出的乳液状松脂中分离出来的。后来又发现,从热带昆虫的分泌物中也可提取树脂,如虫胶。有些树脂还可以从石油中得到,如沥青。这些都属于天然存在的树脂,其特点是无明显的熔点,受热后逐渐软化,可溶解于有机溶剂,而不溶解于水。出于天然的树脂无论数量还是质量都不能满足现实需要,因此,在实际生产中所用的树脂都是合成树脂。合成树脂是人们按照天然树脂的分子结构和特性,用人工方法合成制造的。由于其是由相对分子质量小的物质经聚合反应而制得的相对分子质量大的物质,因此称之为高分子聚合物,简称高聚物。一般在常温常压下为固体,也有的为黏稠液体。

有些合成树脂可以直接作为塑料使用(如聚乙烯、聚苯乙烯、尼龙等),但有些合成树脂必须在其中加入一些助剂,才能作为塑料使用(如酚醛树脂、氨基树脂、聚氯乙烯等)。

1.2 塑料的组成

塑料的成分是相当复杂的,按其成分的不同,可分为简单组分塑料和多组分塑料。简单组分的塑料,基本上以树脂为主要成分,不加或加入少量助剂;多组的塑料除树脂以外,还需加入其他一些助剂。树脂和助剂按不同比例配制,可以获得各种性能的塑件,同一种树脂,不同配方,就可以获得迥然不同的塑料材料及塑件。

1. 树脂

塑料的主要成分是合成树脂,约占塑料总质量的 40% ~ 100%。其作用是使塑料具有可塑性和流动性,将各种助剂粘结在一起,并决定塑料的类型(热塑性或热固性)和主要性能(物理性能、化学性能、力学性能等)。

2. 填充剂

填充剂又称填料,一般是对聚合物呈惰性的粉末物质。它的加入可以改善塑料性能,扩大它的使用范围,减少树脂用量,降低成本(填料含量可达近40%)。在许多情况下填充剂所起的作用并不比树脂小,是塑料中重要但并非必要的成分。对填料的要求是:易被树脂浸润,与树脂有很好的黏附性,性质稳定。填料的颗粒大小和表面状况对塑料性能也有一定影响,颗粒越小对制件稳定性和外观等方面的改善作用就越大。此外还要求填料分散性良好,不吸油和水,对设备磨损不严重。填料的加入改变了分子间构造,降低了结晶倾向,提高玻璃化温度和硬度,但常会使塑料的强度和耐湿性降低。填料过大时会使加工性能和表面光泽变差,因此需对填料品种和加入量严加控制。

1

填充剂按其形状可分粉状的、纤维状的和层状(片状)的。常用的部分填料及其作用,如表1-1所列。

表1-1 部分塑料填料及其作用

填料名称	作　　　用
碳酸钙($CaCO_3$)	用于聚氯乙烯、聚烯烃等;提高制件耐热性、硬度;塑件稳定性好、降低收缩率、降低成本;遇酸易分解,不宜用于耐酸部件
粘土(Al_2O_3) 高岭土(Al、SiO_2) 滑石粉(Mg、SiO_2) 石棉(Ca、Mg、SiO_2) 云母(硅酸盐)	用于聚氯乙烯、聚烯烃等;改善加工性能,降低收缩率,提高制件的耐热、耐燃、耐水性及降低成本;提高制件的刚性、尺寸稳定性以及使制件具有某些特性(如滑石粉可降低摩擦系数,云母可提高介电性能)
碳黑(C)	用于聚氯乙烯、聚烯烃等;提高制件导热、导电性能;也作着色、光屏蔽剂等
白碳黑(SiO_2)	用于聚氯乙烯、聚烯烃、不饱和酸脂、环氧树脂等;提高制件介电性、冲击性;可调节树脂的流动性
石膏($CaSO_4$)亚硫酸钙	用于聚氯乙烯、丙烯酸类树脂;降低成本提高制件尺寸稳定性、耐磨性
金属粉(铜、铝、锌等)	用于各种热塑性工程塑料、环氧树脂等;提高塑料导电、传热、耐热等性能
二硫化钼 石墨(C)	用于尼龙浇注制件等;提高表面硬度、降低摩擦系数、热膨胀系数、提高耐磨性
聚四氯乙烯粉或纤维	用于聚氯乙烯、聚烯烃及各种热塑性工程塑料;提高制件的耐磨性、润滑性
玻璃纤维	提高制件机械强度
木粉	用于酚醛树脂及聚氯乙烯等塑料;提高制件的电性能、抗冲击性能;耐水性及耐热性稍差

3. 增塑剂

有些树脂(如硝酸纤维、醋酸纤维、聚氯乙烯等)可塑性小,柔顺性差,为了降低树脂的熔融黏度和熔融温度,改善其成型加工性能,通常加入能与树脂相溶的不易挥发的高沸点有机化合物,这类物质称为增塑剂。树脂中加入增塑剂后,加大了聚合物分子之间的距离,削弱了大分子之间的作用力,使树脂分子变得容易滑移,从而使塑料能在较低温度下具有良好的可塑性和柔顺性。如图1-1所示。

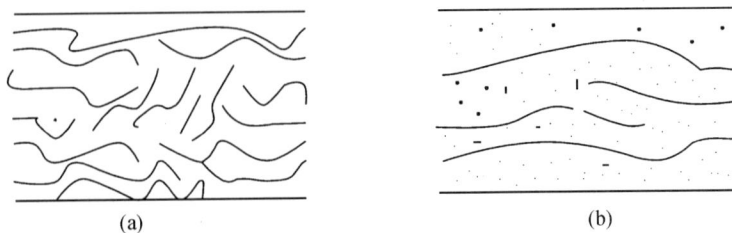

图1-1 增塑剂的作用示意图
(a)不含增塑剂;(b)含有增塑剂。

对增塑剂的要求是:能与树脂很好地混溶而不起化学反应;不易从制件中析出及挥发;不降低制件的主要性能;无毒、无害、无色、不燃及成本低等。一般需多种增塑剂混用才能满足多种性能要求。增塑剂是一种低分子化合物或聚合物,通常为高沸点的难挥发性液体或低熔点的固体酯类化合物。如邻苯二甲酸酯类、脂肪族二元酸酯类及磷酸酯类等。目前,塑料工业中使用增塑剂最多的是聚氯乙烯塑料,用的增塑剂占总产量80%以上。

4. 着色剂

着色剂又称色料,它能赋予塑料以色彩,起美观和装饰作用,有些着色剂还又有改善塑件耐候性(提高抗紫外线能力)、耐老化性及延长塑件使用寿命,使塑料具有特殊的光学性能的作用。如聚甲醛塑料用炭黑着色后能在一定程度上有助于防止光老化;聚氯乙烯用二盐基性亚磷酸铅等颜料着色后,可避免紫外线的射入,对树脂起屏蔽作用。一般对色料的要求是:性能稳定、不分解、易扩散、耐光和耐候性优良,不发生从制件内部向表层析出或移向与其接触的其他物质的迁移现象。要使塑料具有特殊的光学性能,可在塑料中加入金属絮片、珠光、磷光及荧光色料等。

5. 稳定剂

稳定剂是一类可以提高树脂在光、热、氧及霉菌等外界因素作用时的稳定性,阻缓塑料变质的一类物质。许多树脂在成型加工和使用过程中由于受上述因素的作用,性能会变坏;加入少量(千分之几)稳定剂就可以减缓这种情况的发生。稳定剂的种类主要有三类:光稳定剂、热稳定剂和抗氧化剂。对稳定剂的要求是除对聚合物的稳定效果好外,还要耐水、耐油、耐化学药品,并与树脂相溶,在成型过程中不分解、挥发小、无色。常用的稳定剂有硬酯酸盐、铅的化合物及环氧化合物等。

6. 润滑剂

为改善塑料熔体的流动性,减少或避免对模具或设备的磨损和黏附,以及改进塑件表面质量而加入的一类助剂,称为润滑剂。润滑剂的主要作用是降低塑料材料内部分子之间的相互摩擦,因此润滑剂分内外两类。内润滑剂在高温下与聚合物有一定相溶性,削弱聚合物分子间力和分子链间的相互引力、起到塑化或软化作用;外润滑剂与聚合物的相溶性很低,能附着在熔融树脂表面,或附着在成型机械及模具的表面,降低它们之间的摩擦。常用的润滑剂有石蜡、硬酯酸、金属皂类、酯类及醇类等。当然,塑料的成分远不止上述几种,还有防静电剂、阻燃剂、增强剂、驱避剂、交联剂及固化剂等。

1.3 塑料的分子结构

塑料的主要成分是树脂,树脂有天然树脂和合成树脂两种。无论是什么种类的树脂,它们都属于高分子化合物,简称高聚物。每个高分子里含有一种或数种原子或原子团,这些原子或原子团按照一定的方式排列,首先是排列成许多相同结构的小单元,称之为结构单元,再通过化学键连成一个高分子。这些小单元称为"链节",好像链条里的每个环节;

n 称为"链节数"（聚合度），表示有多少链节聚合在一起。由许多链节构成一个很长的聚合物分子，称为"分子链"，如图 1-2 所示。如果高聚物是由一根根的分子链组成的，则称为线性高聚物（图 1-2（b））；如果在大分子的链之间还有一些短链把它们连接起来，则称为体型高聚物（图 1-2（c）），此外还有一种网形高聚物，它介于线型与体型结构之间，与体型结构实际上没有严格区别，只是分子链之间交联的短链比较疏松而已。

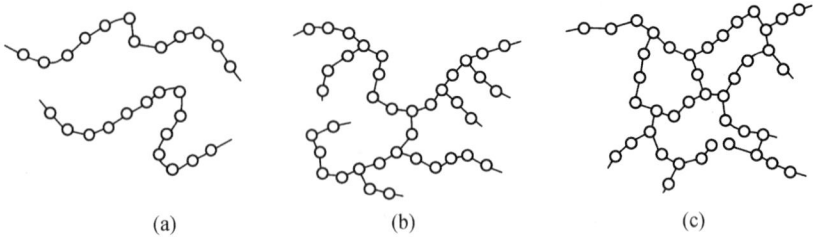

（a）　　　　　　（b）　　　　　　（c）

图 1-2　高聚物分子链几何形状示意图

（a）高分子链；（b）线型；（c）体型。

1.4　塑料的种类

目前，已正式投产的塑料品种有 300 多种，但主要的只有 40 多种，而且每一品种又有多种牌号，为了便于识别和使用，需要对塑料进行分类。针对每一种塑料，一般都有成分和分子结构、制备方法、使用性能、工艺性能等几方面的考虑。对于塑料制备工程师来说，考虑比较多的是塑料的成分和分子结构及其制备方法；对于塑件设计工程师来说，考虑比较多的是塑料的使用性能及用途；对于模具工程师来说，考虑比较多的还是塑料的成型工艺性能。

1. 按塑料的使用特性分为通用塑料、工程塑料和功能塑料

（1）通用塑料。是指一般只能作为非结构材料使用，产量大，用途广，价格低，性能普通的一类塑料。主要有聚乙烯、聚丙烯、聚氯乙烯、酚醛塑料和氨基塑料等品种，约占塑料总产量的 75% 以上。

（2）工程塑料。是指可以作为工程结构材料，力学性能优良，能在较广温度范围内承受机械应力和较为苛刻的化学及物理环境中使用的一类塑料。主要有聚酰胺（尼龙）、聚碳酰酯、聚甲醛、ABS、聚苯醚、聚砜等各种增强塑料。

工程塑料与通用塑料相比产量小，价格较高，但具有优异的力学性能、电性能、化学性能、耐磨性、耐热性、耐腐蚀性、自润滑性及尺寸稳定性，且具有某些金属性能，因而可代替一些金属材料用于制造结构零部件和传动结构零部件等。

（3）功能塑料。是指用于特种环境中，具有某一方面的特殊性能的塑料。主要有医用塑料、光敏塑料、导磁塑料、高耐热性塑料及高频绝缘性塑料等。这类塑料产量小，价格较贵，性能优异。

表 1-2 为常用塑料原料名称中英文对照及用途，可供参考。

表 1-2　常用塑料原料名称中英文对照及用途

塑料类别	俗 称	中文学名	英文简称	主 要 用 途
聚苯乙烯类	硬胶	通用聚苯乙烯	PS	灯罩,仪器壳罩,玩具等
	不脆胶	高冲击聚苯乙烯	HIPS	日用品,电器零件,玩具等
改性聚苯乙烯类	ABS 料	丙烯腈-丁二烯-苯乙烯	ABS	电器用品外壳,日用品,高级玩具,运动用品
	AS 料(SAN 料)	丙烯腈-苯乙烯	AS(SAN)	日用透明器皿,透明家庭电器用品等
	BS(BDS)K 料	丁二烯-苯乙烯	BS(BDS)	特种包装,食品容器,笔杆等
	ASA 料	丙烯酸-苯乙烯-丙烯腈	ASA	一般建筑领域,家具,汽车外侧视镜壳体
聚丙烯类	PP(百折胶)	聚丙烯	PP	包装袋,拉丝,包装物,日用品,玩具等
	PPC	氯化聚丙烯	PPC	日用品,电器等
聚乙烯类	LDPE(花料,筒料)	低密度聚乙烯	LDPE	包装胶袋,胶花,胶瓶电线,包装物等
	HDPE(孖力士)	高密度聚乙烯	HDPE	包装,建材,水桶,玩具等
改性聚乙烯类	EVA(橡皮胶)	乙烯-醋酸乙烯酯	EVA	鞋底,薄膜,板片,通管,日用品等
	CPE	氯化聚乙烯	CPE	建材,管材,电缆绝缘层,重包装材料
聚酰胺	尼龙单 6	聚酰胺-6	PA-6	轴承,齿轮,油管,容器,日用品
	尼龙孖 6	聚酰胺-66	PA-66	机械,汽车,化工,电器装置等
	尼龙 9	聚酰胺-9	PA-9	机械零件,泵,电缆护套
	尼龙 1010	聚酰胺-1010	PA-1010	绳缆,管材,齿轮,机械零件
丙烯酸酯类	亚加力	聚甲基丙烯酸甲酯	PMMA	透明装饰材料,灯罩,挡风玻璃,仪器表壳
丙烯酸酯共聚物	改性有机玻璃	甲基丙烯酸甲酯-苯乙烯	MMS	高抗冲要求的透明制品
		甲基丙烯酸甲酯-乙二烯	MMB	机器架壳,机器框及日用品等
聚碳酸酯	防弹胶	聚碳酸酯	PC	高抗冲的透明件,作高强度及耐冲击的零部件
聚甲醛	赛钢	聚甲醛	POM	耐磨性好,可以作机械的齿轮,轴承等
纤维素类	赛璐珞	硝酸纤维素	CN	眼镜架,玩具等
	酸性胶	醋酸纤维素	CA	家用器具,工具手柄,容器等
		乙基纤维素	EC	工具手柄,体育用品等
饱和聚酯	涤纶(的确凉)	聚对苯二甲酸乙二醇酯	PET	轴承,链条,齿轮,录音带等
聚氯乙烯类	PVC	聚氯乙烯	PVC	制造棒,管,板材,输油管,电线绝缘层,密封件等
氟塑料类 PVF	F4 氟料	聚四氟乙烯	PTFE	高频电子仪器,雷达绝缘部件
	F46 氟料	聚全氟代乙丙烯	FFP,F46	高频电子仪器,雷达绝缘部件
	F3 氟料	聚三氟氯乙烯	PCTFE	透明视镜,阀管件等

（热塑性塑料）

5

塑料类别	俗　称	中文学名	英文简称	主　要　用　途
热塑性塑料	聚砜	聚砜	PSU(PSF)	电器零件,结构件,飞机及汽车零件等
		聚醚砜	PES	电器零件,结构件,飞机及汽车零件等
		聚芳砜	PAS	可用作 C 级绝缘材料制造电子电器零件
	氯化聚醚	氯化聚醚	PENTON(CPT)	代替不锈钢,氯塑料等材料
	聚苯醚	聚苯醚	PPO,MPPO	较高温度下工作的齿轮,轴承,及其他零部件
	聚芳酯	聚芳酯	PAR	汽车电器,医疗器械
	聚苯硫醚	聚苯硫醚	PPS	耐热性优良,电器零件,汽车零件,化学设备
	聚醚酮	聚醚醚砜	PEEK	耐化学品,电线被覆,高温接线柱
	聚亚胺	结晶型聚酰亚胺	PAI	耐高温,自润滑,耐磨太空,电子,飞机,汽车零件
		非结晶型聚醚亚胺	PEI	耐高温,自润滑,耐磨太空,电子,飞机零件,汽车零件
		热固性双马来酰亚胺	BMI	耐高温,自润滑,耐磨太空,电子,飞机零件,汽车零件
	液晶聚合物	自增强聚合物	LCP	微波炉灶容器,电子电器和汽车机械零件
热固性塑料	酚醛塑料	电木粉	苯酚 – 甲醛树脂	PF	无声齿轮,轴承,钢盔,电机,通讯器材配件等
	氨基塑料	电玉尿素	脲 – 甲醛树脂	UF	生活用品,电机壳,木材黏接剂等
	环氧树脂	冷凝胶	环氧树脂	EP	汽车拖拉机零件,船身涂料
	聚氨脂	PU	聚氨脂树脂	PU	鞋底,椅垫床垫,人造皮革,油漆等
	硅树脂	Silicone	硅氧烷	SI	橡胶制品,脱模剂,清漆涂料
	不饱和聚酯		醇酸树脂	AK	涂料,玻璃钢,装饰件,地板,纽扣等

2. 按塑料受热后呈现的基本特性分热塑性塑料和热固性塑料

（1）热塑性塑料。这类塑料的合成树脂都是线型或支链型高聚物,因而受热变软,甚至成为可流动的稳定黏稠液体,在此状态时具有可塑性,可塑制成一定形状的塑件,冷却后保持既得的形状,如再加热又可变软塑制成另一形状,如此可以反复进行多次。在这一过程中一般只有物理变化,而无化学变化,因此其变化过程是可逆的。简而言之,热塑性塑料是由可以多次反复加热而仍具有可塑性的合成树脂制得的塑料。常见的热塑性塑料有聚氯乙烯（PVC）、聚苯乙烯（PS）、聚乙烯（PE）、聚丙烯、尼龙（聚酰胺 PA）、聚甲醛

（POM）、聚碳酸酯（PC）、ABS 塑料、聚砜（PSU）、聚苯醚（PPO）、氟塑料、有机玻璃（PM-MA）等。

（2）热固性塑料。这类塑料的合成树脂是体型高聚物，因而在加热之初，因分子成线型结构，具有可熔性和可塑性，可塑制成一定形状的塑件；当继续加热时，分子呈现网状结构；当温度达到一定程度后，树脂变成不溶和不熔的体型结构，使形状固定下来不再变化。如再加热，也不软化，不再具有可塑性。在一定变化过程中既有物理变化，又有化学变化，因此其变化过程是不可逆的。简而言之，热固性塑料是由加热硬化，且只能一次性使用的合成树脂制得的塑料。常见的热固性塑料有酚醛塑料（PF）、氨基塑料、环氧树脂（EP）等。

1.5 塑料的成型工艺特性

塑料在常温下是玻璃态，若加热则变为高弹态，进而变为黏流态，从而具有优良的可塑性，可以用许多高生产率的成型方法来制造产品，这样就可节约原料，节省工时，简化工艺过程，且对工人技术要求低，易于组织大批量生产。

1. 收缩率

塑料从热的模具中取出并冷却到室温后，其尺寸发生变化的特性称为收缩率。由于收缩率不仅是树脂本身的热胀冷缩，而且还与各种成型因素有关，因此成型后塑件的收缩称为成型收缩。

收缩率用尺寸相对收缩的百分数来表示。收缩率分为实际收缩率和计算收缩率。实际收缩率表示模具或塑件在成型温度时的尺寸与塑件在室温时的尺寸之间的差别，而计算收缩率则表示室温时模具尺寸与塑件尺寸的差别。

2. 比体积和压缩率

比体积是单位质量的松散塑料所占的体积；压缩率是塑料的体积与塑件的体积之比，其值恒大于1。比体积和压缩率都表示粉状或短纤维状塑料的松散性。它们都可用来确定模具或注射机加料量的大小。比体积和压缩率大，则要求加料量大。

3. 流动性

塑料在一定温度与压力下填充型腔的能力称为流动性。常用热塑性塑料的流动性分为三类：流动性好的，如尼龙、聚乙烯、聚苯乙烯、聚丙烯、醋酸纤维素等；流动性中等的，如改性聚苯乙烯、ABS、AS、有机玻璃、聚甲醛、聚氯醚等；流动性差的，如聚碳酸酯、硬聚氯乙烯、聚苯醚、聚砜、氟塑料等。

4. 吸湿性、热敏性及挥发物含量

塑料中的水分及挥发物来自两个方面：其一是塑料在制造中未能全部除净水分，或在储存、运输过程中，由于包装或储存条件不当而吸收的水分；另一方面则是来自成型过程中化学反应或热敏分解等的副产物。

根据塑料对水分亲疏程度的差别，塑料大致可以分为两种：①吸湿或黏附水分的，如纤维素酯、有机玻璃、尼龙、聚碳酸酯、ABS、聚砜、聚苯醚、酚醛塑料、氨基塑料等；②不吸湿也不黏附水分的，如聚乙烯、聚丙烯、聚苯乙烯、聚甲醛、氟塑料等。

热敏性是指某些热稳定性差的塑料，在高温下受热时间较长或浇口截面过小及剪切作用过大时,料温增高就易发生变色、降解、分解的倾向。具有这种特性的塑料称为热敏性塑料,如硬聚氯乙烯、聚偏氯乙烯、聚甲醛、聚三氟氯乙烯等。

5. 结晶性

根据塑料冷凝时有无结晶现象,可将塑料分成结晶型塑料和非结晶型塑料两大类。前者有聚乙烯、聚丙烯、聚四氟乙烯、聚甲醛、尼龙、聚氯醚等;后者有聚苯乙烯、有机玻璃、聚碳酸酯、ABS、聚砜等。

6. 应力开裂及熔体破裂

有些塑料(如聚苯乙烯、聚碳酸酯、聚砜等),在成型时易产生内应力而使塑件质脆易裂,在外力作用下或在溶剂作用下即发生开裂现象。

熔体破裂是指一定熔融指数的塑料,在恒定温度下通过喷嘴孔时其流速超过一定值后,熔体表面发生明显横向裂纹的现象。

7. 定型速度

热固性塑料在成型过程中要完成交联反应,即树脂分子由线型结构变成体型结构,这一变化过程称为硬化。硬化速度通常以塑料试样硬化一毫米厚度所需的秒数来表示。此值越小,硬化速度就越快。

1.6 常用塑料

1.6.1 热塑性塑料

热塑性塑料质轻,密度 $0.83 \text{g/cm}^3 \sim 2.20 \text{g/cm}^3$;电绝缘性好,不导电及耐电弧等;化学稳定性好,能耐一般的酸、碱、盐及有机溶剂;有良好的耐磨性和润滑性;比强度高,尤其玻璃纤维及碳纤维增强的塑料,可达到或超过钢的比强度;着色性良好,可以采用喷涂、热压印及印刷等方法获得各种外观颜色的塑件;可以采用多种成型方法加工,生产效率高。

主要缺点是耐热性差,热膨胀系数大,尺寸稳定性差;在载荷作用下,易老化等,但可以通过各种方法改善和提高。

由于合成热塑性塑料的原料来源广泛,工艺技术成熟,所以目前全世界塑料总产量中,3/4 以上为热塑性塑料,而且还将持续增长。

1.6.1.1 聚氯乙烯树脂(PVC)

1. 概述

聚氯乙烯是氯乙烯单体经聚合而成,早在 20 世纪 30 年代就已实现工业化生产。由于原料易得,价格低廉,性能较好、是热塑性通用塑料中耗能和生产成本最低的品种,因此应用广泛。目前聚氯乙烯世界产量仅次于聚乙烯,我国聚氯乙烯在 20 世纪 90 年代前产量一直位居第一,90 年代以后被聚乙烯取代,产量居第二位。

2. 聚氯乙烯的类型、特性

聚氯乙烯是白色粉料,其硬质塑料的密度为 $1.35 \text{g/cm}^3 \sim 1.45 \text{g/cm}^3$;软质塑料密度为 $1.16 \text{g/cm}^3 \sim 1.70 \text{g/cm}^3$。聚氯乙烯是以聚氯乙烯树脂为基础,加入各种助剂后成为塑料的。聚氯乙烯根据增塑剂量的不同,可制成硬质和软质聚氯乙烯,其性能和用途也不同。

不含或含有少量增塑剂的为硬质聚氯乙烯,含有较多增塑剂的为软质聚氯乙烯。聚氯乙烯化学稳定性优异,除浓的硫酸、硝酸和铬酸以外,对大多数无机酸和碱耐侵蚀。不溶于水、酒精和汽油,在醚、酮及芳香烃等中能溶胀或溶解。

聚氯乙烯的力学性能取决于树脂的相对分子质量、增塑剂及填料的含量。树脂相对分子质量越大,力学性能、耐寒性、热稳定性越高、但成型加工困难;若树脂的相对分子质量较低,则相反。填料含量增多,则抗拉强度降低。加入增塑剂后,塑料的柔软性、伸长率、耐寒性增加,玻璃化温度、脆性、硬度及抗拉强度降低。

聚氯乙烯热稳定性差,易分解,在力、热及氧等条件下分解放出 HCl 气体。140℃时就开始有少量气体 HCl 产生,随着温度升高分解加速,因此需加入稳定剂防止其分解老化。

3. 聚氯乙烯的用途

由于聚氯乙烯的化学稳定性高,所以可用于制作防腐管道、管件、输油管、离心泵和鼓风机等。聚氯乙烯的硬板广泛用于化学工业上制作各种贮槽的衬里、建筑物的瓦楞板、门窗结构、墙壁装饰物等建筑用材。由于电绝缘性能良好,可在电气、电子工业中用于制造插座、插头、开关和电缆。在日常生活中,用于制造凉鞋、雨衣、玩具和人造革等。

4. 聚氯乙烯的成型特性

(1)聚氯乙烯可用注射、挤出、压延及吹塑等成型加工方法。

(2)吸湿性小,但为了提高流动性及防止产生气泡,应预先干燥。

(3)流动性差,极易分解,尤其在高温下与钢和铜等金属接触极易分解。模腔表面应镀铬或渗氮处理;宜采用低温高压注射。

(4)成型温度范围窄,必须严格控制料温。

(5)宜用螺杆式注射机和直通喷嘴,孔径宜大,以防死角滞料。

(6)模具应有冷却系统。

1.6.1.2 聚乙烯(PE)

1. 概述

聚乙烯是乙烯单体经聚合而成,是聚烯烃 PO(包括聚乙烯、聚丙烯、聚丁烯)家族中的一员。1939 年实现工业化生产,是目前合成树脂中产量最大,用途最广的品种,约占世界塑料总产量的 30% ,为塑料工业之冠。产量最大,应用最普遍,性能优良,成型方便,原料丰富,价格便宜。

2. 聚乙烯的类型、特性

聚乙烯是无臭、无味及无毒的可燃性白色粉末。经挤出造粒后成蜡状半透明颗粒料,柔而韧呈乳白色,密度 $0.91g/cm^3 \sim 0.98g/cm^3$,手触似蜡,是典型的热塑性塑料。

聚乙烯按聚合时采用的压力不同分高压、中压和低压聚乙烯,但由于工艺上的发展,目前习惯于按聚乙烯密度的不同分为高密度(代号 HDPE,密度 $0.94g/cm^3 \sim 0.97g/cm^3$)、中密度(代号 MDPE)和低密度聚乙烯(代号 LDPE,密度 $0.91g/cm^3 \sim 0.93g/cm^3$)。

生产工艺分为高压法、中压法、低压法。高压法工艺流程短,成本低,产品透明,柔软性好,应用面广,但设备要求较高;中低压法产品机械强度高,设备要求低,但透明性差,又要除去催化剂和回收溶剂,成本高。

3. 聚乙烯的用途

利用其无毒和价廉的性能,生产食品包装袋和日用器具,在工业上主要用作防腐材料、化学药品容器及电线电缆等。

低密度聚乙烯 LDPE,主要是用于薄膜产品。

(1) 农业用薄膜,地面覆盖膜,农膜,蔬菜大篷膜。

(2) 包装用膜,如糖果,蔬菜冷冻食品等包装。

(3) 液体包装用,如吹塑薄膜,重包装袋,收缩包装袋等。

(4) 还可用于注射制品,挤塑管材,电线电缆,吹塑中空容器。

中密度聚乙烯 MDPE,用途不如低密度聚乙烯 LDPE 和高密度聚乙烯 HDPE 广泛,适合挤塑管材,蒸煮袋的内衬薄膜和包装等制品。

高密度聚乙烯 HDPE,主要用途为:

(1) 注射制品。有周转箱,瓶盖,桶类,帽,食品,容器,盘,垃圾箱,盒以及塑料花。

(2) 吹塑制品。中空成型制品,如各种系列吹塑桶,容器,瓶类,盛放清洁剂、化学品、化妆品等,汽油箱,日用品等,还有吹塑制品如食品包装袋,杂品购物袋,化肥内衬薄膜等。

(3) 挤塑制品。管材,管件主要用在煤气输送,公共水和化学品输送,如建材排水管,煤气管,热水管等,片材主要用于座椅,手提箱,搬运容器等。

(4) 旋转成型。注射制品如大型容器,储藏罐,桶,箱等。

4. 聚乙烯的成型特性

PE 加热后,形成黏度适中的熔融体,加工容易,能成型各种尺寸的制品。但超高分子量 PE 的熔融黏度太高,树脂的流动性极差,采用注射成型很困难。

PE 注射成型特性如下:

(1) 选用标准注射成型机为宜,不需选用特殊的成型机。

(2) 收缩率大,在注射方向为 3% ~ 4%,垂直于注射方向为 0.5% ~ 2%,制品易产生形变,特别是薄壁制件。

(3) 由于吸湿性极小,几乎不必干燥。当表面附着水分时,可进行热风干燥。

(4) 可采用干混着色或挤压法着色。

1.6.1.3 聚丙烯(PP)

1. 概述

1957 年投入工业化生产,性能优异,应用广泛,发展速度在塑料工业中占首位。

2. 聚丙烯特性

聚丙烯是线型碳氢高聚物,它不含有或几乎不含有不饱和结构,因此具有聚乙烯所有的优良性能,如卓越的介电性能,耐水性,化学稳定性,易于成型加工等;还具有聚乙烯所没有的许多性能,如比水轻(密度为 $0.9g/cm^3$ 左右),机械强度较高(接近于聚苯乙烯和硬聚氯乙烯),软化点较高,表面硬度及耐热性较好。但耐磨性稍差,成型收缩率较大,低温呈脆性,对氧敏感,即易受紫外线影响而老化。

3. 聚丙烯用途

聚丙烯常用来制造继电器的小型骨架、高频插座、电容器、微波元件、天线及外壳、外框、外罩、盒、箱的铰链等。此外,还可用来制造法兰、齿轮、接头、泵的叶轮等机械零件以及化工管道和容器等。

4. 聚丙烯的成型特性

(1) 吸湿性小,可能发生熔体破裂,长期与金属接触易发生分解。

（2）流动性极好，易于成型。

（3）冷却速度快，浇注系统及冷却系统应散热缓慢。

（4）成型收缩率范围及收缩率大，易发生缩孔、凹痕、变形，方向性强。

（5）成型温度应注意控制。料温低时方向性明显，尤其是低温高压时更明显。模温在50℃以下时塑件不光泽，易产生熔接不良和流痕；在900℃以上时易发生翘曲和变形。

（6）塑件应壁厚均匀，避免缺口和尖角，以防止应力集中。

1.6.1.4 聚苯乙烯（PS）

1. 概述

聚苯乙烯是苯乙烯单体经聚合而成，1920年开始工业化生产。由于性能优良，原料来源丰富，价格低廉，因此应用广泛，产量仅次于聚乙烯、聚氯乙烯和聚丙烯。

2. 聚苯乙烯特性

白色小颗粒粉状，经挤塑可制得透明粒状；分子量为45000～65000；无臭，无味，无毒，吸湿性小，透明度高；有一定的机械强度，化学稳定性及较优良的电性能；耐热性，韧性，耐冲击较差。

3. 聚苯乙烯用途

聚苯乙烯被广泛应用于光学工业中，这是因为它具有良好的透光性，可制造光学玻璃和光学仪器，也可制作透明或颜色鲜艳的制品，例如灯罩、照明器具等，还可以制作在高频环境中工作的电气元器件和仪表等。

4. 聚苯乙烯的成型特性

（1）成型性能好，可注射、挤出、真空成型及模压成型等。

（2）流动性好，溢边值约0.03mm，对压力磁化敏感。

（3）吸湿性小，成型前可不干燥。

（4）成型后塑件收缩率很低，尺寸稳定性好。

（5）可用柱塞式或螺杆式注射机成型，为防止淌料，可采用直通式或自锁式喷嘴。

（6）性脆易裂，热膨胀系数大，易产生内应力。成型时产生的内应力，可通过退火处理消除。

（7）宜采用高料温、高模温及低注射压力，延长注射时间，有利于减小内应力，防止缩孔和变形（尤其厚壁塑件更有效）。但料温过高，塑件易出现银丝，料温过低或脱模剂用量过多，塑件透明性变差。

（8）可采用各种形式浇口。浇口与塑件连接处应圆滑过渡，防止去除时损伤塑件。脱模斜度不宜太小。推出力要均匀分布，防止变形和开裂。

（9）塑件壁厚应均匀，不宜有嵌件、缺口及尖角，轮廓表面圆滑过渡。

1.6.1.5 聚酰胺（PA）

1. 概述

聚酰胺是由二元胺和二元酸通过缩聚反应而制得的，又称尼龙（Nylon）。1940年实现工业化生产，首先用于合成纤维，我国商品名为"涤纶"，其后逐渐用作塑料。由于聚酰胺具有优异的物理力学性能，作为工程塑料使用，是工程塑料中发展最早的品种，种类不断扩大，改性产品不断出现，已拥有几十种系列产品，居五大工程塑料（尼龙、聚碳酸酯、聚甲醛、改性聚苯醚和热塑性聚酯)之首。

2. 性能

坚韧耐磨,摩擦系数低,具有自熄及优良的化学稳定性;存在吸湿性和冷流性,尺寸稳定性差。

3. 聚酰胺的成型特性

(1)可用注射、挤出、模压及烧结等多种方法成型加工。

(2)吸湿性较大,成型前须干燥;热稳定性差,易分解。

(3)熔点较高,熔融温度范围窄,热稳定性差,不宜在高温料筒长时间停留。喷嘴须加热,防止堵塞。

(4)熔体黏度低,流动性好,溢边值为 0.02mm,成型中易发生溢料和流涎现象,因此模具须选用最小间隙,喷嘴宜自锁式。

(5)收缩大且收缩率范围大,各向异性明显,易发生缩孔、凹陷和变形等缺陷,成型条件应稳定。

(6)冷却速度对结晶度和塑件性能影响较大,应根据壁厚等控制模温,模温过低,易产生缩孔及结晶度低等问题。

(7)摩擦系数小弹性大,对带有浅侧凹塑件可强行脱模。

(8)浇注系统流动阻力应尽量小,浇口截面宜取大些,避免死角滞料;有嵌件必须预热;模具需加热,改善流动性,使塑件内外冷却均匀,防止产生缺陷;成型零件的模具应选耐磨及耐腐材料,并淬硬及镀铬,应设计排气装置。

4. 用途

机械,仪表,汽车工业等,如轴承,齿轮,衬套,蜗轮,蜗杆等。

1.6.1.6 聚碳酸酯(PC)

1. 概述

聚碳酸酯 1958 年实现工业化生产,性能优良,应用广泛。

2. 聚碳酸酯的类型、特性

聚碳酸酯是无色或呈淡黄色的透明塑料,透光率接近有机玻璃,无毒、无味及无臭,密度 $1.2g/cm^3 \sim 1.52g/cm^3$,不易燃烧,离火后能自熄。

聚碳酸酯具有优良的力学性能,冲击强度优异,在热塑性塑料中最优。接近酚醛塑料和聚酯玻璃钢;抗蠕变性优于尼龙和聚甲醛,因而尺寸稳定性好;有很高的拉伸、弯曲和压缩强度,可与尼龙 66 和聚酯玻璃钢媲美,断裂伸长率比尼龙小得多,具有很高的弹性模量;主要缺点是耐疲劳强度低,成型后塑件内应力较大,易开裂;与大多数工程塑料相比,摩擦系数较大,耐磨性较差。

聚碳酸酯热性能较好,长期使用温度可达 130℃,同时又有良好的耐寒性,在 200℃ ~ 220℃ 呈熔融状态。

3. 聚碳酸酯的用途

在机械工业中,制造齿轮、齿条、蜗轮及蜗杆等,传递中小负荷,还可用作制造受力不大的紧固件,如螺栓及螺母等;在电气和电子行业中,用作电器仪表零件和外壳,如绝缘插件、线圈框架、电信器材外壳、照相机外壳及电话机壳体等;还可以制造门窗玻璃、路灯、指示标牌、防护罩及安全罩等。

4. 聚碳酸酯的成型特性

（1）可采用注射、挤出、吹塑和真空成型等加工方法。

（2）非结晶塑料,收缩率较小,可制得精度高的塑件,热稳定性好,成型温度范围宽。

（3）吸水性小,但水敏性强,吸收微量水分,就会使塑件质量显著下降,因此成型前必须干燥处理。

（4）熔融温度高,熔体黏度大,宜采用敞开式延伸喷嘴;熔体流动性差,溢边值约为0.06mm,流动性对温度变化敏感,流动性对剪切速率不太敏感,冷却速度快,易产生应力集中,因此流道应粗面短,采用截面较大的直接浇口、环形浇口、扇形浇口或护耳浇口等;应设冷料穴,防止出现熔接痕。

（5）塑件壁厚不宜太厚,应均匀,避免尖角、缺口或带有嵌件,防止应力集中引起开裂,为减少应力开裂,应进行退火处理。

（6）一般采用高料温（300℃）、高压力及快速成型,并对模具加热,提高模温（80℃～120℃）以降低塑件成型中产生的内应力。

1.6.1.7 ABS 塑料（ABS）

1. 概述

ABS 是聚苯乙烯的改性产品,是一种新型的工程塑料。ABS 是由丙烯酯（A）、丁二烯（B）和苯乙烯（S）组成的三元共聚物,1954 年开发了接枝型 ABS。由于 ABS 树脂原料来源广泛,价格低廉,性能优异,因此 20 世纪 60 年代以后发展很快,是目前产量最大,应用最广的一种工程塑料。

2. ABS 的类型、特性

ABS 是非结晶聚合物,不透明、无毒、无味及微黄的热塑性树脂,可燃烧,但燃烧缓慢且有特殊刺激味,密度 1.02g/cm³～1.20g/cm³。按 ABS 树脂中的橡胶含量,可分高分子冲击型、中冲击型、通用型和特殊耐热型等,通常 ABS 树脂中橡胶含量在 20%～40%。

ABS 具有三种成分的综合性能,丙烯使 ABS 具有一定的强度、硬度、耐化学性、耐油性及耐热性,丁二烯使 ABS 具有弹性、良好的冲击强度和耐寒性,苯乙烯可使 ABS 具有优良的介电性能、光泽和良好的成型加工性能。因此,ABS 是一种具有坚韧性、质硬和刚性的工程塑料。通过控制三种成分的比例可以改变 ABS 的性能。ABS 具有突出的力学性能和良好的综合性,坚固、坚韧、坚硬,是重要的工程塑料。

3. ABS 的用途

可作为家用电器和家用电子设备上的零部件,如电视机、录音机、电冰箱、洗衣机、电话、电风扇及吸尘器等的壳体、内衬和部件;机械工业上用于制造齿轮、泵叶轮、轴承、把手、仪器仪表盘及铰链等;还可用于制作玩具、包装容器、家具、安全帽及办公设备。

4. ABS 的成型特性

（1）可用注射、挤出、压延、吹塑、真空成型、电镀、焊接及表面涂饰等成型加工方法。

（2）收缩性小,可制得精密塑料。

（3）吸湿性较大,成型前应干燥处理。

（4）流动性中等,溢边值 0.04mm,熔体黏度强烈依赖于剪切速率,因此模具设计大都采用点浇口形式。

（5）熔融温度较低,熔融温度范围固定,宜采用高料温、高模温和高注射压力,有利于成型。

（6）浇注系统流动阻力要小、注意浇口形式和位置应合理，防止产生熔接痕或减小熔接痕数量，脱模斜度不宜过小。

1.6.2　热固性塑料

热固性塑料具有以下优点：刚度大，在承载下弹性和塑性变形极小，且温度对刚度影响很小，在相同载荷和温度条件下，蠕变量比热塑性塑料小得多；耐热性能良好；塑件受热时相当稳定；塑件尺寸稳定性好，受温度及湿度影响小，且成型后收缩小，容易制成比热塑性塑料尺寸精度高的塑件；电性能优良，耐电弧及电压等；耐腐蚀性好，不受强酸、弱碱及有机溶剂的腐蚀；加工性好，可以采用多种成型方法加工等优点。

由于热固性塑料耐热性高，尺寸稳定性好，绝缘性能好，抗老化性均比热塑性塑料好，价格低廉，因此应用较广泛。缺点是力学性能较差，需要增强。

1.6.2.1　酚醛树脂

1. 概述

酚醛树脂是指由酚类和醛类化合物经缩聚反应而制得的一类聚合物总称，其中最重要的一种是苯酚和甲醛缩聚制得的酚醛树脂。酚醛树脂是热固性树脂中最重要品种，也是最早合成的热固性树脂。1909年实现工业化生产。由于原料易得，综合性能优良，价格低廉，在各传统领域得到广泛应用，属于通用塑料品种之一，1955年以前曾是所有合成材料中年产量最高的一种。尽管出现了许多品种热塑性塑料代替酚醛塑料的可能，但就产量和用途而言，尤其注射成型出现后，酚醛塑料在塑料工业中仍占有一定地位。

2. 酚醛塑料的类型、特性

酚醛树脂按照反应条件的不同，可生成线型的热固性树脂和网状的热固性树脂。以酚醛树脂为基础，加入一定量的助剂，可以制得很多品种、性能各异的酚醛塑料，应用广泛。主要有酚醛塑料粉、纤维状酚醛塑料、层状酚醛塑料、泡沫塑料及中空微球多孔塑料等。

酚醛塑料具有较高的力学强度、坚硬耐磨、耐热、阻燃、耐腐蚀、电绝缘性优良、尺寸稳定及价格低廉等优异性能。酚醛塑件的主要缺点是硬而脆、耐电弧性差，吸湿率较高，介电常数随频率改变而改变，色浑、难于着色等。

3. 酚醛塑料的用途

（1）酚醛塑料粉主要用来制作各种电器开关、仪表外壳、旋钮、骨架、接插件、电剃刀及电话外壳等。

（2）加入玻璃纤维增强的酚醛塑料，俗称酚醛玻璃钢、具有突出的力学性能，并有较好的耐腐蚀性、耐热性和电绝缘性，主要用来制造骨架、支架、开关、接线板、绝缘板、齿轮、凸轮、滑轮、带轮、汽车及仪器零部件等。

（3）加入石棉纤维增强的酚醛塑料，具有突出的耐热性、隔热性、耐腐蚀性及耐候性。主要用来制造汽车制动零件，如制动块、摩擦片及离合器等；化工防腐部件，如管道、管材及泵壳等。

（4）加入金属纤维增强的酚醛塑料具有突出的耐热性、摩擦系数大、磨损率低及高的力学性能，主要用来制造刹车片及离合器等。

4. 酚醛塑料的成型特性

（1）成型较好，适用于压缩成型，部分适用于压注成型，少数适用于注射成型。

（2）含有水分和挥发物，应预热、干燥和排气。

（3）模温对流动性影响较大，一般超过160℃时，流动性会下降。

（4）收缩率和取向程度较大，比氨基塑料大。

（5）固化速度一般比氨基塑料慢，固化时放出热量。厚壁大型塑件内部温度容易过高，易发生固化不均及过热现象。

1.6.2.2　氨基塑料

1. 概述

氨基树脂是以含有氨基或酰氨基的单体与甲醛经缩聚反应而制得的一类热固性树脂。1926年实现工作化生产。氨基树脂主要用作木材黏合剂和涂料，生产胶合板和人造板，其次是用作塑料。这类塑料原料易得，成本低，用途广，属于通用塑料品种之一。

2. 氨基塑料的类型、特性

氨基树脂主要品种有脲－甲醛、三聚氰胺－甲醛、苯胺－甲醛及脲和三聚氰胺－甲醛树脂，其中脲－甲醛和三聚氰胺－甲醛占氨基塑料产量的绝大部分。

脲甲醛树脂是由尿素与甲醛经缩聚反应而制得，纯净的脲甲醛树脂无色透明。绝大部分用作黏合剂。脲甲醛塑料无毒、无臭、无味及半透明，坚硬耐划伤，密度为 $1.48g/cm^3 \sim 1.52g/cm^3$。其着色性好，可制成各种鲜艳的塑件；具有较好的力学性能和电绝缘性能；对霉菌作用稳定，耐油、耐弱碱及有机溶剂，但不耐酸；长期使用温度80℃，短时间内可在110℃～120℃下使用；比酚醛塑料价廉。脲醛塑料主要缺点是吸湿性强，耐水性和耐热性较差。

三聚氰胺－甲醛树脂是由三聚氰胺与甲醛经缩聚反应而制得的。三聚氰胺－甲醛树脂绝大部分用作黏合剂、涂料、纸张、织物处理剂及层压装饰板，小部分用作塑料。三聚氰胺－甲醛塑料无毒、无味和耐燃，密度为 $1.47g/cm^3 \sim 1.52g/cm^3$。表面硬度大，超过脲甲醛塑料，耐冲击性超过脲甲醛塑料，吸水率低，耐热性及耐水性高，超过脲甲醛塑料，热变形温度高达180℃，长期使用温度100℃以上，可在沸水中长期浸渍，在200℃～300℃之间性能无变化；电性能优良，耐电弧性好；能耐酸、碱、耐果汁及酒等饮料的沾污；成本较高。

3. 氨基塑料的用途

脲醛塑料主要用来制造一般电子绝缘零件，如插头、插座、开关、旋钮及电话外壳等；以及日常用品，如纽扣、发夹及餐具等。

三聚氰胺－甲醛塑料主要用来制造一些质量要求高的电气绝缘零件，如灯罩、开关，点火器、电子元件、电话零件及电动机零件等；还可用于制造一些质量要求较高的日用品，如饮料杯子、盘子及各种餐具等。

4. 氨基塑料的成型特性

（1）常用压缩及压注成型。但压注成型时收缩大，少数也可注射成型。

（2）含水分及挥发物多，易吸潮而结块，使用时要预热干燥处理，在成型时注意排气。

（3）流动性好，固化速度快，需要选用适当的预热温度和成型温度，加料及加压速度要快。成型温度对塑件质量影响较大，温度过高，易产生分解、变色及气泡等缺陷，温度过低时流动性差，易产生欠压和表面无光泽等缺陷，因此成型温度要适当，一般形状简单的大型件,成型温度取较低值、形状复杂的小型件宜取较高值。

（4）性脆,嵌件周围易产生应力集中,尺寸稳定性差。

（5）压缩成型时收缩率较小,压注成型时收缩率较大,注射成型时收缩率大。

（6）物料颗粒细,比体积大,压缩比大,所挟空气多。

1.6.2.3 环氧树脂

1. 概述

环氧树脂是一类线型热塑性树脂,环氧树脂品种很多,其中产量最大,应用最广的是双酚 A 型环氧树脂,占环氧树脂总量的 90% 左右,1947 年工业化生产。

2. 环氧树脂的类型、特性

双酚型环氧树脂是黄色至琥珀色的黏稠液体或低熔点脆性固体,固化后的树脂为无臭和无味的固体。未固化的环氧树脂是线型热塑性树脂,根据其相对分子质量的大小,可从液态到固态。受热时液态树脂黏度降低,固态树脂则软化至熔融,能溶于二甲苯、丙酮及苯等有机溶剂,易燃且燃烧时冒浓烟。未固化前具有很好的黏性,作胶粘剂用,能黏结金属和非金属材料,有"万能胶"之称。固化后的环氧树脂共有优异的物理力学性能、耐热性能、耐候性能及电绝缘性能及高的耐电压强度。固化时无低分子物析出,固化成型收缩率低,所需成型压力也低;固化后化学稳定性好,耐水浸及吸水率低,具有极好的耐碱性和耐酸性;对金属、陶瓷、玻璃及木材等,具行优异的粘结力;纯环氧树脂性脆,不宜作塑料产品,经纤维增强后的环氧树脂得到广泛的应用。

3. 环氧树脂的用途

环氧树脂主要用于纤维增强塑料、烧结塑料、黏合剂和涂料。经玻璃纤维增强的环氧树脂,其强度高,抗冲击性好,尺寸稳定,成型工艺简单,广泛用于机械、化工、飞机及管道等各方面。可制造电器开关、仪表盘、防潮的印制电路底板、电子仪器的烧结及封装、耐腐蚀管道、化学贮罐、槽车、飞机升降舵、尾部和导管结构板等。

4. 环氧树脂的成型特性

（1）常用浇铸、低压压注、压缩及注射成型等成型方法加工。

（2）流动性好,固化速度快,装料后应立即加压。固化时没有副产物析出,不需排气。

（3）固化收缩小,但热刚性差,塑件不易脱模。

第 2 章　塑料零件设计准则与优化

2.1　引言

塑件是指塑料原料经一定的成型工艺成型后,所获得的具有一定尺寸形状和性能的塑料零件。塑件本身的内容包括:①几何结构、尺寸及精度,主要指塑件立体空间的内容;②标记、符号、文字、表面图案、色彩、粗糙度,主要指塑件表面的内容;③静态、动态性能,如机械、物理、化学等性能;④环境、人机工程,主要考虑塑件与周围环境、使用环境以及与人之间的协调性等;⑤塑料的选择,即选择符合使用要求的、合适的塑料品种;⑥成本、价格,即考虑塑件的制造成本以及价格等;此外,还要考虑塑件的加工难易程度,即考虑成型模具及成型方法实现的可能性、经济性等。

2.1.1　塑件设计特点

塑件的设计与其他材料如钢,铜,铝,木材等的设计有些是类似的;但是,由于塑料材料组成的多样性,结构形状的多变性,使得它比起其他材料有更理想的设计特性;特别是它的形状设计,材料选择,制造方法选择,更是其他大部分材料无可比拟的。因为其他的大部分材料,其设计者在外形或制造上,都受到相当的限制,有些材料只能利用弯曲、熔接等方式来成型。当然,塑料材料选择的多样性,也使得设计工作变得更为困难,如我们所知,目前已经有一万种以上的不同塑料被应用过,虽然其中只有数百种被广泛应用,但是,塑料材料的形成并不是由单一材料所构成,而由一群材料族所组合而成的,其中每一种材料又有其特性,这使得材料的选择和应用更为困难。

2.1.2　塑料制品设计原则

塑料制品的整体设计原则为:

(1) 依成品所要求的机能决定其形状、尺寸、外观和材料。

(2) 设计的成品必须符合模塑原则,模具制作容易,成型及后加工容易,但仍保持成品的机能。

2.1.3　塑料制品设计程序

为了确保所设计的产品能够合理而经济,在产品设计的初期,外观设计者、机构工程师、制图员、模具制造者、成型厂以及材料供应厂之间的紧密合作是必须的,因为没有一个设计者能够同时拥有如此广泛的知识和经验,而从不同的事业观点所获得的建议,将是使产品合理化的基本前提。除此之外,一个合理的设计考虑程序也是必要的。

塑料制品设计的一般程序为:

（1）确定产品的功能需求和外观。在产品设计的初始阶段，设计者必须列出对该产品的目标使用条件和功能要求；然后根据实际的需要，决定设计因子的范围，以避免在稍后的产品发展阶段造成时间和费用的漏失。表2-1为产品设计的核对表，它将有助于确认各种设计因子。

表2-1　产品设计核对表

功能与组合	制造与应用	结构考虑	应用环境	设计外观	经济因素
产品的功能	在制造和组合上是否可能更为经济有效	使用负载的状态	使用在什么温度环境	外形	产品预估价格
组合操作方式	所需要的公差	使用负载的大小	化学物品或溶剂的使用或接触	颜色	目前所设计产品的价格
组合是否是可以靠着塑料的应用来简化	产品使用寿命以及质量	变形的容许量	温度环境	表面加工如咬花，喷漆、印刷等	降低成本的可能性
产品的组合是否可以靠塑料的应用来简化	有否承认的规格	变形的容许量	在该种环境的使用期限	空间限制	类似的零件是否存在

（2）绘制预备性的设计图。当产品的功能需求，外观被确定以后，设计者可以根据选定的塑料材料性质，开始绘制预备性的产品图，以作为先期估价，检讨以及原型模型的制作。

（3）制作原型模型。原型模型让设计者有机会看到所设计的产品的实体，并且实际地核对其工程设计。原型模型的制作一般有两种方式，第一种就是利用板状或棒状材料依图加工再接合成一完整的模型，这种方式制作的模型，经济快速，但是量少，而且较难作结构测试；另一种方式，是利用暂用模具，可作少量生产，需花费较高的模具费用，而且所费的时间较长，但是，所制作的产品较类似于真正量产的产品（需要特殊模具机构的部分，可能成型后再以机械加工成型），可做一般的工程测试，而且建立的模具和成型经验，将有助于产品针对实际模具制作、成型需要而作正确的修正或评估。

（4）产品测试。每一个设计都必须在原型阶段，接受一些测试，以核对设计时的计算和假想和实体之间的差异。产品在使用时所需要做的一些测试，大部分都可以借原型做有效的测试。此时，核对了所有设计的功能要求，并且能够达成一个完整的设计评估。仿真使用测试通常在模型产品阶段就必须开始，这种型态的测试价值，取决于使用状态被仿真的程度而定。机械和化学性质的加速化测试通常被视为模型产品评估的重要项目。

（5）设计的再核对与修正。对设计的检讨将有助于回答一些根本的问题：所设计的产品是否达到预期的效果？价格是否合理？甚至于在此时，许多产品为了生产的经济性或是为了重要的功能和外形的改变，必须被发掘并改善，当然，设计上的重大改变，可能需要做完整的重新评估；假若所有的设计都经过这种仔细检讨，则能够在这个阶段建立产品的细节和规格。

（6）制定重要规格。规格的目的在于消除生产时任何的偏差，以使产品符合外观，功能和经济的要求。规格上必须明确说明产品所必须符合的要求，它应该包括：制造方法，尺寸公差，表面加工，分模面位置，毛边，变形，颜色以及测试规格等。

（7）开模生产。当规格被谨慎而实际地订定之后，模具就可以开始被设计和制作，模具的设计必须谨慎并咨询专家的意思，因为不适当的模具设计和制造，将会使得生产费用提高，效率降低，并用可能造成品质的问题。

（8）品质的控制。对照一个已知的标准，订定对生产产品的规律检测是良好的检测作法，而检测表应该列出所有应该被检查的项目，另外，相关人员，如管理者或设计者也应与成型厂联合制定一个品质管理的程序，以利于在生产的产品能够符合规格的要求。

2.2 塑料零件设计准则

2.2.1 收缩性

塑料经成型后所获得的制品从热模具中取出后，因冷却或其他原因而引起尺寸减小或体积收缩的现象，称为塑料的收缩性。收缩性是塑料的固有特性之一，因塑料的种类以及模塑的条件不同而不同。影响收缩性的因素非常复杂，塑料的性质、塑件结构、模具结构、成型工艺等均对收缩性产生影响。在设计模具时，必须把试件的收缩量补偿到模具的相应尺寸当中去。

2.2.1.1 收缩率

收缩率是表示塑料收缩大小的一个数字指标。确定收缩率的方法是在一个标准实验模具里（型腔尺寸为 $\phi100 \pm 0.3\text{mm}$、厚度 $4 \pm 0.2\text{mm}$ 的圆片模或边长为 $25 \pm 0.5\text{mm}$ 的立方体模具）选用适应该塑料所要求的工艺条件进行模塑，计算出模具与塑件在室温下的直线尺寸差除以模具尺寸，如公式（2-1）所示。

$$Q = \frac{A - B}{A} \tag{2-1}$$

$$A = \frac{B}{1 - Q} \tag{2-2}$$

式中　Q——塑料收缩率；

A——室温下模具的实际尺寸；

B——室温下塑件的实际尺寸。

而　$\dfrac{1}{1 - Q} = 1 + Q + Q^2 + Q^3 + \cdots$

因此，当塑料的收缩率 Q 很小时

$$A = B(1 + Q) \tag{2-3}$$

2.2.1.2 塑件结构对收缩性的影响

塑件结构对收缩性产生重要影响，有如下几个方面：①一般情况下，薄壁制件比厚壁制件收缩小，同一制件薄壁部分比厚壁部分收缩小，因此要尽量保证同一塑件的壁后均匀一致；②塑件上带有入件的比不带入件的收缩小；③塑件形状复杂的比形状简单的收缩小;④塑件直径方向的尺寸比高度方向的尺寸收缩小。

2.2.1.3 模具结构对收缩性的影响

模具设计所选用的结构及浇口的位置和大小均与模制压力有密切关系。对热固性塑料的模塑成型来说,模具结构设计合理,可提高有效成型压力,增加流动性,从而使塑料制件更加致密,促使其收缩值减小;热塑性塑料模塑成型时,注射模具浇口的位置和大小对塑件收缩影响很大,浇口过小会过多的限制原料流动,同时浇道的长度、直径和塑料进入模具流道的曲折点都会引起压力的损失,相应的减小"有效压力"以至影响塑料的压缩程度。而浇口的位置又决定原料的流动方向,从而影响塑料的收缩。

塑料的收缩值与流动方向也有关,与塑料流动方向相平行的收缩大于与流动方向相垂直的收缩。

有些塑料在老化过程中也存在一定的收缩,这种老化收缩对热固性塑料尤为显著。在模具设计过程中也要加以考虑。

2.2.2 分型面与毛边

分型面是为了将已经成型好的塑料制件从模具型腔内取出或为满足安放嵌件及排气等成型的需要,根据塑件的结构,将直接成型塑件的那一部分模具分成若干部分的接触面,如图 2-1 所示。

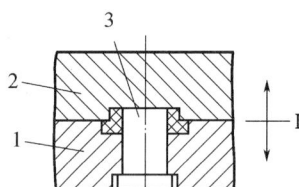

图 2-1 分型面示意图
1—动模;2—定模;3—型芯。

设计塑料制件过程中必须有利于分型面位置的选择,应遵循以下原则:①不得位于明显影响外观的位置;②开模时不形成死角的位置;③位于模具易加工的位置;④位于成品后加工容易的位置;⑤位于不影响尺寸精度的位置,尺寸关系重要的部分尽量放在模具的同一边。

毛边是指在分型面上及模具内活动成型零件的间隙中溢出的多余的废料。毛边的存在除直接影响塑件的尺寸精度外,当去除毛边后也难免使塑件的表面质量降低,因此毛边位置的选择也相当重要。通常既要考虑毛边容易除去,又要考虑毛边位置不要位于塑件表面,以避免毛边痕迹损坏塑件外观质量。

毛边的产生方向直接决定于模的类别和分型面的选择,密闭式压模使塑件产生垂直方向的毛边;半密闭式压模产生水平方向的毛边;垂直分型面压模其两半凹模分型面处产生毛边。

2.2.3 壁厚

2.2.3.1 基本设计守则

壁厚的大小取决于产品需要承受的外力、是否作为其他零件的支承、承接柱的数量、伸出部分的多少以及选用的塑料材料而定。一般的热塑性塑料壁厚设计应以 4mm 为限。

从经济角度来看,过厚的产品不但增加物料成本,延长生产周期和冷却时间,而且增加生产成本。从产品设计角度来看,过厚的产品增加导致产生空穴和气孔的可能性,大大削弱产品的刚性及强度。

最理想的壁厚分布无疑是切面在任何一个地方都是均一的厚度,但为满足功能上的需求以致壁厚有所改变总是无可避免的。在此情形,由厚壁的地方过渡到薄壁的地方应尽可能顺滑。太突然的壁厚过渡转变会导致因冷却速度不同,产生乱流而造成尺寸不稳定和表面问题。

对一般热塑性塑料来说,壁厚尽可能控制在 2mm ~ 4mm 之间;对一般热固性塑料来说,太薄的产品厚度往往导致操作时产品过热,形成废件,壁厚一般在 1mm ~ 6mm 之间选择,最大不超过 13mm。一些容易流动的热固性塑料如环氧树脂等,如厚薄均匀,最低的厚度可达 0.25mm,但一般不应小于 0.6mm ~ 0.9mm。

此外,采用固化成型的生产方法时,流道、浇口和零件的设计应使塑料由厚壁的地方流向薄壁的地方。这样使模腔内有适当的压力以减少在厚壁的地方出现缩水及避免模腔不能完全充填的现象。若塑料的流动方向是从薄壁的地方流向厚壁的地方,则应采用结构性发泡的生产方法来减低模腔压力。

决定壁厚的主要因素有:①结构强度是否足够;②能否抵住脱模力;③能否均匀分散所受的冲击力;④有嵌入件时,能否防止破裂,如产生熔合线是否会影响强度;⑤成型孔部位的熔合线是否会影响强度;⑥尽可能壁厚均匀,以防止产生缩水;⑦棱角及壁厚较薄部分是否会阻碍材料流动,从而引起充填不足。

2.2.3.2 平面准则

在塑料零件的成型过程中,形成均一的壁厚是非常重要的。厚壁的地方比薄壁的地方冷却得较慢,并且在相接的地方表面在浇口凝固后出现收缩痕。更甚者引起缩水印、热内应力、挠曲、部分歪曲、颜色不同或不同透明度。若厚壁的地方渐变成薄壁的是不可避免的话,应尽量设计成渐进次的改变,并且在不超过壁厚3:1的比例。图 2 - 2 可供参考。

2.2.3.3 转角准则

壁厚均一的关键部位在转角的地方要一致,以免冷却时间不均匀。冷却时间长的地方就会有收缩现象,因而发生零件变形和挠曲。此外,尖角通常会导致零件有缺陷及应力集中,尖角的位置也常在电镀过程后引起不希望的物料聚积。集中应力的地方会在受负载或撞击的时候破裂。较大的圆角提供了这种缺点的解决方法,不但减低应力集中的因素,且令流动的塑料流得更畅顺和成品脱模时更容易。图 2 - 3 可供参考。

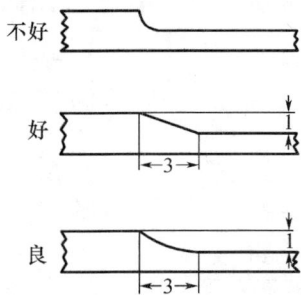

图 2 - 2 壁厚设计平面准则示意图

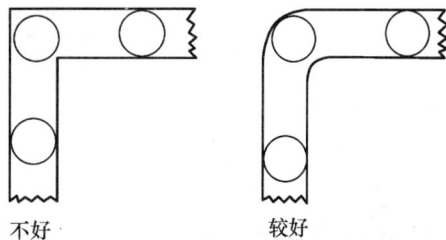

图 2 - 3 壁厚设计的转角准则示意图

转角的设计准则也适用于悬梁式扣位。因这种扣紧方式是需要将悬梁臂弯曲嵌入，转角位置的设计图说明如果转角圆弧半径 R 太小时会引致其应力集中系数过大，因此，产品弯曲时容易折断，圆弧 R 太大则容易出现收缩纹和空洞。因此，圆弧半径和壁厚具有一定的比例。一般介于 $0.2 \sim 0.6$ 之间，理想数值是在 0.5 左右，图 2-4 为应力集中系数与圆弧/壁厚的关系，可供参考。

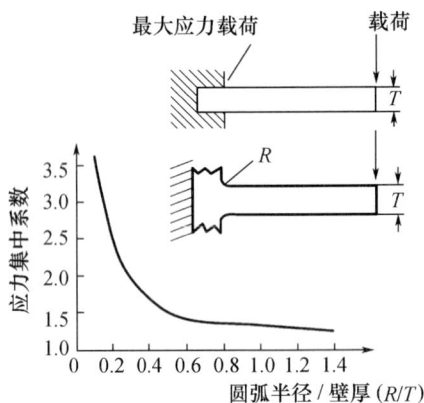

图 2-4　应力集中系数与圆弧/壁厚的关系

2.2.3.4　壁厚限制

不同的塑料物料有不同的流动性。壁厚过厚的地方会有收缩现象，壁厚过薄的地方塑料不易流过。表 2-2 和表 2-3 所列是一些热塑性塑料和热固性塑料厚度，可供参考。

表 2-2　热塑性塑料最小壁厚及参考壁厚　　　　　　　　　　单位:mm

塑 料 种 类	制件流程 50mm 的最小壁厚	一般制件壁厚	大型制件壁厚
聚酰胺	0.45	$1.75 \sim 2.60$	$>2.4 \sim 3.2$
聚苯乙烯	0.75	$2.25 \sim 2.60$	$>3.2 \sim 5.4$
改性聚乙烯	0.75	$2.29 \sim 2.60$	$>3.2 \sim 5.4$
有机玻璃	0.80	$2.50 \sim 2.80$	$>4.0 \sim 6.5$
聚甲醛	0.80	$2.40 \sim 2.60$	$>3.2 \sim 5.4$
软聚氯乙烯	0.85	$2.25 \sim 2.50$	$>2.4 \sim 3.2$
聚丙烯	0.85	$2.45 \sim 2.75$	$>2.4 \sim 3.2$
氯化聚醚	0.85	$2.35 \sim 2.80$	$>2.5 \sim 3.4$
聚碳酸酯	0.95	$2.60 \sim 2.80$	$>3.0 \sim 4.5$
硬聚氯乙烯	1.15	$2.60 \sim 2.80$	$>3.2 \sim 5.8$
聚苯醚	1.20	$2.75 \sim 3.10$	$>3.5 \sim 6.4$
聚乙烯	0.60	$2.25 \sim 2.60$	$>2.4 \sim 3.2$

表 2－3　热固性塑料最小壁厚及参考壁厚　　　　　　　　　　　单位:mm

塑料名称	塑件外形高度		
	~50	>50~100	>100
粉状填料的酚醛塑料	0.7~2.0	2.0~3.0	5.0~6.5
纤维状填料的酚醛塑料	1.5~2.0	2.5~3.5	6.0~8.0
氨基塑料	1.0	1.3~2.0	3.0~4.0
聚酯玻璃纤维填料的塑料	1.0~2.0	2.4~3.2	>4.8
聚酯无机物填料的塑料	1.0~2.0	3.2~4.8	>4.8

其实大部分厚壁的设计可从使用加强筋及改变横截面形状来解决。除了可省材料和降低生产成本外,更可保留和原来设计相应的刚性、强度及功能,如图 2－5 所示。图 2－6(a)的金属齿轮如改成使用塑料物料,更改后的设计理应如图 2－6(b)所示,此塑料齿轮设计相对原来金属的设计不但节省材料,而且可避免因厚薄不均导致的内应力增加及齿冠部分收缩导致整体齿轮变形的情况发生。

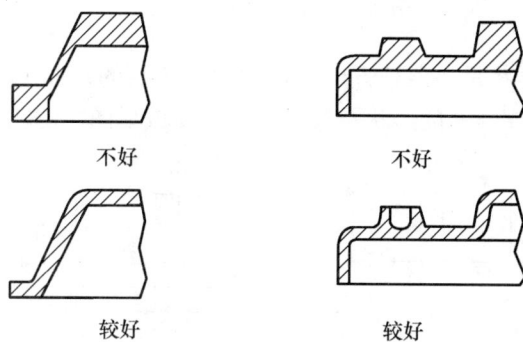

不好　　　　　　　　　不好

较好　　　　　　　　　较好

图 2－5　壁厚设计示意图

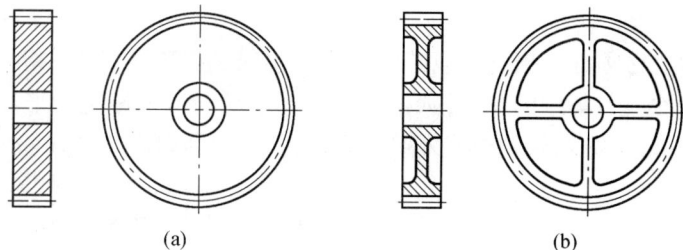

(a)　　　　　　　　　(b)

图 2－6　齿轮设计示意图
(a) 金属齿轮；(b) 塑料齿轮。

2.2.4　加强筋

基本设计守则

加强筋在塑料零部件上是不可缺少的功能部分。加强筋有效地增加产品的刚性和强度而无需大幅增加产品切面面积,对一些经常受到压力、扭力、弯曲的塑料产品尤其适用。

23

此外,加强筋更可充当内部流道,有助模腔充填,对帮助塑料流入零件的支节部分起很大的作用。

加强筋一般被放在塑料产品的非接触面,其伸展方向应与产品最大应力和最大偏移量的方向一致。选择加强筋的位置也受制于一些生产上的考虑,如模腔充填、缩水及脱模等。加强筋的长度可与产品的长度一致,两端相接产品的外壁,或只占据产品部分的长度,用以局部增加产品某部分的刚性。要是加强筋没有接上产品外壁的话,末端部分也不应突然终止,应该渐进地将高度减低,直至完结,从而减少出现困气、填充不满及烧焦痕等问题,这些问题经常发生在排气不足或封闭的位置上,如图2-7所示。

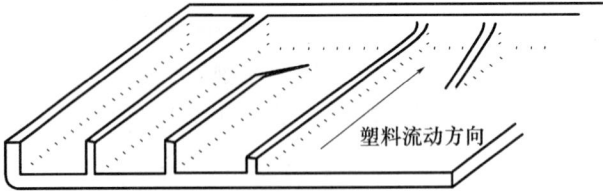

图2-7 加强筋设计示意图

加强筋最简单的形状是一条长方形的柱体附在产品的表面上,不过为了满足一些生产上或结构上的考虑,加强筋的形状及尺寸须要改变成如图2-8(b)。

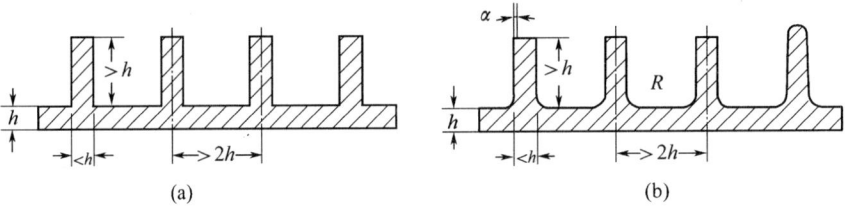

图2-8 加强筋形状的改进

(a) 不好;(b) 较好。

加强筋的两边必须加上出模角以减低脱模顶出时的摩擦力,底部相接产品的位置必须加上圆角以消除应力集中的现象,圆角的设计也应给与流道渐变的形状使模腔充填更为流畅。此外,底部的宽度须较相连外壁的厚度为小,产品厚度与加强筋尺寸的关系如图

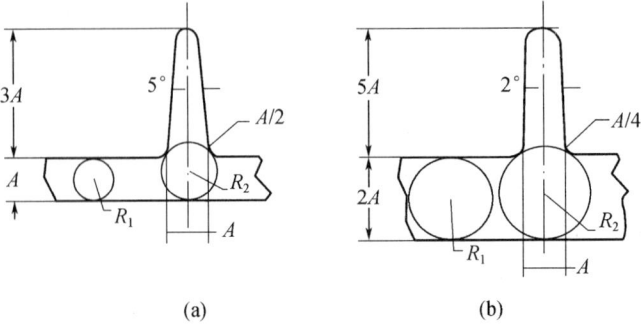

图2-9 产品厚度与加强筋尺寸的关系

2-9所示。图2-9(a)中加强筋尺寸虽然已按合理的比例设计，但当从加强筋底部与外壁相连的位置作一圆圈 R_1 时，图中可见此部分相对外壁的厚度增加大约 50%，因此，此部分出现收缩痕的机会相当大。如果将加强筋底部的宽度相对产品厚度减少一半（图2-9(b)），相对位置厚度的增幅即减至大约 20%，收缩痕出现的机会亦大为减少。由此引伸出使用两条或多条矮的加强筋比使用单一条高的加强筋效果好。但当使用多条加强筋时，加强筋之间的距离必须较相接外壁的厚度大。加强筋的形状一般是细而长，加强筋的设计图一般说明设计加强筋的基本原则。留意过厚的加强筋设计容易产生缩水纹、空穴、变形挠曲及夹水纹等问题，也会加长生产周期，增加生产成本。

除了以上的要求，加强筋的设计也与使用的塑料材料有关。从生产的角度看，材料的物理特性如熔胶的黏度和缩水率对加强筋设计的影响非常大。此外，塑料的蠕动特性从结构方面来看也是一个重要的考虑因数。例如，从生产的角度看，加强筋的高度是受制于熔胶的流动及脱模顶出的特性（缩水率、摩擦系数及稳定性），较高的加强筋要求塑料有较低的熔胶黏度、较低的摩擦系数、较高的缩水率。另外，增加长的加强筋的出模角一般有助产品顶出，不过，当出模角不断增加而底部的阔度维持不变时，产品的刚性、强度，及可顶出的面积随即减少。顶出面积减少的问题可从在产品加强筋部分加上数个顶出凸块或使用较贵的扁顶杆得以解决，同时在顶出的方向打磨光洁也有助产品容易顶出。从结构方面考虑，较高的加强筋可增加产品的刚性及强度而无需大幅增加质量，但与此同时，产品的最高和最低点的屈曲应力随着增加，产品设计员须计算并肯定此部分的屈曲应力不会超出可接受的范围。

从生产的角度考虑，使用大量短而窄的加强筋比使用数个高而阔的加强筋好。模具生产时（尤其是首办模具），加强筋的阔度（也有可能深度）和数量应尽量留有余额，当试模时发觉产品的刚性及强度有所不足时可适当地增加，因为在模具上去除钢料比使用烧焊或加上插入件等增加钢料的方法更简单且经济，图2-10为加强筋设计原则示意图。

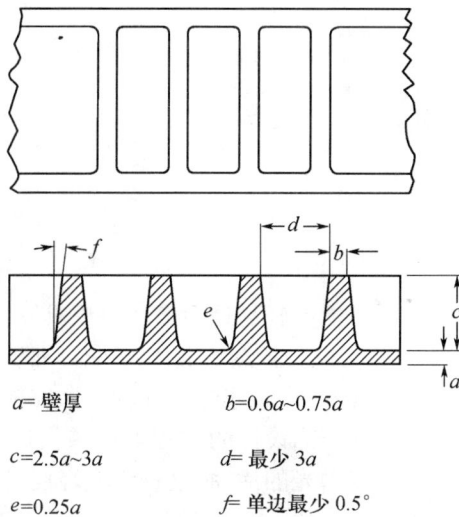

a= 壁厚　　　　　　　　　　b=0.6a~0.75a

c=2.5a~3a　　　　　　　　d= 最少 3a

e=0.25a　　　　　　　　　f= 单边最少 0.5°

图2-10　加强筋增强塑料件强度的方法

加强筋也可以置于塑料部件边缘的地方,以利于塑料流入边缘的空间,设计原则如图2-11所示。

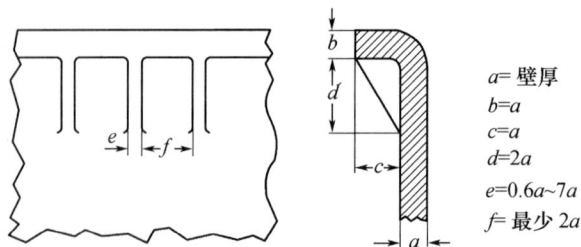

图2-11 塑料部件边缘地方的加强筋设计原则

$a=$ 壁厚
$b=a$
$c=a$
$d=2a$
$e=0.6a\sim7a$
$f=$ 最少 $2a$

单独的加强筋高度不应是加强筋底部厚度的三倍或三倍以上。在任何一条加强筋的后面,都应该设置一些小加强筋或凹槽,因加强筋在冷却时会在背面造成凹痕,用小加强筋和凹槽可以作装饰用途而消除缩水的缺陷,如图2-12所示。

厚的加强筋应尽量避免使用,以免产生气泡、缩水纹和应力集中。壁厚在3.2mm以下的零件,加强筋厚度不应超过壁厚的60%;对于壁厚超过3.2mm的零件,加强筋不应超过40%。加强筋与壁两边的地方以一个0.5mm的 R 来相连接,使塑料流动畅顺和减低内应力,如图2-13所示。

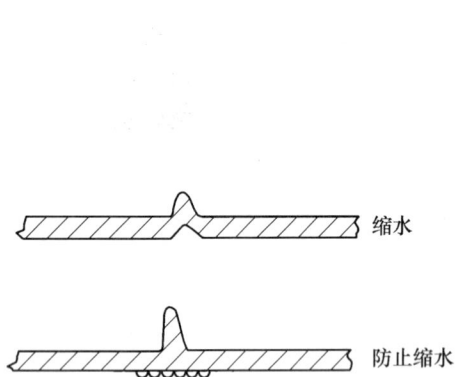

图2-12 加强筋的设计要点

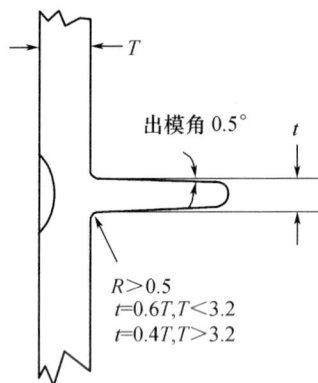

出模角0.5°

$R>0.5$
$t=0.6T,T<3.2$
$t=0.4T,T>3.2$

2-13 加强筋的设计要点图

2.2.5 出模角

基本设计守则

塑料产品在设计上通常会为了能够轻易地使产品由模具脱离出来而需要在边缘的内侧和外侧各设一个倾斜角——出模角。若然产品附有垂直外壁并且与开模方向相同的话,则模具在塑料成型后需要很大的开模力才能打开,而且,在模具开启后,产品脱离模具的过程也十分困难。要是该产品在产品设计的过程上已预留出模角,且所有接触产品的模具零件在加工过程当中经过高度抛光的话,脱模就变成轻而易举的事情。因此,出模角的考虑在产品设计的过程是不可缺少的。

因注射件冷却收缩后多附在凸模上,为了使产品壁厚均匀及防止产品在开模后附在较热的凹模上,出模角对应于凹模及凸模应该相等。不过,在特殊情况下若要求产品开模后附在凹模的话,可将相接凹模部分的出模角尽量减少,或刻意在凹模加上适量的倒扣位。

出模角的大小没有一定的准则,多数是凭经验和依照产品的深度来决定。表 2-4 给出了常用塑料的出模角,可供参考。此外,成型的方式,壁厚和塑料的选择也在考虑之列。一般来说,高度抛光的外壁可使用 (1/8)°或 (1/4)°的出模角。深入或附有织纹的产品要求出模角相应的增加,习惯上每 0.025mm 深的织纹需要额外 1°的出模角。表 2-5 为出模角度与单边间隙和边位深度的关系表,列出出模角度与单边间隙的关系,可作为参考。

表 2-4　常用塑料的出模角

塑料名称	脱模斜度	
	型腔	型芯
聚乙烯、聚丙烯、软聚氯乙烯、聚酰胺、氯化聚醚、聚碳酸酯、聚砜	25′~45′	20′~45′
硬聚氯乙烯、聚碳酸酯、聚砜	35′~40′	30′~50′
聚苯乙烯、有机玻璃、ABS、聚甲醛	35′~1°35′	30′~40′
热固性塑料	25′~40′	20′~50′
注:脱模斜度适用于开模后塑件留在型芯上的情况		

表 2-5　出模角与单边间隙和边位深的关系

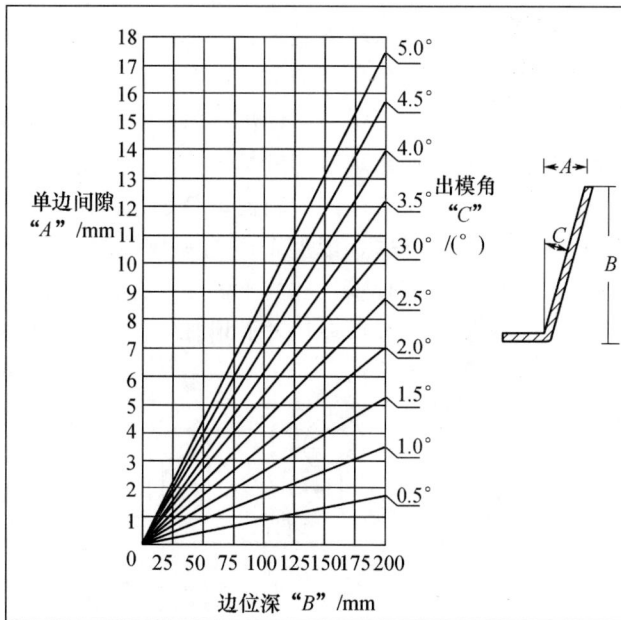

2.2.6 支柱

基本设计守则

支柱突出壁厚之外,是用来装配产品、隔开对象及支承承托其他零件之用。空心的支柱可以用来嵌入件、收紧螺丝等。这些应用均要有足够强度支持压力而不致于破裂。

支柱尽量不要单独使用,应尽量连接至外壁或与加强筋一同使用,目的是加强支柱的强度及使物料流动更顺畅。此外,因过高的支柱会导致塑料零件成型时困气,所以支柱高度一般是不会超过支柱直径的2.5倍。加强支柱的强度的方法尤其是远离外壁的支柱,除了可使用加强筋外,三角加强块的使用也十分常见,如图2-14所示。

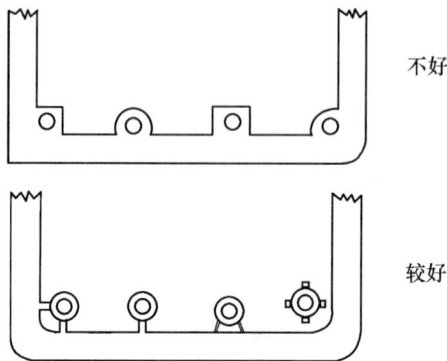

图2-14 支柱位置示意图

一个品质好的螺丝/支柱设计组合取决于螺丝的机械特性及支柱孔的设计,一般塑料产品的料厚尺寸不足以承受大部分紧固件产生的应力。因此,从装配的考虑来看,局部增加物料厚度是有需要的。但是,这会引致不良的影响,如形成收缩痕、空穴或增加内应力。因此,支柱的导入孔及穿孔的位置应与产品外壁保持一段距离。支柱可远离外壁独立存在或使用加强筋连接外壁,后者不但增加支柱的强度以支承更大的扭矩及弯矩,更有助塑料填充及减少因困气而出现烧焦的情况。同样,远离外壁的支柱也应辅以三角加强块,三角加强块对改善薄壁支柱的塑料流动特别适用。

收缩痕的大小取决于塑料的收缩率、成型工序的参数控制、模具设计及产品设计。增加底部弧度尺寸、加厚的支柱壁或外壁尺寸均不利于收缩痕的减少;支柱的强度及抵受外力的能力随着增加底部弧度尺寸或壁厚尺寸而增加。因此,支柱的设计须要从这两方面取得平衡,如图2-15,图2-16所示。

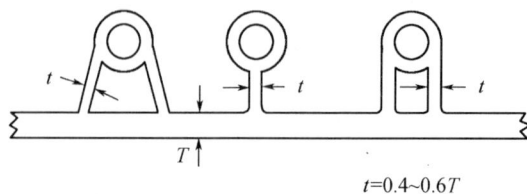

$t=0.4\sim0.6T$

图2-15 支柱的基本设计要点一

28

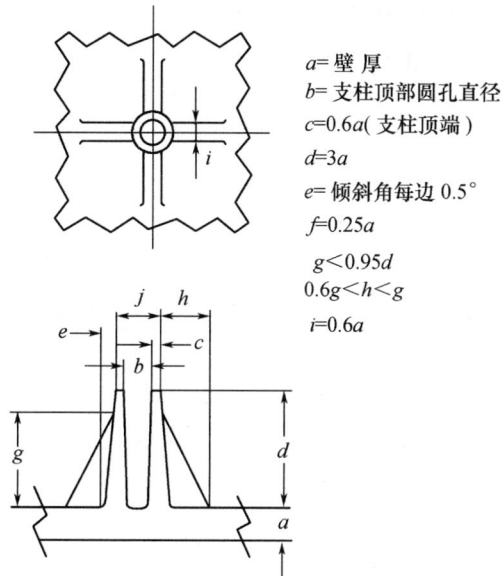

$a=$ 壁厚
$b=$ 支柱顶部圆孔直径
$c=0.6a$(支柱顶端)
$d=3a$
$e=$ 倾斜角每边 $0.5°$
$f=0.25a$
$g<0.95d$
$0.6g<h<g$
$i=0.6a$

图 2-16 支柱的基本设计要点二

2.2.7 扣位

基本设计准则

扣位提供了一种不但方便快捷而且经济的产品装配方法,因为扣位的组合部分在生产成品的时候同时成型,装配时无须配合其他如螺纹、销钉等紧锁配件,只需组合的两边扣位互相配合扣上即可。

扣位的设计虽可有多种几何形状,但其操作原理大致相同:当两件零件扣上时,其中一件零件的勾形伸出部分被相接零件的凸缘部分推开,直至凸缘部分完结为止;及后,借着塑料的弹性,勾形伸出部分即时复位,其后面的凹槽亦即时被相接零件的凸缘部分嵌入,此倒扣位置立时形成互相扣着的状态,图 2-17 为操作原理图。

以功能来区分,扣位的设计可分为成永久型和可拆卸型两种。永久型扣位的设计方便装上但不容易拆下;可拆卸型扣位的设计则装上、拆下均十分方便。其原理是可拆卸型扣位的勾形伸出部分附有适当的导入角及导出角方便扣上及分离的动作,导入角及导出角的大小直接影响扣上及分离时所需的力度,永久型的扣位则只有导入角而没有导出角的设计,所以一经扣上,相接部分即形成自我锁上的状态,不容易拆下。图 2-18 为永久式及可拆卸式扣位的原理图,图 2-19 为几种形状的扣位示意图。

以形状来区分,扣位则大致上可分为环型扣、单边扣、球形扣等。扣位的设计一般离不开悬梁式的方法,悬梁式的延伸就是环型扣或球型扣。所谓悬梁式,其实是利用塑料本身的挠曲变形的特性,经过弹性回复返回原来的形状。扣位的设计需要计算出来,如装配时的受力和装配后应力集中的渐变行为,均要从塑料特性中考虑。常用的悬梁扣位是恒等切面的,若要悬梁变形大些可采用渐变切面,单边厚度可渐减至原来的一半。其变形量可比恒等切面的多60%以上。图 2-20 为不同形式的悬梁式扣位变形过程。

29

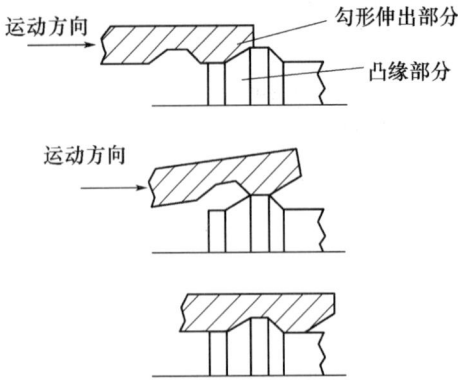

图 2-17 扣位的操作原理

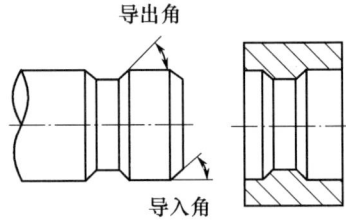

图 2-18 永久式及可拆卸式扣位的原理

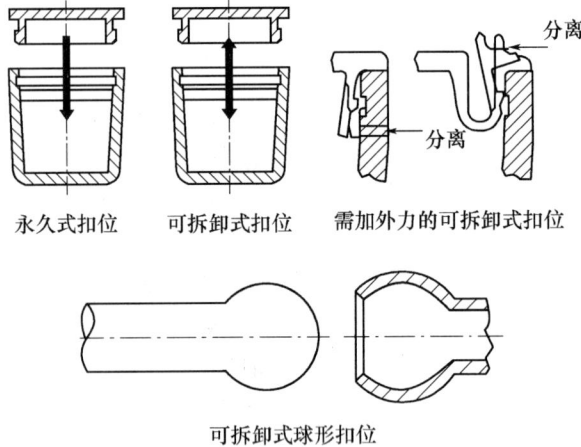

永久式扣位　可拆卸式扣位　需加外力的可拆卸式扣位

可拆卸式球形扣位

图 2-19 各种形状扣位的示意图

扣位装置的缺点是扣位的两个组合部分——勾形伸出部分及凸缘部分经多次重复使用后容易产生变形,甚至出现断裂的现象,断裂后的扣位很难修补。这类情况较常出现于脆性或掺入纤维的塑料材料上。因为扣位与产品同时成型,所以扣位的损坏也即产品的损坏。补救的办法是将扣位装置设计成多个扣位同时共享,使整体的装置不会因为个别扣位的损坏而不能运作,从而增加其使用寿命。扣位装置的另一缺点是扣位相关尺寸的公差要求十分严谨,倒扣位置过多容易形成扣位损坏;相反,倒扣位置过少则装配位置难于控制或组合部分出现过松的现象。

利用塑料柔软的变形,可以将倒扣的地方强制脱模,但通常要注意不会把倒扣的地方擦伤。图 2-21 是扣位的计算方式。尼龙的百分比在 5% 左右。脱模角大一点和倒扣的地方离底部高时尼龙的百分比可达 10%。

30

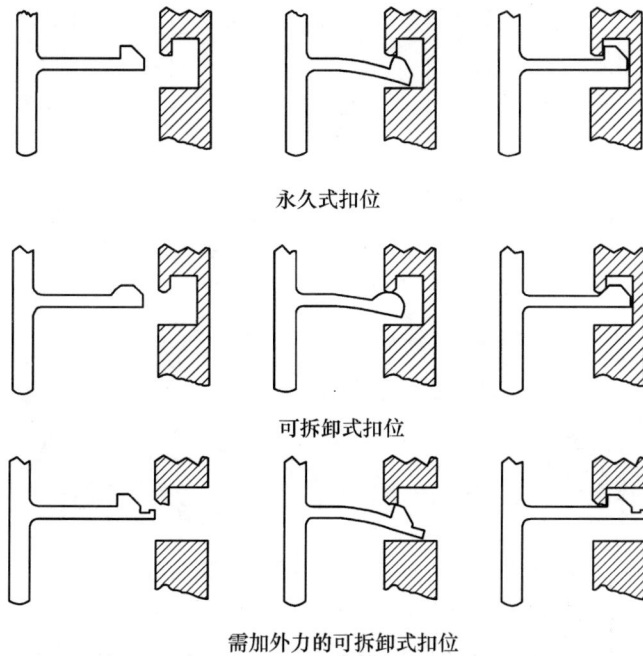

永久式扣位

可拆卸式扣位

需加外力的可拆卸式扣位

图 2 - 20   不同形式的悬梁式扣位变形过程

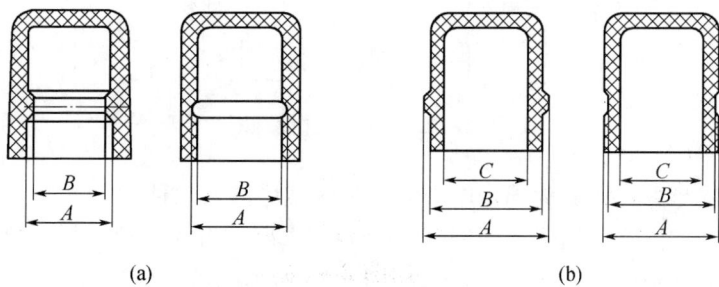

(a)   (b)

图 2 - 21   扣位的计算方式

（a） $\dfrac{A-B}{B} \times 100\% \leqslant 5\%$ ；（b） $\dfrac{A-B}{C} \times 100\% \leqslant 5\%$ 。

2.2.8   入件

基本设计原则

塑料内的入件通常作为紧固件或支承部分。此外,当产品在设计上考虑便于返修、易于更换或重复使用等要求时,入件是常用的一种装配方式。但无论是作为功能或装饰用途,入件的使用应尽量减少,因使用入件需要额外的工序配合,增加生产成本。入件通常是金属材料,其中以铜为主。

入件的设计必须使其稳固地嵌入塑料内,避免旋转或拉出。入件的设计亦不应附有尖角或锋利的边缘,因为尖角或锋利的边缘使塑料件出现应力集中的情况。

按照入件的自身形状入件可以分为圆形入件和板形入件,如图 2 - 22 和图2 - 23 所示。

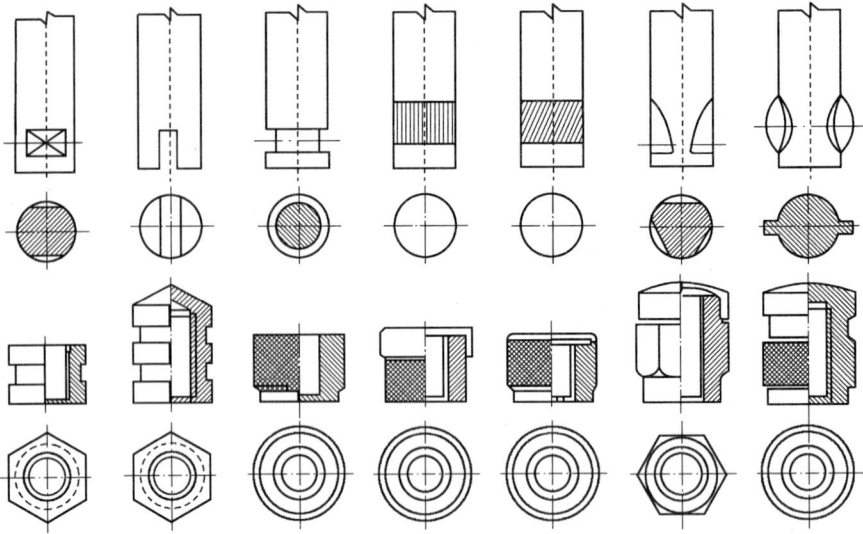

图 2-22　圆形入件设计图

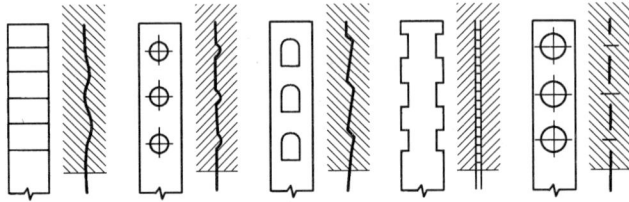

图 2-23　板形入件设计图

从入件的成型方式可分为同步成型嵌入和成型后嵌入两种：

（1）同步成型嵌入。同步成型嵌入是在部件成型前将入件放入模具之中，在合模成型时塑料会将入件包围起来同时成型，如图 2-24 所示。若要使塑料把入件包合得好，必先预热后才放入模具。这样可降低塑料的内应力和收缩现象。

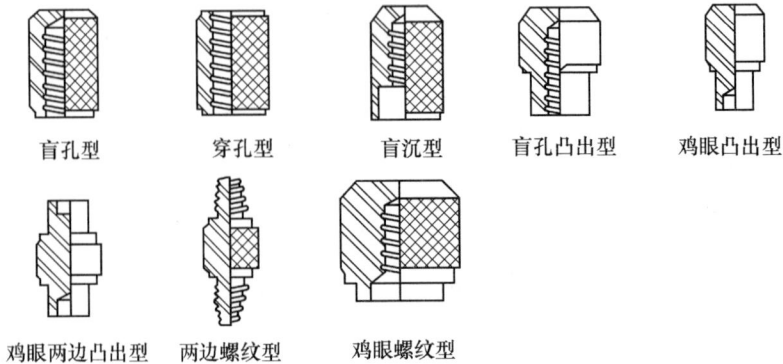

盲孔型　　　穿孔型　　　盲沉型　　　盲孔凸出型　　鸡眼凸出型

鸡眼两边凸出型　两边螺纹型　　鸡眼螺纹型

图 2-24　同步成型嵌入不同的入件

（2）成型后嵌入。成型后嵌入是将入件用不同方式打入成型部件之中，如图 2-25 所示。所采用的方法有热式和冷式,原理都是利用塑料的热可塑特性。热式是将入件预先在嵌前加热至该塑料部件融化的温度,然后迅速将入件压入部件上特别预留的孔中冷却后成型。冷式一般是使用超声波焊接方法把入件压入。用超声波的方法所得到的结果比较一致,并且美观。而预热压入在工艺上要控制得好才有好的效果,否则将出现入件歪斜、位置不正、塑料包含不均匀等现象形成废品。正常情形下入件是在塑料成品平面对齐或略高于平面以减少塑料内的应力。

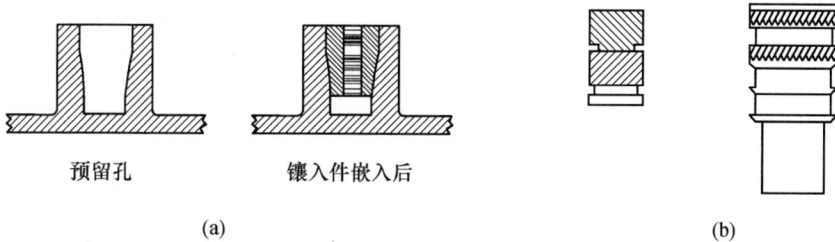

图 2 - 25　成型后嵌入入件
（a）塑料部件成型后嵌入情形；（b）塑料部件成型后嵌入不同的入件。

　　在嵌入入件需注意以下几点:由于流动性的关系,会在入件的周围产生熔接痕;由于塑料与金属的收缩率不一样,成型后易产生开裂;使用入件成型时,会使周期延长;入件高出成型品少许,可避免在装配时被拉动而松脱。

　　入件通常是用来便于装配或维修的,但也有用于特殊目的的如金属扣等。为了减小入件在塑料成品内的内应力,入件尽量不要有尖角,防止拔出和转动的凹槽要尽量设计简单。压花的花纹面积不要太大,压花的边缘和入件的边缘要远离。在放入模具中时,使用80℃~110℃的模温来降低成型的内应力。入件压花设计如图 2 - 26 所示。

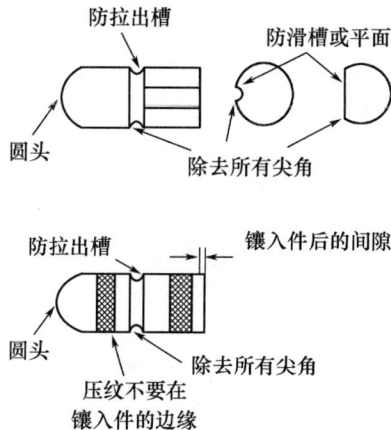

图 2 - 26　入件压花的设计

2.2.9　孔

2.2.9.1　基本设计准则

　　在塑料件上开孔使其和其他部件相接合或增加产品功能上的组合是常用的手法,孔的大小及位置应尽量不会对产品的强度构成影响或增加生产的复杂性,孔的基本类型如

图 2 - 27 所示。

相连孔的距离或孔与相邻产品直边之间的距离不可少于孔的直径。与此同时,孔的壁厚应尽量大,否则通孔位置容易产生断裂的情况,如图 2 - 28 所示。要是孔内附有螺纹,设计上的要求即变得复杂,因为螺纹的位置容易形成应力集中的地方。从经验所得,要使螺孔边缘的应力集中系数减低至一安全的水平,螺孔边缘与产品边缘的距离必须大于螺孔直径的 3 倍。热固性塑料两孔之间及孔与边壁之间的间距与孔径的关系见图 2 - 28 和表 2 - 6。

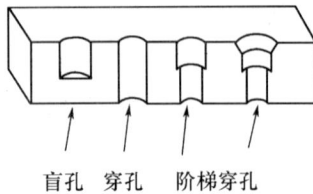

图 2 - 27　孔的类型

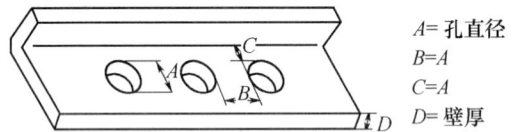

$A=$ 孔直径
$B=A$
$C=A$
$D=$ 壁厚

图 2 - 28　孔的设计

表 2 - 6　热固性塑料孔间距、孔边距和孔径的关系　　　　单位:mm

孔　径	~1.5	>1.5~3	>3~6	>6~10	>10~18	>18~30
孔间距与孔边距	1~1.5	>1.5~2	>2~3	>3~4	>4~5	>5~7

2.2.9.2　通孔

成型通孔用的型芯一般有以下几种安装方法,如图 2 - 29 所示。在图 2 - 29(a)中型芯一端固定,这种方法简单,但会出现不易修整的横向飞边,且当孔较深或孔径较小时易弯曲。在图 2 - 29(b)中用一端固定的两个型芯来成型,并使一个型芯径向尺寸比另一个大 0.5mm ~ 1mm,这样即使稍有不同心,也不致引起安装和使用上的困难,其特点是型芯长度缩短一半,稳定性增加。这种成型方式适用于较深的孔,且孔径要求不很高的场合。

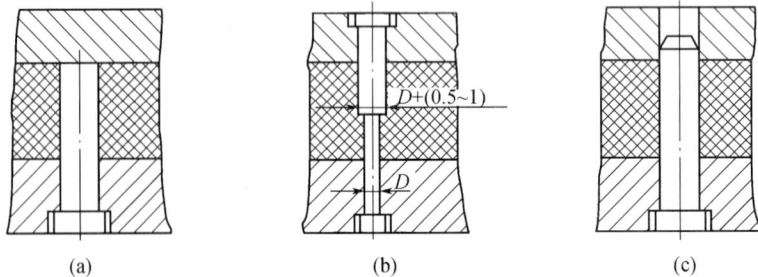

图 2 - 29　通孔的成型方法

在图 2 - 29(c)中型芯一端固定,一端导向支承,这种方法使型芯有较好的强度和刚度,又能保证同心度,较为常用,但其导向部分因导向误差发生磨损,以至会产生圆周纵向溢料。型芯不论用什么方法固定,孔深均不能太大,否则型芯会弯曲。压缩成型时尤应注意,通孔深度应不超过孔径的 3.75 倍。

2.2.9.3　盲孔

盲孔是靠模具上的型芯形成,而型芯的设计只能单边支承在模具上,因此溶融的塑料很容易使其弯曲变形,使盲孔出现椭圆的形状,所以型芯的长度不能过长。一般来说,盲孔的深度只限于直径的两倍。要是盲孔的直径小于或等于1.5mm,盲孔的深度更不应大于直径的尺寸,设计要点如图2-30所示。

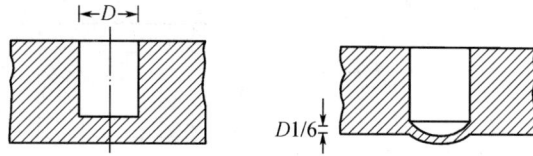

图2-30 盲孔的设计要点

2.2.9.4 钻孔

大部分情况下,额外的钻孔工序应尽量被免,应尽量考虑设计孔穴可单从模具一次成型,减低生产成本。但当需要成型的孔穴长而窄时,即孔穴的长度比深度大,因更换折断或弯曲的型芯构成的额外成本可能较辅助的后钻孔工序高,此时,应考虑加上后钻孔工序。钻孔工序应配合使用钻孔夹具加快生产及提高品质,也可减少加工时间并降低成本;另一做法是在塑料成品上加上细而浅的定位孔以代替使用钻孔夹具。

2.2.9.5 侧孔

侧孔往往增加模具设计上的困难,特别是当侧孔的方向与开模的方向成一直角时,因为侧孔容易形成塑料产品上的倒扣部分。一般的方法是使用活动型芯,或使用油压抽芯。注意型芯在塑料填充时会否受压变形或折断,此情况常见于长而直径小的型芯上。因模具的结构较为复杂,模具的制造成本比较高,此外,生产时间亦因模具必须抽走型芯才可脱模而相应增加。

2.2.9.6 异形孔

当塑件孔为异形孔(斜度孔或复杂形状孔)时,常常采用拼合方法来成型,这样可避免侧向抽芯。图2-31所示为几个典型的例子。

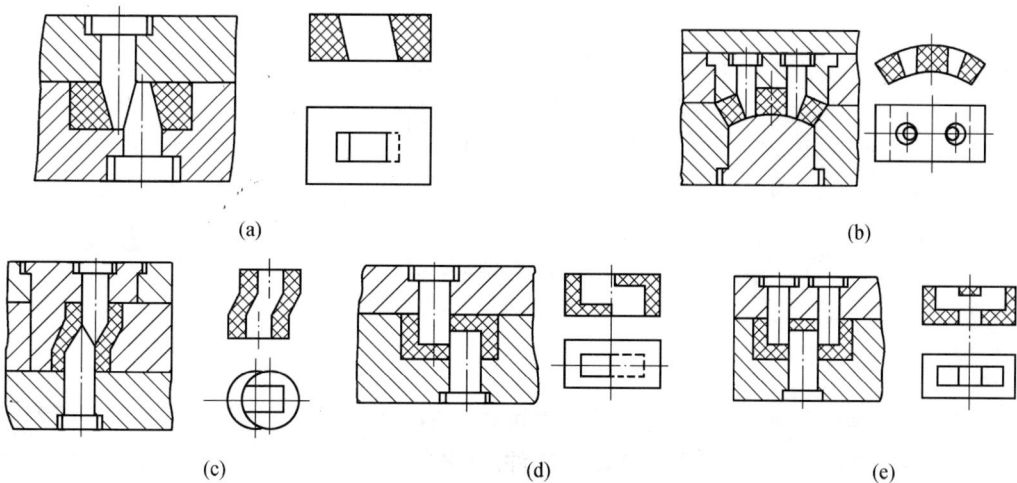

(a)   (b)

(c)   (d)   (e)

图2-31 用拼合型芯成型异形孔

2.2.9.7 特殊孔设计应注意的几个问题

（1）多个不同直径但相连的孔可容许的深度比单一直径的孔长；此外，将通孔的两端下沉，也可将孔的深度缩短，图2-32说明这两种方法的应用。

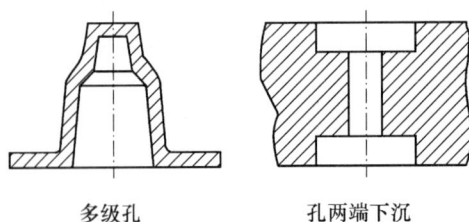

多级孔　　　　　　　　孔两端下沉

图2-32　多级孔或将穿孔两端下沉的应用方法

（2）带侧孔的塑件，侧孔处应加大壁厚，避免抽芯时孔壁破裂，如图2-33所示。

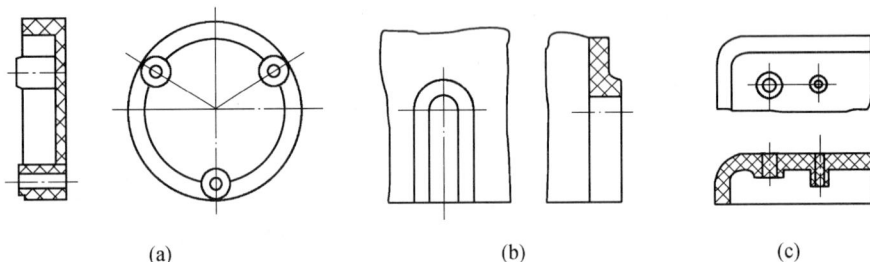

(a)　　　　　　　　　　(b)　　　　　　　　　　(c)

图2-33　孔的加强

（3）孔的边缘应预留最少0.4mm的下沉，设计一个完整的倒角或圆角在孔边在经济上或实践上都是不切实际的，孔边缘的设计可参考图2-34。

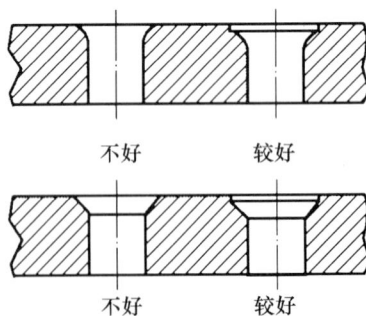

不好　　　　　较好

不好　　　　　较好

图2-34　孔边缘的设计

2.2.10　螺纹设计

塑件上的螺纹既可直接用模具成型，也可在成型后用机械加工成型。对于需要经常装拆和受力较大的螺纹，应采用金属螺纹嵌件。塑料上的螺纹应选用较大的螺牙尺寸，直径较小时也不宜选用细牙螺纹，否则会影响使用强度。表2-7列出塑件螺纹的使用范围。

表 2 - 7　塑件螺纹的选用范围

螺纹公称直径 /mm	螺 纹 种 类				
	公称标准螺纹	1 级细牙螺纹	2 级细牙螺纹	3 级细牙螺纹	4 级细牙螺纹
≤3	+	-	-	-	-
>3 ~ 6	+	-	-	-	-
>6 ~ 10	+	+	-	-	-
>10 ~ 18	+	+	+	-	-
>18 ~ 30	+	+	+	+	-
>30 ~ 50	+	+	+	+	+
注：表中 + 、- 为建议采用的范围					

塑件上螺纹的直径不宜过小,螺纹的外径不应小于 4mm,内径不应小于 2mm,精度不超过 3 级。如果模具上螺纹的螺距未考虑收缩值,那么塑件螺纹与金属螺纹的配合长度则不能太长,一般不大于螺纹直径的 1.5 倍 ~ 2 倍,否则会因干涉造成附加内应力,使螺纹连接强度降低。

为了防止螺纹最外圈崩裂或变形,应使螺纹最外圈和最里圈留有台阶,如图 2 - 35 和图 2 - 36 所示。螺纹的始端或终端应逐渐开始和结束,有一段过渡长度 l。

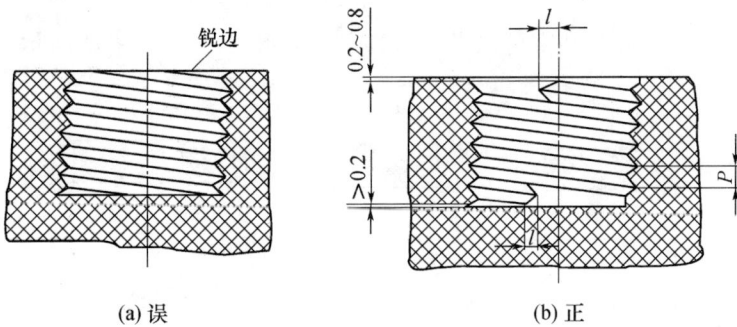

(a) 误　　　　　　(b) 正

图 2 - 35　塑件内螺纹设计

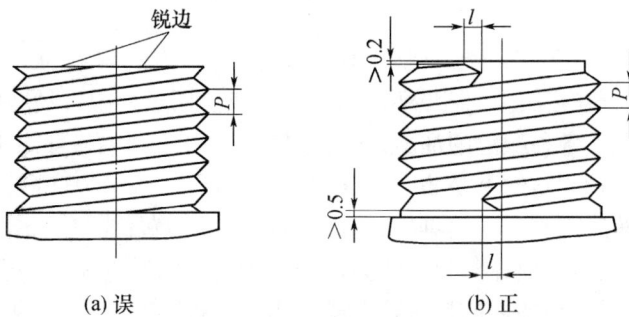

(a) 误　　　　　　(b) 正

图 2 - 36　塑件外螺纹设计

2.2.11 公差

大部分的塑料产品可以达到高精密配合的尺寸公差,而一些收缩率高及一些软性材料则比较难于控制。因此在产品设计过程时是要考虑到产品的使用环境,塑料材料,产品形状等来设定公差的严紧度。塑件尺寸公差应根据 GB/T 14486《工程塑料模塑塑料件尺寸公差标准》确定,尺寸公差见表 2 - 8。该标准中塑件尺寸公差的代号为 MT,公差等级分为 3 级。该标准只规定公差,基本尺寸的上、下偏差可根据塑件使用要求来分配。一般情况下,对于塑件上孔的公差采用单向正偏差,即取表中数值冠以(+)号;对于塑件上轴的公差采用单向负偏差,即取表中数值冠以(-)号;对于中心距尺寸及其他位置尺寸公差采用双向等值偏差,即取表中数值之半再冠以(±)号。

2.2.12 表面粗糙度

塑件的表面粗糙度与塑料品种、成型工艺条件、模具成型零件的表面粗糙度及其磨损情况有关,其中模具成型零件的表面粗糙度是决定塑件表面粗糙度的主要因素。一般模具表面粗糙度要比塑件表面粗糙度低一级。有些制品的表面要求达到 $Ra0.4 \sim Ra0.025$,透明制品要求型腔和型芯的表面粗糙度相同,不透明件则根据使用情况来定。

2.2.13 标记、符号或文字

塑件上的标记、符号或文字可以做成三种不同的形式,如图 2 - 37 所示。

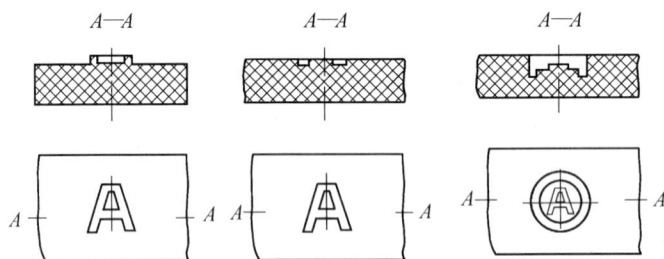

图 2 - 37　塑件上的标记

一种为塑件上是凸字,它在模具制造时比较方便,因为模具上的字是凹入的,可以用机械加工方法将字刻在模具上,但凸字在塑件抛光或使用过程中容易磨损;第二种为塑件上是凹字,它可以填上各种颜色的油漆,使字迹更为鲜明,但由于模具上的字是凸起的,使模具制造困难;第三种为塑件上是凸字,在凸字周围带有凹入的装饰框,即凹坑凸字,此时可用单个凹字模,然后将它镶入模具中,采用这种形式后,塑件上的凸字无论在抛光还是在使用时都不易因碰撞而损坏。为了使塑件表面美观可以通过在塑件表面设计各种图案及色彩来装饰。有时可在塑件成型后粘上或烫印上各种图案。另外,塑件上的止转凸凹、标记、符号及文字(包括所贴的标签等)也起到了一定装饰效果。

表 2-8 塑件尺寸公差表（GB/T 14486）

公差等级	公差类型	大于0到3	3~6	6~10	10~14	14~18	18~24	24~30	30~40	40~50	50~65	65~80	80~100	100~120
		基本尺寸												
		标注公差的尺寸公差值												
MT1	A	0.07	0.08	0.09	0.10	0.11	0.12	0.14	0.16	0.18	0.20	0.23	0.26	0.29
	B	0.14	0.16	0.18	0.20	0.21	0.22	0.24	0.26	0.28	0.30	0.33	0.36	0.39
MT2	A	0.10	0.12	0.14	0.16	0.18	0.20	0.22	0.24	0.26	0.30	0.34	0.38	0.42
	B	0.20	0.22	0.24	0.26	0.28	0.30	0.32	0.34	0.36	0.40	0.44	0.48	0.52
MT3	A	0.12	0.14	0.16	0.18	0.20	0.24	0.28	0.32	0.36	0.40	0.46	0.52	0.58
	B	0.32	0.34	0.36	0.38	0.40	0.44	0.48	0.52	0.56	0.60	0.66	0.72	0.78
MT4	A	0.16	0.18	0.20	0.24	0.28	0.32	0.36	0.42	0.48	0.56	0.64	0.72	0.82
	B	0.36	0.38	0.40	0.44	0.48	0.52	0.56	0.62	0.68	0.76	0.84	0.92	1.02
MT5	A	0.20	0.24	0.28	0.32	0.38	0.44	0.50	0.56	0.64	0.74	0.86	1.00	1.14
	B	0.40	0.44	0.48	0.52	0.58	0.64	0.70	0.76	0.84	0.94	1.06	1.20	1.34
MT6	A	0.26	0.32	0.38	0.46	0.54	0.62	0.70	0.80	0.94	1.10	1.28	1.48	1.72
	B	0.46	0.52	0.58	0.68	0.74	0.82	0.90	1.00	1.14	1.30	1.48	1.68	1.92
MT7	A	0.38	0.48	0.58	0.68	0.78	0.88	1.00	1.14	1.32	1.54	1.80	2.10	2.40
	B	0.58	0.68	0.78	0.88	0.98	1.08	1.20	1.34	1.52	1.74	2.00	2.30	2.60
		未注公差的尺寸允许偏差												
MT5	A	±0.10	±0.12	±0.14	±0.16	±0.19	±0.22	±0.25	±0.28	±0.32	±0.37	±0.43	±0.50	±0.57
	B	±0.20	±0.22	±0.29	±0.26	±0.29	±0.32	±0.35	±0.38	±0.42	±0.47	±0.53	±0.60	±0.67
MT6	A	±0.13	±0.16	±0.19	±0.23	±0.27	±0.31	±0.35	±0.40	±0.47	±0.55	±0.64	±0.74	±0.86
	B	±0.23	±0.26	±0.29	±0.33	±0.37	±0.41	±0.45	±0.50	±0.57	±0.65	±0.74	±0.84	±0.96

公差等级	公差类型	基本尺寸												
		大于0到3	3～6	6～10	10～14	14～18	18～24	24～30	30～40	40～50	50～65	65～80	80～100	100～120
MT7	A	±0.19	±0.24	±0.29	±0.34	±0.39	±0.44	±0.50	±0.57	±0.66	±0.77	±0.90	±1.05	±1.20
	B	±0.29	0.34	±0.39	±0.44	±0.49	±0.54	±0.60	±0.67	±0.76	±0.87	±1.00	±1.15	±1.30

标注公差的尺寸公差值

公差等级	公差类型	大于0到3	3～6	6～10	10～14	14～18	18～24	24～30	30～40	40～50	50～65	65～80	80～100	100～120
MT1	A	0.32	0.36	0.40	0.44	0.48	0.52	0.56	0.60	0.64	0.70	0.78	0.86	0.86
	B	0.42	0.46	0.50	0.54	0.58	0.62	0.66	0.70	0.74	0.80	0.88	0.96	0.96
MT2	A	0.46	0.50	0.54	0.60	0.66	0.72	0.76	0.84	0.92	1.00	1.10	1.20	1.20
	B	0.56	0.60	0.64	0.70	0.76	0.82	0.86	0.94	1.02	1.10	1.20	1.30	1.30
MT3	A	0.64	0.70	0.78	0.86	0.92	1.00	1.10	1.20	1.30	1.44	1.60	1.74	1.74
	B	0.84	0.90	0.98	1.06	1.12	1.20	1.30	1.40	1.50	1.64	1.80	1.94	1.94
MT4	A	0.92	1.02	1.12	1.24	1.36	1.48	1.62	1.80	2.00	2.20	2.40	2.60	2.60
	B	1.12	1.22	1.30	1.44	1.56	1.68	1.82	2.00	2.20	2.40	2.60	2.80	2.80
MT5	A	1.28	1.44	1.60	1.76	1.92	2.10	2.30	2.50	2.80	3.10	3.50	3.90	3.90
	B	1.48	1.64	1.80	1.96	2.12	2.30	2.50	2.70	3.00	3.30	3.70	4.10	4.10
MT6	A	2.00	2.20	2.40	2.60	2.90	3.20	3.50	3.80	4.30	4.70	5.30	6.00	6.00
	B	2.20	2.40	2.60	2.80	3.10	3.40	3.70	4.00	4.50	4.90	5.50	6.20	6.20
MT7	A	2.70	3.00	3.30	3.70	4.10	4.50	4.90	5.40	6.00	6.70	7.40	8.20	8.20
	B	3.10	3.20	3.50	3.90	4.30	4.70	5.10	5.60	6.20	6.90	7.60	8.40	8.40

未注公差的尺寸允许偏差

公差等级	公差类型	大于0到3	3～6	6～10	10～14	14～18	18～24	24～30	30～40	40～50	50～65	65～80	80～100	100～120
MT5	A	±0.64	±0.72	±0.80	±0.88	±0.96	±1.05	±1.15	±1.25	±1.40	±1.55	±1.75	±1.95	±1.95
	B	±0.74	±0.82	±0.90	±0.98	±1.06	±1.15	±1.25	±1.35	±1.50	±1.65	±1.85	±2.05	±2.05
MT6	A	±1.00	±1.10	±1.20	±1.30	±1.45	±1.60	±1.75	±1.90	±2.15	±2.35	±2.65	±3.00	±3.00
	B	±1.10	±1.20	±1.30	±1.40	±1.55	±1.70	±1.85	±2.00	±2.25	±2.45	±2.75	±3.10	±3.10
MT7	A	±1.35	±1.50	±1.65	±1.85	±2.05	±2.25	±2.45	±2.70	±3.00	±3.35	±3.70	±4.10	±4.10
	B	±1.45	±1.60	±1.75	±1.96	±2.15	±2.35	±2.55	±2.80	±3.10	±3.45	±3.80	±4.20	±4.20

注：A——不受模具活动部分影响的尺寸；B——受模具活动部分影响的尺寸

2.3 塑件结构优化设计举例

见表2-9、表2-10和表2-11。

表2-9 改变塑件形状以利于塑件成型

序号	不合理	合理	说明
1			改变塑件形状后，则不需要采用侧抽式或瓣合式分型的模具
2			应避免塑件表面横向凸台，以便于脱模
3			塑件外侧凹，必须采用瓣合凹模，使塑件模具结构复杂，塑件表面有结痕
4			塑件内侧凹，抽芯困难
5			将横向侧孔改为垂直向孔，可免去侧抽芯机构

表 2 – 10 加强筋设计的典型实例

序号	不合理	合理	说明
1			过厚处应减薄并设置加强筋以保持原有强度
2			过高的塑件应设置加强筋,以减薄塑件壁厚
3			平板状塑件,加强筋应与料流方向平行,以免造成充模阻力过大和降低塑件韧性
4			非平板状塑件,加强筋应交错排列,以免塑件产生翘曲变形
5			加强筋应设计的矮一些,与支承面的间隙应大于0.5mm

表 2 – 11　改善塑件壁厚的典型实例

序号	不 合 理	合 理	说 明
1	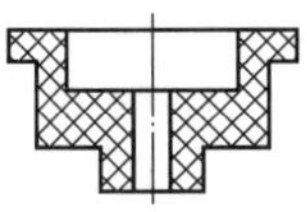	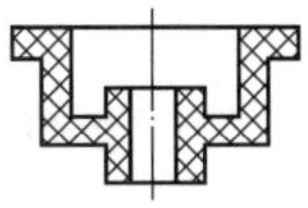	左图壁厚不均匀,易产生气泡、缩孔、凹陷等缺陷,使塑件变形。右图壁厚均匀,能保证塑件质量
2	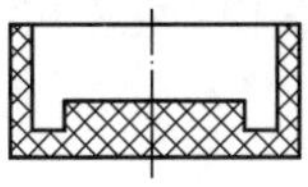	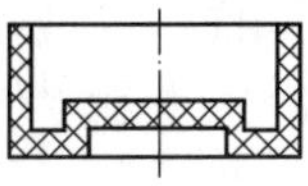	
3	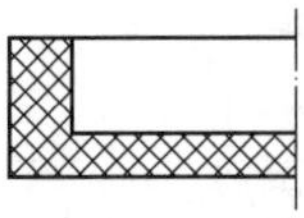	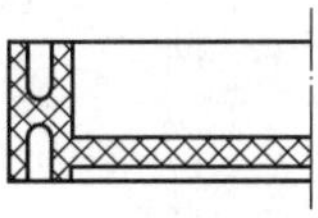	
4	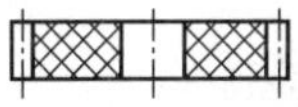	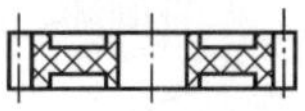	
5	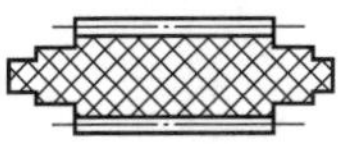	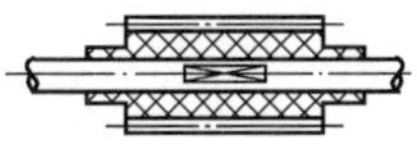	全塑齿轮轴应在中心设置钢芯
6	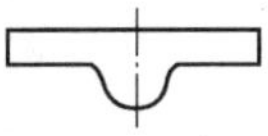	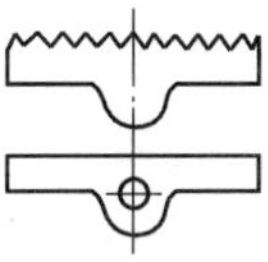	壁厚不均匀塑件,可在易产生凹痕的表面设计成波纹形式或在壁厚处开设工艺孔,以掩盖或消除凹痕

第3章 塑料模具设计的基本知识

3.1 塑料模具设计的基本零部件

模具是塑件成型的主要工具,了解模具结构及其常用标准件是非常必要的。如图3－1所示是一套完整的三维图形模架结构。模具零件的形式很多,但归纳起来,不外乎两大类型,即成型零件和结构零件。成型零件主要包括凸模、凹模、型芯和镶块等,结构零件主要包括导柱、导套、顶出装置、支承零件等。

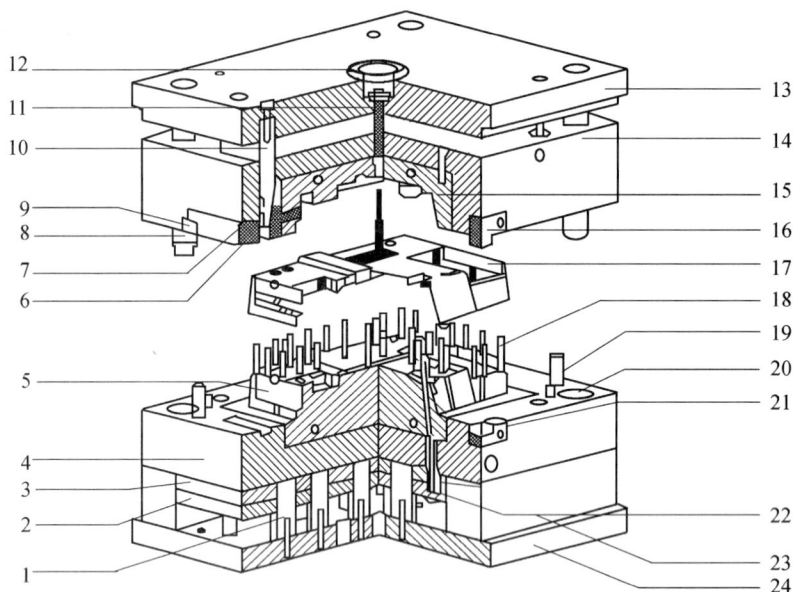

图3－1 三维图形模架结构

1—支承柱;2—顶出板垫板;3—顶出板;4—凸模固定板;5—凸模;6—滑块;7—耐磨块;
8—导柱;9—压板;10—弯销;11—浇口套;12—定位环;13—定模板;14—型腔板;
15—凹模;16—上定位块;17—成型零件;18—顶杆;19—圆柱销;20—导套;
21—下定位块;22—耐磨块;23—模脚;24—动模板。

3.1.1 凹模

3.1.1.1 结构设计

凹模又名阴模,是成型塑件外表面的部件。在注射成型中,因多装在注射机的定压板(或叫静压板)上,所以,习惯上叫定模(或叫静模);在压制成型时,多装在压机的下压台上,所以习惯上叫下压模。凹模的结构大体有整体式凹模和组合式凹模两种形式。

1. 整体式凹模

由整块材料加工制成的整体式凹模,如图 3 - 2 所示。整体式凹模的优点是:强度大,塑件上不会产生拼模缝痕迹。一般中小型凹模采用整体式。大型模具采用整体式凹模的缺点是:不便于机械加工;切削量太大;造成钢材浪费;热处理不便;搬运不便;延长制模周期;成本增加。

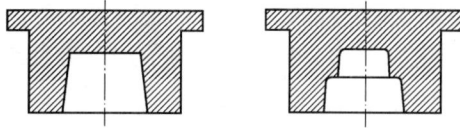

图 3 - 2 整体式凹模

2. 组合式凹模

组合式凹模结构是指凹模是由两个以上的零部件组合而成的。按组合方式不同,组合式凹模结构可分为整体嵌入式、局部镶嵌式、侧壁镶嵌式和四壁拼合式等形式。

采用组合式凹模,可简化复杂凹模的加工工艺,减少热处理变形。同时,由于拼合处有间隙,更利于排气,便于模具的维修,节省贵重的模具钢。为了保证组合后凹模尺寸的精度和装配的牢固,减少塑件上的镶拼痕迹,要求镶块的尺寸、形位公差等级较高,组合结构必须牢固,镶块的机械加工、工艺性要好。因此,选择较好的镶拼结构是非常重要的。

1)整体嵌入式凹模

整体嵌入式凹模结构如图 3 - 3 所示。它主要用于成型小型塑件,而且是多型腔的模具,各单个型腔采用机加工、冷挤压、电加工等方法加工制成,然后压入模板中。这种结构加工效率高,拆装方便,可以保证各个型腔的形状尺寸一致,且便于热处理。

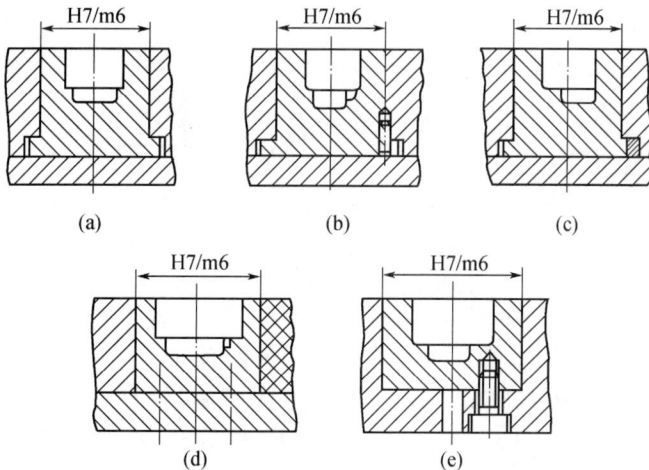

图 3 - 3 整体嵌入式凹模

45

图 3 -3(a)、图 3 -3(b)、图 3 -3(c)称为通孔台肩式,即凹模带有台肩,从下面嵌入模板,再用垫板与螺钉紧固。如果凹模嵌件是回转体,而凹模是非回转体,则需要用销钉或键止转定位。图 3 -3(b)采用销钉定位,结构简单,装拆方便;图 3 -3(c)是键定位,接触面积大,止转可靠;图 3 -3(d)是通孔无台肩式,凹模嵌入模板内,用螺钉与垫板固定;图3 -3(e)是盲孔式凹模嵌入固定板,直接用螺钉固定,在固定板下部设计有装拆凹模用的工艺通孔,这种结构可省去垫板。

2)局部镶嵌组合式凹模

局部镶嵌组合式凹模结构如图 3 -4 所示。为了加工方便或由于凹模的某一部分容易损坏,需要经常更换,应采用这种局部镶嵌的办法。

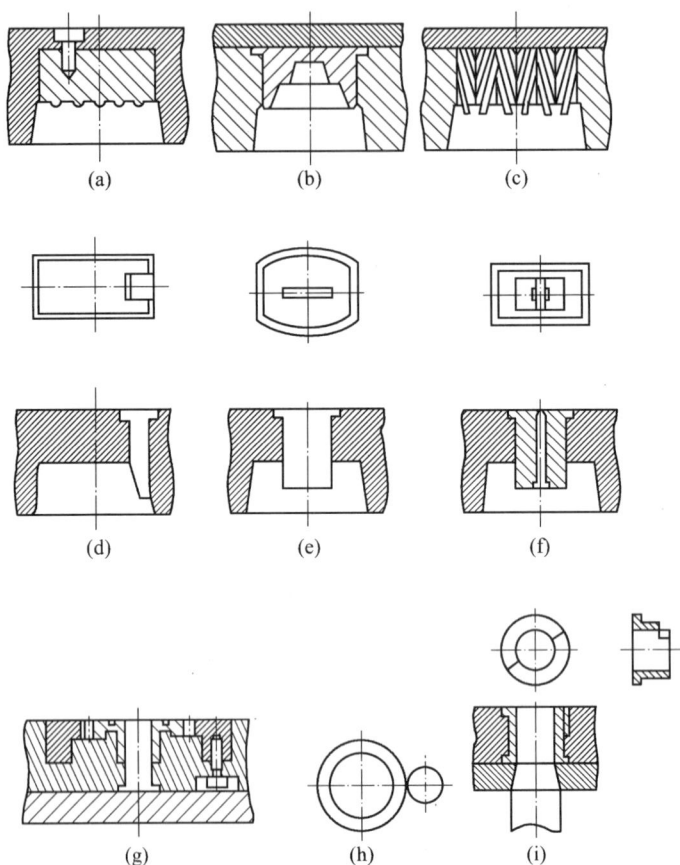

图 3 -4　局部镶嵌组合式凹模

图 3 -4(a)、图 3 -4(b)、图 3 -4(c)所示凹模内有局部凸起,可将此凸起部分单独加工,再把加工好的镶块镶在凹模内;图 3 -4(d)、图 3 -4(e)、图 3 -4(f)是利用局部镶块解决凹模内的凸起问题;图 3 -4(g)、图 3 -4(h)和图 3 -4(i)是采用多个镶块进行拼合组成复杂形状凹模的情况。

3)底部镶拼式凹模

底部镶拼式凹模的结构如图 3 -5 所示。为了机械加工、研磨、抛光、热处理方便,形

46

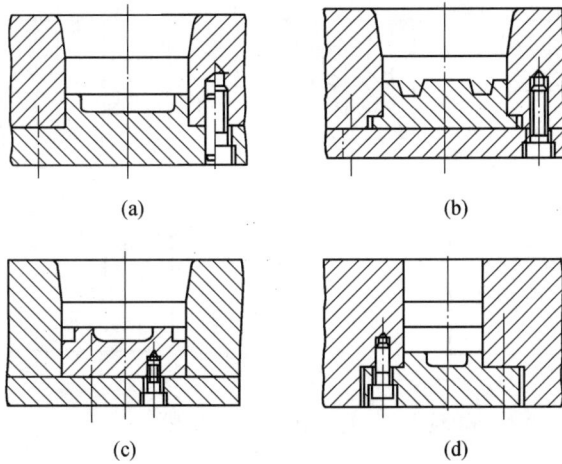

(a) (b)

(c) (d)

图 3 – 5 底部镶拼式凹模

状复杂的凹模底部可以设计成镶拼式结构。

选用这种结构时应注意磨平结合面,抛光时应仔细,以避免结合处锐棱(不能带圆角)影响脱模。此外,底板还应有足够的厚度以免变形而进入塑料。

4)侧壁镶拼式凹模

侧壁镶拼式凹模如图 3 – 6 所示。这种方式便于加工和抛光,但是一般很少采用,这是因为在成型时,熔融的塑料成型压力使螺钉和销钉产生变形,从而达不到产品的技术要求指标。

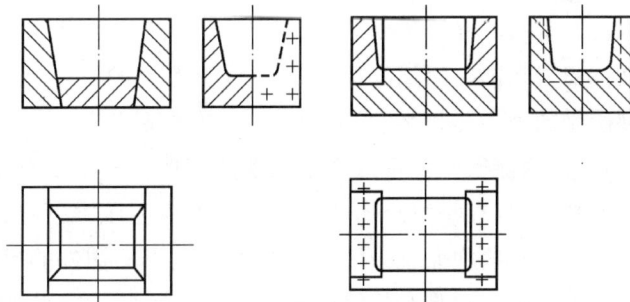

图 3 – 6 侧壁镶拼式凹模

5)四壁拼合式凹模

四壁拼合式凹模如图 3 – 7 所示。四壁拼合式凹模适用于大型和形状复杂的型腔,可以把它的四壁和底板分别加工经研磨后压入模架中。为了保证装配的准确性,侧壁之间采用锁扣连接,连接处外壁留有 0.3mm ~ 0.4mm 的间隙,以使内侧接缝紧密,减少塑料的挤入。

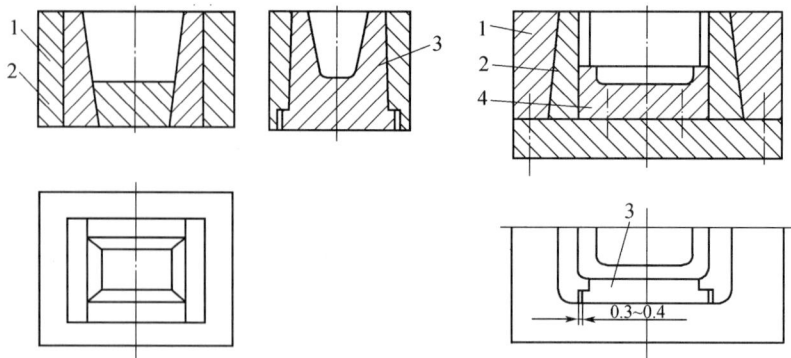

图 3 - 7 四壁拼合式凹模

综上所述,设计组合式凹模时,应注意以下几点、拼块件数应最少,以减少装配工作量和塑件上过多的拼缝痕迹;拼接缝应尽量与塑件脱模方向一致,以免渗入的塑料妨碍塑件脱模;拼块应无锐角,在可能范围内,拼块角度应尽可能成直角或钝角;拼块之间应尽量采用凹凸槽嵌接,防止在模塑过程中发生相对的位移;个别凹、凸模磨损的部分,应制成独立件,以便于加工和更换。设计拼块或镶件时,应尽可能将形状复杂的内形加工变为外形加工;塑件外形上的圆弧部分应单独制成一块,凹凸模拼块的接合线,应位于塑件外形的部分;为使拼块接合面正确配合并减少磨削加工量,应尽量减少拼接面的长度;小型拼镶式凹模应当用坚固的模套箍紧。

3.1.1.2 凹模强度校核

在塑料模塑过程中,凹模所承受的应力是变化的,因此,要计算凹模的真实强度是十分复杂的。就注射成型而论,凹模所承受的力大体有下列四种:①合模时的压应力;②模内塑料流动压力;③浇口封闭前一瞬间的保压压力;④开模时的拉应力。

然而,凹模内部所受的力主要是②、③两项,所以,在模具设计时,要考虑模内应力保持在许可范围内。不使凹模侧壁产生超过规定限度的变形。凹模变形越大、充模的物料就越多,不仅会造成溢料,而且在物料冷却、收缩时,随着模腔压力下降,凹模侧壁就要弹性回复,塑件将被紧夹在凹模之内而难以脱模。变形大也影响塑件的尺寸精度。为了确保凹模不致受压破裂,凹模处必须具有足够的机械强度。因此,在确定凹模壁厚时,应当分别从强度条件和刚度条件来计算,以便相互校验。

常用的凹模侧壁和底板厚度的计算公式,综合列于表 3 - 1 中。应用表 3 - 1 所列公式时,设最大安全型腔压力 62MPa。对于矩形凹模,根据模具的尺寸,其容许最大变形量为 0.13mm ~ 0.25mm。如果是组合凹模,就要求变形量不应使拼块间隙增大而发生溢料现象。拼块间隙,对于聚苯乙烯、聚丙烯酸酯等类塑料不应大于 0.07mm ~ 0.1mm;对于尼龙则不应大于 0.025mm;对于聚碳酸酯和硬聚氯乙烯等为 0.6mm ~ 0.08mm。

表 3 – 1 凹模侧壁和底板厚度的计算公式

类型		图	部位	按强度计算	按刚度计算
圆形凹模	整体式		侧壁	$s \geqslant r\left[\sqrt{\dfrac{[\sigma]}{[\sigma]-2p}}-1\right]$ <div align="right">(3 – 1)</div>	$s \geqslant 1.15\left[\dfrac{ph_1^4}{E[\delta]}\right]^{\frac{1}{3}}$ <div align="right">(3 – 2)</div>
			底板	$t \geqslant 0.87\sqrt{\dfrac{pr^2}{[\sigma]}}$ <div align="right">(3 – 3)</div>	$t \geqslant 0.56\left[\dfrac{pr^4}{E[\delta]}\right]^{\frac{1}{3}}$ <div align="right">(3 – 4)</div>
	组合式		侧壁	$s \geqslant r\left[\sqrt{\dfrac{[\sigma]}{[\sigma]-2p}}-1\right]$ <div align="right">(3 – 5)</div>	$s \geqslant r\left[\sqrt{\dfrac{1-\mu+\dfrac{E[\delta]}{rp}}{\dfrac{E[\delta]}{rp}-\mu-1}}-1\right]$ <div align="right">(3 – 6)</div>
			底板	$t \geqslant \sqrt{\dfrac{1.22pr^2}{[\sigma]}}$ <div align="right">(3 – 7)</div>	$t \geqslant \left[0.74\dfrac{pr^4}{E[\delta]}\right]^{\frac{1}{3}}$ <div align="right">(3 – 8)</div>
矩形凹模	整体式		侧壁	当 $\dfrac{H_1}{l}<0.41$ 时 $s \geqslant \sqrt{\dfrac{pl^2(1+Wa)}{2[\sigma]}}$ <div align="right">(3 – 9)</div> 当 $\dfrac{H_1}{l}\geqslant 0.41$ 时 $s \geqslant \sqrt{\dfrac{3pH_1^2(1+Wa)}{2[\sigma]}}$ <div align="right">(3 – 10)</div>	$s \geqslant \left[\dfrac{cpH_1^4}{E[\delta]}\right]^{\frac{1}{3}}$ <div align="right">(3 – 11)</div>
			底板	$t \geqslant \sqrt{\dfrac{a'pb^2}{[\sigma]}}$ <div align="right">(3 – 12)</div>	$t \geqslant \sqrt{\dfrac{c'pb^4}{E[\delta]}}^{\frac{1}{3}}$ <div align="right">(3 – 13)</div>
	组合式		侧壁	$s \geqslant r\sqrt{\dfrac{pH_1l^2}{2H[\sigma]}}$ <div align="right">(3 – 14)</div>	$s \geqslant \left[\dfrac{pH_1l^4}{32EH[\delta]}\right]^{\frac{1}{3}}$ <div align="right">(3 – 15)</div>
			底板	$t \geqslant \sqrt{\dfrac{3pbl^2}{4B[\sigma]}}$ <div align="right">(3 – 16)</div>	$t \geqslant \left[\dfrac{5bpl^4}{32EB[\delta]}\right]^{\frac{1}{3}}$ <div align="right">(3 – 17)</div>

s——型腔侧壁厚度,mm;

p——型腔内熔体的压力,MPa;

H_1——承受熔体压力的侧壁高度,mm;

l——型腔侧壁长边长,mm;

E——钢的弹性模量,取 2.06×10^5 MPa;

H——型腔侧壁总高度,mm;

$[\delta]$——允许变形量,mm;

r——型腔内壁半径,mm;

b——矩形型腔侧壁的短边长,mm;

h——矩形底板(支承板)的厚度,mm;

B——底板总宽度,mm;

L——双模脚间距,mm;

a——矩形成型型腔的边长比,$a = b/l$;

c——由 H_1/l 决定的系数,查表 3-2;

a'——由模脚(垫块)之间距离和型腔短边长度比 l/b 决定的系数,查表 3-3;

c'——由型腔长边比 l/b 决定的系数,查表 3-4。

表 3-2 系数 c、W 的值

H_1/t	0.3	0.4	0.5	0.6	0.7	0.8	0.9	1.0	1.2	1.5	2.0
c	0.903	0.570	0.330	0.188	0.117	0.073	0.045	0.031	0.015	0.006	0.002
W	0.108	0.130	0.148	0.163	0.176	0.187	0.197	0.205	0.210	0.235	0.254

表 3-3 系数 a' 的值

l/b	1.0	1.2	1.4	1.6	1.8	2.8	>2.8
a'	0.3078	0.3834	0.4256	0.4680	0.4872	0.4974	0.5000

表 3-4 系数 c' 的值

l/b	1.0	1.1	1.2	1.3	1.4	1.5	1.6	1.7	1.8	1.9	2.0
c'	0.0138	0.0164	0.0188	0.0209	0.0226	0.0240	0.0251	0.0260	0.0267	0.0272	0.0277

在工厂中,也常用经验数据或者有关表格来进行简化对凹模侧壁和底板厚度的设计。

表 3-5 列举了矩形型腔壁厚的经验推荐数据,表 3-6 列举了圆形型腔壁厚的经验推荐数据,可供设计时参考。

表 3-5 矩形型腔壁厚尺寸

矩形型腔内壁短边 b	整体式型腔壁厚 s	镶拼式型腔	
		凹模壁厚 s_1	模套壁厚 s_2
0~40	25	9	22
>40~50	25~30	9~10	22~25

矩形型腔内壁短边 b	整体式型腔壁厚 s	镶 拼 式 型 腔	
		凹模壁厚 s_1	模套壁厚 s_2
>50~60	30~35	10~11	25~28
>60~70	35~42	11~12	28~35
>70~80	42~48	12~13	35~40
>80~90	48~55	13~14	40~45
>90~100	55~60	14~15	45~50
>100~120	60~72	15~17	50~60
>120~140	72~85	17~19	60~70
>140~160	85~95	19~21	70~80

表 3-6 圆形型腔壁厚尺寸

圆形型腔内壁直径 $2r$	整体式型腔壁厚 $s=R-r$	组 合 式 型 腔	
		型腔壁厚 $s_1=R-r$	模套壁厚 s_2
0~40	20	8	18
>40~50	25	9	22
>50~60	30	10	25
>60~70	35	11	28
>70~80	40	12	32
>80~90	45	13	35
>90~100	50	14	40
>100~120	55	15	45
>120~140	60	16	48
>140~160	65	17	52
>160~180	70	19	55
>180~200	75	21	58

3.1.2　凸模

凸模又名阳模，是成型塑件内表面的部件。在注射成型中，通常多装在注射机的动压板上，所以，习惯上叫做动模；在压制成型中，凸模多安装在压机的上压板上，所以，习惯上也叫做上模。由于注射成型中常常让塑件留在凸模上，所以，凸模上装有顶出机构，以便塑件脱模。

大多数凸模制成整体式的、其机械加工较凹模便利，而且整体结构的强度也较大。

整体式凸模也分多种形式，如图3-8所示，是凸模模体和凸模底板做成一体。这种形式在小型模具中可以采用，但应用在大型模具中，钢材切削量过大，不仅浪费钢材而且加工也费时间，故不宜采用。

图3-9是装配底板的凸模。这种结构适用于中、小型模具，但对大型模具而言，也是不经济的，因为加工底板上的大孔很费工时，而且底板孔和凸模模体的精密配合也比较麻烦。

51

图 3 – 10 所示的结构比较常用。这种结构的刚性大,加工量小,凸模模体装配在底板上的凹槽内,可防止塑料渗入。但这种形式并不适用于细长的凸模。

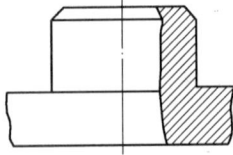

图 3 – 8　模体与
底板一体的凸模

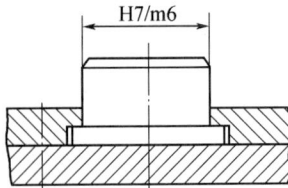

图 3 – 9　装配底
板的凸模图

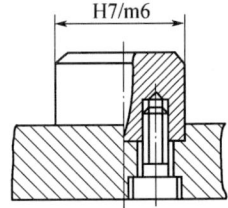

图 3 – 10　螺钉装
配底板版的凸模

在某些情况下,凸模也可以采用组合(拼镶)结构。例如,当凸模上需要有深而窄的凹槽时,就不可避免地要用组合结构,但组合结构常限于高度较小的凸模。若凸模高度很大,刚拼块很难同时固定,特别是在距离底部较远的顶端。

凸模要考虑正常的冷却。如凸模不高,可在底板上开设冷却水道;如凸模高而大,则凸模本身应开设冷却水道。组合凸模多在底板上开设冷却水道。因为拼块接缝处钻冷却水道将难以保证密封不漏水。

为了搬运和安装方便,重 20kg 以上的凹模和凸模应装设吊环或其他装置。

3.1.3　成型芯

型芯用来成型塑件的孔,分为主体型芯、小型芯、侧抽芯和成型杆及螺纹型芯等。

3.1.3.1　组合式主型芯结构

镶拼组合式型芯的优缺点和组合式型腔的优缺点基本相同。设计和制造这类型芯时,必须注意结构合理,应保证型芯和镶块的强度,防止热处理时变形且应避免尖角与壁厚突变。

当小型芯靠主型芯太近,如图 3 – 11(a)所示,热处理时薄壁部位易开裂,故应采用图 3 – 11(b)结构,将大的型芯制成整体式,再镶入小型芯。

在设计型芯结构时,应注意塑料的飞边不应该影响脱模取件。如图 3 – 12(a)所示结构的溢料飞边的方向与塑料脱模方向相垂直,影响塑件的取出;而采用图 3 – 12(b)的结

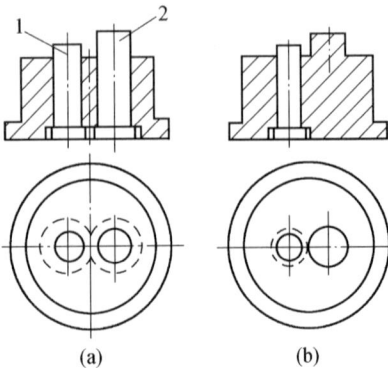

图 3 – 11　相近型芯的组合结构图
1—小型芯;2—大型芯。

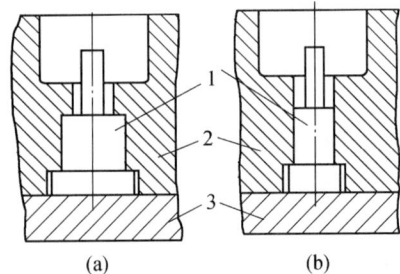

图 3 – 12　便于脱模的型芯组合结构
1—型芯;2—型腔零件;3—垫板。

构,其溢料飞边的方向与脱模方向一致,便于脱模。

3.1.3.2 小型芯的结构设计

1. 圆形小型芯的几种固定方法

圆形小型芯采用图 3－13 所示的几种固定方法。图 3－13(a)是用台肩固定的形式,下面有垫板压紧;图 3－13(b)中的固定板太厚,可在固定板上减小配合长度,同时细小的型芯制成台阶的形式;图 3－13(c)是型芯细小而固定板太厚的形式,型芯镶入后,在下端用圆柱垫垫平;图 3－13(d)适用于固定板厚、无垫板的场合,在型芯的下端用螺塞紧固;图 3－13(e)是型芯镶入后,在另一端采用铆接固定的形式。

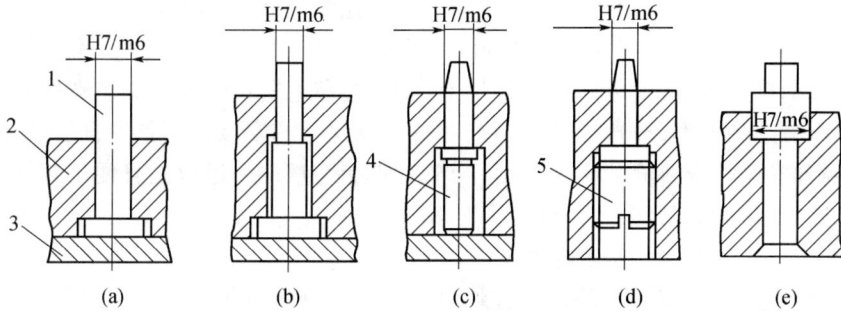

图 3－13　圆形小型芯的固定方式
1—圆形小型芯;2—固定板;3—垫板;4—顶柱;5—螺塞。

2. 异形小型芯的几种固定方法

对于异形型芯,为了制造方便,常将型芯设计成两段。型芯的连接固定段制成圆形台肩和模板连接,如图 3－14(a)所示;也可以用螺母紧固,如图 3－14(b)所示。

3. 相互靠近的小型芯的固定

如图 3－15 所示为多个相互靠近的小型芯,如果台肩固定时,台肩发生重叠干涉,可将台肩相碰的一面磨去,将型芯固定板的台阶孔加工成大圆形台阶孔或长圆形台阶孔,然后再将型芯镶入。

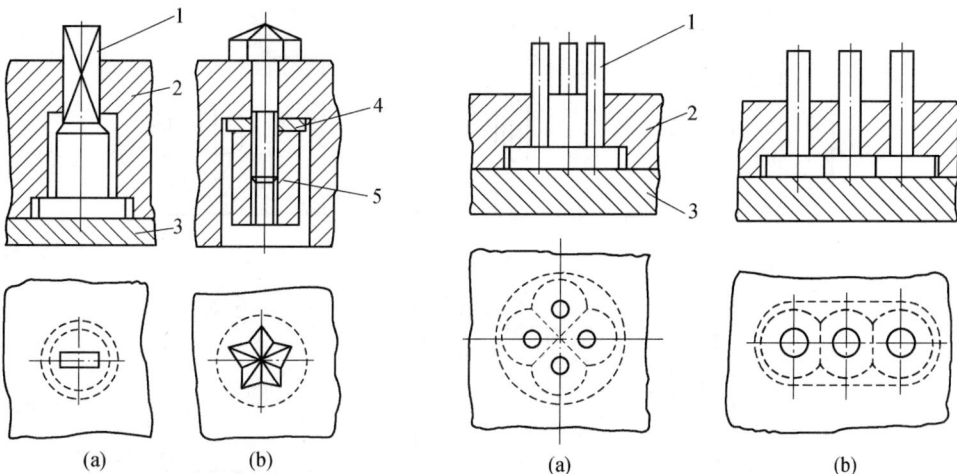

图 3－14　异形小型芯的固定方式
1—异形小型芯;2—固定板;
3—垫板;4—挡圈;5—螺母。

图 3－15　多个互相靠近型芯的固定
1—小型芯;2—固定板;3—垫板。

3.1.3.3　螺纹型芯和螺纹型环结构设计

螺纹型芯和螺纹型环是分别用来成型塑件内螺纹和外螺纹的活动镶件。另外,螺纹型芯和螺纹型环也是可以用来固定带螺纹的孔和螺杆的嵌件。成型后,螺纹型芯和螺纹型环的脱卸方法有两种,一种是模内自动脱卸;另一种是模外手动脱卸。这里仅介绍模外手动脱卸螺纹型芯和螺纹型环的结构及固定方法。

1. 螺纹型芯

1）螺纹型芯的结构要求

螺纹型芯按用途分直接成型塑件上螺纹孔和固定螺母嵌件两种,这两种螺纹型芯在结构上没有原则上的区别。用来成型塑件上螺纹孔的螺纹型芯在设计时必须考虑塑料收缩率,其表面粗糙度值要小（$Ra < 0.4\mu m$）,一般应有 0.5° 的脱模斜度。螺纹始端和末端按塑料螺纹结构要求设计,以防止从塑件上拧下时,拉毛塑料螺纹。固定螺母的螺纹型芯在设计时不考虑收缩率,按普通螺纹制造即可。螺纹型芯安装在模具上,成型时要可靠定位,不能因合模振动或料流冲击而移动,开模时应能与塑件一道取出且便于装卸。螺纹型芯与模板内安装孔的配合公差一般为 H8/f8。

2）螺纹型芯在模具上安装的形式

图 3－16 为螺纹型芯的安装形式,其中图 3－16(a)、图 3－16(b)、图 3－16(c)是成型内螺纹的螺纹型芯,图 3－16(d)、图 3－16(e)、图 3－16(f)是安装螺纹嵌件的螺纹型芯。图 3－16(a)是采用锥面定位和支承的形式;图 3－16(b)是采用大圆柱面定位和台阶支承的形式;图 3－16(c)是采用圆柱面定位和垫板支承的形式;图 3－16(d)是采用嵌件与模具的接触面起支承作用的形式,防止型芯受压下沉;图 3－16(e)是采用将嵌件下端以锥面镶入模板中的形式,以增加嵌件的稳定性,并防止塑料挤入嵌件的螺孔中;图 3－16(f)是采用将小直径螺纹嵌件直接插入固定在模具的光杆型芯上的形式,因螺纹牙沟槽很细小,塑料仅能挤入一小段,并不妨碍使用,这样可省去模外脱卸螺纹的操作。螺纹型芯的非成型端应制成方形或将相对应着的两边磨成两个平面,以便在模外用工具将其旋下。

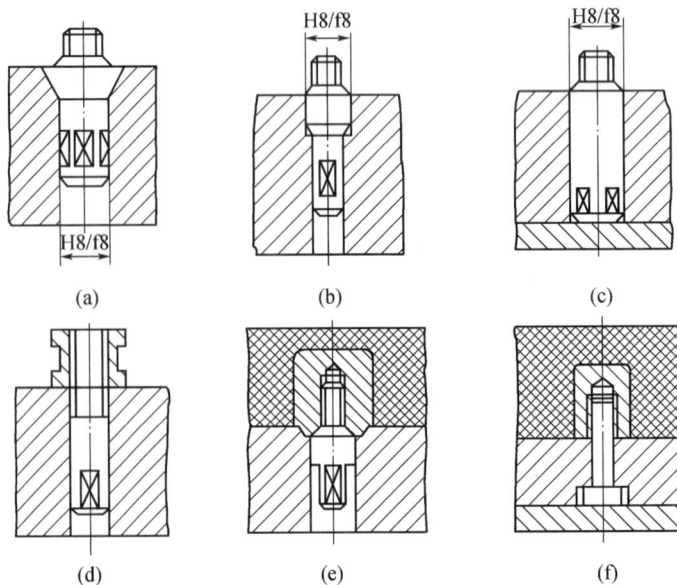

图 3－16　螺纹型芯在模具上安装的形式

3）带弹性连接的螺纹型芯的安装

固定在立式注射机的动模部分的螺纹型芯,由于合模时冲击振动较大,螺纹型芯插入时应有弹性连接装置,以免造成型芯脱落或移动,导致塑件报废或模具损伤。图 3 – 17 (a)是带豁口柄的结构,豁口柄的弹力将型芯支承在模具内,适用于直径小于 8mm 的型芯;图 3 – 17(b)台阶起定位作用,并能防止成型螺纹时挤入塑料;图 3 – 17(c)和图 3 – 17 (d)是用弹簧钢丝定位,常用于直径为 5mm ~ 10mm 的型芯上;当螺纹型芯直径大于 10mm 时,可采用图 3 – 17(e)的结构,用钢球弹簧固定;而当螺纹型芯直径大于 15mm 时, 则可反过来将钢球和弹簧装置在型芯杆内;图 3 – 17(f)是利用弹簧卡圈固定型芯的结构;图3 – 17(g)是用弹簧夹头固定型芯的结构。

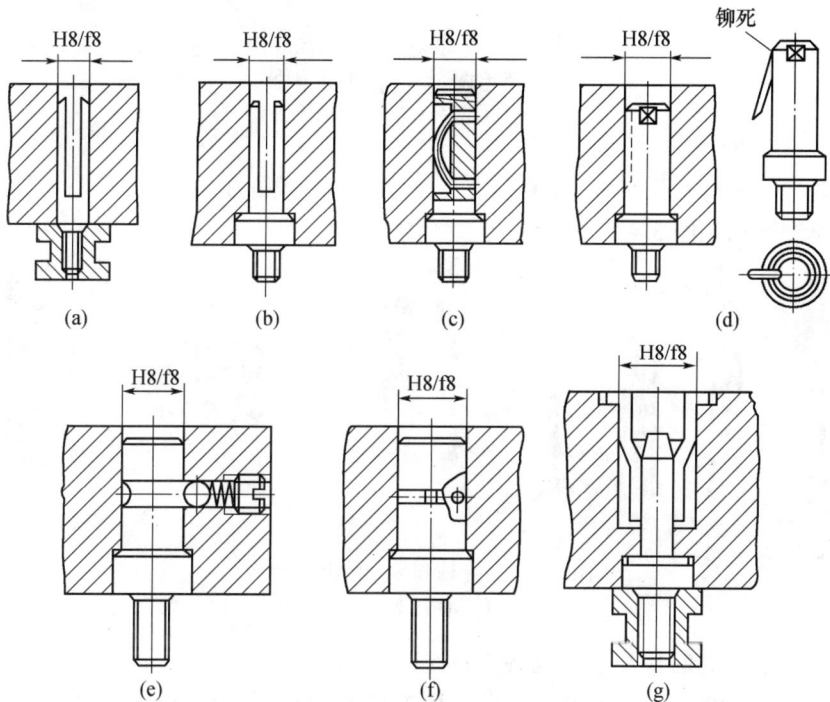

图 3 – 17　带弹性连接的螺纹型芯的安装形式

2. 螺纹型环

螺纹型环常见的结构如图 3 – 18 所示。图 3 – 18(a)是整体式的螺纹型环,型环与模板的配合用 H8/f8,配合段长 3mm ~ 5mm,为了安装方便,配合段以外制出 3°~ 5°的斜度, 型环下端可铣削成方形,以便用扳手从塑件上拧下;图 3 – 18(b)是组合式型环,型环由两半拼合而成,两半中间用导向销定位。成型后,可用尖劈状卸模器楔入型环两边的楔形槽撬口内,使螺纹型环分开,这种方法快而省力,但该方法会在成型的塑料外螺纹上留下难以修整的拼合痕迹,因此塑料成型模具设计这种结构时只适用于精度要求不高的粗牙螺纹的成型。

3.1.4　导向零件

塑料模具应设有导柱(也叫合模销或合钉)和导套,以保证凹凸模闭合时定向和定

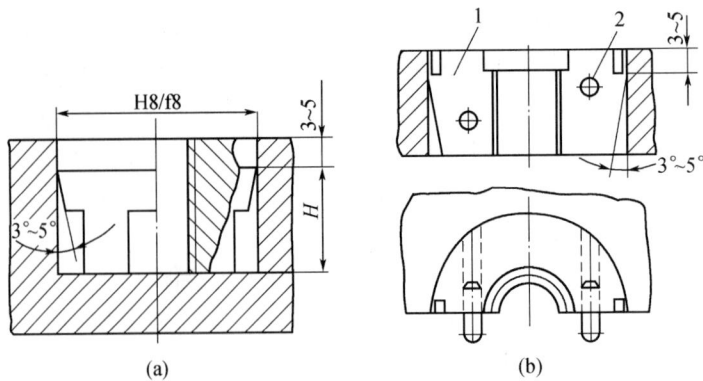

图 3 - 18　螺纹型环的结构

(a) 整体式型环；(b) 组合式型环。

1—螺纹型环；2—导向销。

位。配置数量一般为 4 只，但也有根据模具尺寸及其有效面积，装配 2 只或 3 只的。导柱和导套的典型结构如图 3 - 19 所示。

图 3 - 19　导柱和导套的典型结构

(a) 导柱；(b) 导套。

设计导柱和导套时应注意下列各点：

（1）导柱应合理均匀分布在模具分型面的四周或靠边缘的部位，其中心至模具外缘应有足够的距离。以保证模具强度，防止在压入导柱和导套时发生变形；

（2）导柱的直径根据模具尺寸来选定，应保证足够的抗弯强度；

（3）导柱固定段的直径和导套的外径应相等，以利于装配加工保证其同轴度；

（4）导柱和导套应有足够的耐磨性，可采用 20 号钢，再经渗碳淬火处理，其硬度不应低于 43HRC ~ 55HRC，也可以直接采用 T8A 碳素工具钢，再经淬火处理；

（5）为了便于塑件脱模，导柱最好装在定模上或上模（压制模）上。

3.1.4.1　导柱结构形式

导柱结构形式如图 3 - 20 所示。图 3 - 20（a）为带头导柱，除安装部分的台肩外，长度的其余部分直径相同；图 3 - 20（b）、图 3 - 20（c）为有肩导柱，除安装部分有台肩外，安装配合部分直径比外伸的工作部分直径大，一般与导套外径一致。导柱的导滑部分根据需要可加工出油槽。图 3 - 20（c）所示导柱适用于固定板太薄的场合，即在固定板下面再加垫板固定，但这种结构不常用。关于导柱的尺寸参数可以查阅相关手册。

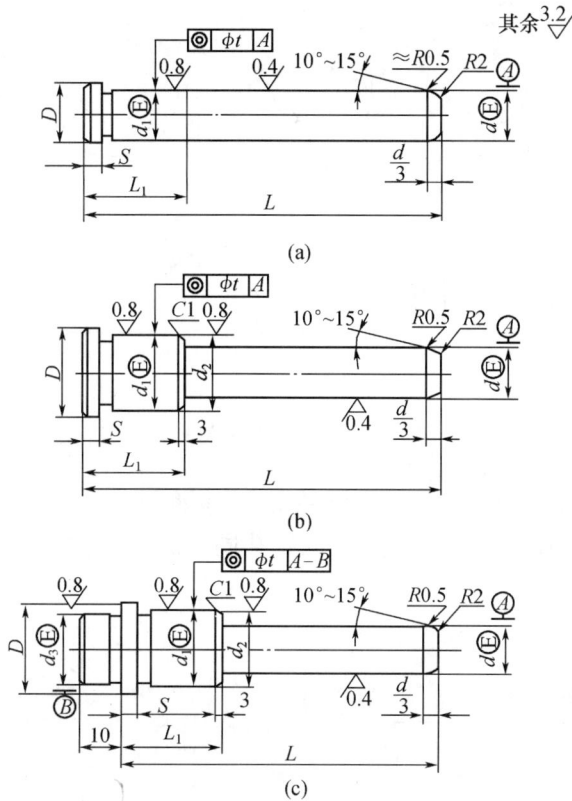

图 3 – 20　导柱的结构形式

3.1.4.2　导柱结构的技术要求

导柱导向部分的长度应比型芯端面的高度高出 8mm ~ 12mm,以免出现导柱未进入导套,而型芯先进入型腔的情况。

导柱前端应做成锥台形或半球形,以使导柱能顺利的进入导套。由于半球形加工困难,所以导柱前端形式以锥台形为多。

导柱应具有硬而耐磨的表面和坚韧而不易折断的内芯,因此多采用 20 钢(经表面渗碳淬火处理)或者 T8、T10 钢(经淬火处理),硬度为 50HRC ~ 55HRC。导柱固定部分的表面粗糙度值 $Ra = 0.8\mu m$,导向部分的表面粗糙度值为 $Ra = 0.4\mu m ~ 0.8\mu m$。

导柱固定端与模板之间一般采用 H7/m6 或 H7/k6 的过度配合,导柱的导向部分通常采用 H7/f7 或 H8/f7 的间隙配合。

导柱应合理均布在模具分型面的四周,导柱中心至模具边缘应有足够的距离,以保证模具强度(导柱中心到模具边缘距离通常为导柱直径的 1 倍 ~ 1.5 倍)。为确保合模时只能按一个方向合模,导柱的布置可采用等直径导柱不对称布置或不等直径导柱对称布置的方式,如图 3 – 21 所示。

3.1.4.3　导向孔的结构形式

导向孔分无导套和有导套两种。无导套是导向孔直接开设在模板上,这种形式的孔加工简单,适用于生产批量小,精度要求不高的模具。导套的典型结构如图 3 – 22 所示。图 3 – 22(a)为直导套(Ⅰ型导套),结构简单,加工方便,用于简单模具或导套后面没有垫

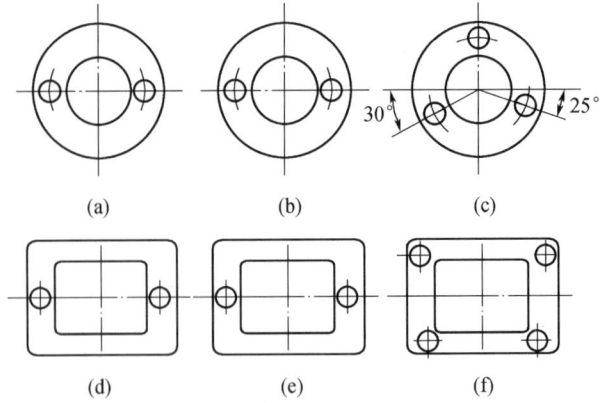

图 3 - 21　导柱的布置形式

板的场合;图 3 -22(b)、图 3 -22(c)为带头导套(Ⅱ型导套),结构较复杂,用于精度较高的场合,这种导套的固定孔便于与导柱的固定孔同时加工,其中图 3 -22(c)用于两块板固定的场合。

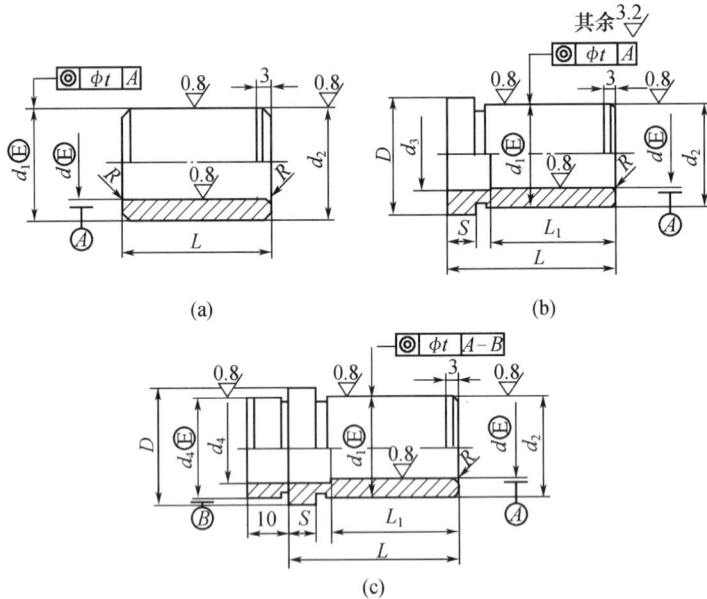

图 3 - 22　导套的结构形式

3. 1. 4. 4　导套结构和技术要求

为使导柱顺利进入导套,导套的前端应倒圆角。导向孔最好做成通孔,以利于排出孔内的空气。如果模板较厚,导孔必须做成盲孔时,可在盲孔的侧面打一个小孔排气或在导柱的侧壁加工出排气槽。

可用与导柱相同的材料或铜合金等耐磨材料制造导套,但其硬度应略低于导柱硬度,这样可以减轻磨损,以防止导柱或导套拉毛。

直导套用 H7/r6 过盈配合镶入模板。为了增加导套镶入的牢固性,防止开模时导套被拉出来,可以用止动螺钉紧固,如图 3 -23 所示。图 3 -23(a)为开缺口紧固,图 3 -23

58

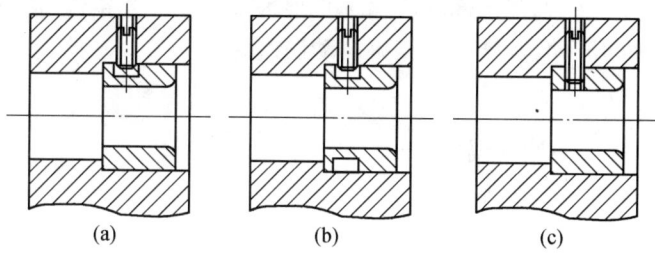

图 3 – 23　导套的固定形式

（b）为开环形槽紧固，图 3 – 23（c）为侧面开孔紧固。带头导套用 H7/m6 或 H7/k6 过渡配合镶入模板，导套固定部分的粗糙度值为 $Ra = 0.8\mu m$，导向部分粗糙度值为 $Ra = 0.4\mu m \sim 0.8\mu m$。

3.1.4.5　导柱与导套的配用

由于模具的结构不同，选用的导柱和导套的结构也不同。导柱与导套的配用形式要根据模具的结构及生产要求而定，常见的配合形式如图 3 – 24 所示。图 3 – 24（a）为带头导柱与模板上导向孔配合；图 3 – 24（b）为带头导柱与带头导套的配合；图 3 – 24（c）为带头导柱与直导套的配合；图 3 – 24（d）为有肩导柱与直导套的配合；图 3 – 24（e）为有肩导柱与带头导套的配合；图 3 – 24（f）为导柱与导套分别固定在两块模板中的配合形式。

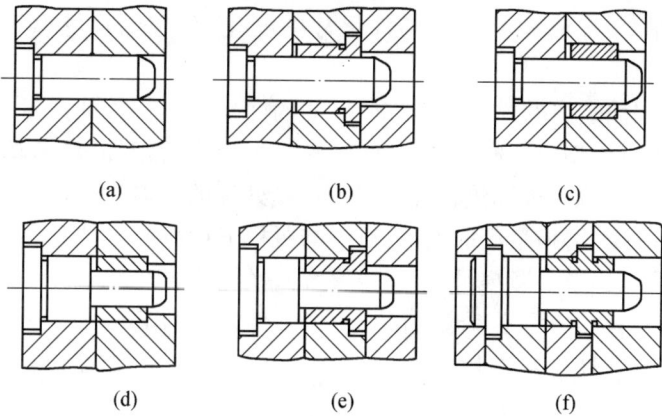

图 3 – 24　导柱与导套的配合形式

3.2　成型零部件工作尺寸

3.2.1　计算成型零部件工作尺寸要考虑的要素

成型零件工作尺寸指直接用来构成塑件型面的尺寸，例如型腔和型芯的径向尺寸、深度和高度尺寸、孔间距离尺寸、孔或凸台至某成型表面的距离尺寸、螺纹成型零件的径向尺寸和螺距尺寸等。

3.2.1.1　塑件的收缩率波动

塑件成型后的收缩变化与塑料的品种、塑件的形状、尺寸、壁厚、成型工艺条件、模具的结构等因素有关,所以确定准确的收缩率是很困难的。工艺条件、塑料批号发生的变化会造成塑件收缩率的波动,其塑料收缩率波动误差为

$$\delta_S = (S_{max} - S_{min})L_S \tag{3-18}$$

式中　δ_S——塑料收缩率波动误差,mm;

　　　　S_{max}——塑料的最大收缩率;

　　　　S_{min}——塑料的最小收缩率;

　　　　L_S——塑件的基本尺寸,mm。

实际收缩率与计算收缩率会有差异,按照一般的要求,塑料收缩率波动所引起的误差应小于塑件公差的1/3。

3.2.1.2　模具成型零件的制造误差

模具成型零件的制造精度是影响塑件尺寸精度的重要因素之一。模具成型零件的制造精度愈低,塑件尺寸精度也愈低。一般成型零件工作尺寸制造公差值 δ_z 取塑件公差值 Δ 的1/3~1/4或取IT7~IT8级作为制造公差,组合式型腔或型芯的制造公差应根据尺寸链来确定。

3.2.1.3　模具成型零件的磨损

模具在使用过程中,由于塑料熔体流动的冲刷、脱模时与塑件的摩擦、成型过程中可能产生的腐蚀性气体的锈蚀以及由于以上原因造成的模具成型零件表面粗糙度值提高而要求重新抛光等,均造成模具成型零件尺寸的变化,型腔的尺寸会变大,型芯的尺寸会减小。

这种由于磨损而造成的模具成型零件尺寸的变化值与塑件的产量、塑料原料及模具等都有关系,在计算成型零件的工作尺寸时,对于批量小的塑件,且模具表面耐磨性好的(如高硬度模具材料、模具表面进行过镀铬或渗氮处理的),其磨损量应取小值;对于玻璃纤维做原料的塑件,其磨损量应取大值;对于与脱模方向垂直的成型零件的表面,磨损量应取小值,甚至可以不考虑磨损量,而与脱模方向平行的成型零件的表面,应考虑磨损;对于中、小型塑件,模具的成型零件最大磨损可取塑件公差的1/6,而大型塑件,模具的成型零件最大磨损应取塑件公差的1/6以下。

成型零件的最大磨损量用 δ_c 来表示,一般取 $\delta_c = \dfrac{1}{6}\Delta$。

3.2.1.4　模具安装配合的误差

模具的成型零件由于配合间隙的变化,会引起塑件的尺寸变化。例如型芯按间隙配合安装在模具内,塑件孔的位置误差要受到配合间隙值的影响;若采用过盈配合,则不存在此误差。

模具安装配合间隙的变化而引起塑件的尺寸误差用 δ_i 来表示。

3.2.1.5　塑件的总误差

综上所述,塑件在成型过程产生的最大尺寸误差应该是上述各种误差的总和,即

$$\delta = \delta_S + \delta_z + \delta_c + \delta_i \tag{3-19}$$

式中　δ——塑件的成型误差;

　　　　δ_S——塑料收缩率波动而引起的塑件尺寸误差;

δ_z——模具成型零件的制造公差;

δ_c——模具成型零件的最大磨损量;

δ_i——模具安装配合间隙的变化而引起塑件的尺寸误差。

塑件的成型误差应小于塑件的公差值,即

$$\delta \leqslant \Delta \qquad (3-20)$$

3.2.1.6 考虑塑件尺寸和精度的原则

在一般情况下,塑料收缩率波动、成型零件的制造公差和成型零件的磨损是影响塑件尺寸和精度的主要原因。对于大型塑件,其塑料收缩率对塑件的尺寸公差影响最大,应稳定成型工艺条件,并选择波动较小的塑料来减小塑件的成型误差;对于中、小型塑件,成型零件的制造公差及磨损对塑件的尺寸公差影响最大,应提高模具精度等级和减小磨损来减小塑件的成型误差。

3.2.2 成型零部件工作尺寸计算

3.2.2.1 仅考虑塑料收缩率时模具成型零件工作尺寸计算

计算模具成型零件最基本的公式为

$$L_m = L_S(1 + S) \qquad (3-21)$$

式中 L_m——模具成型零件在常温下的实际尺寸,mm;

L_S——塑件在常温下的实际尺寸,mm;

S——塑料的计算收缩率。

由于多数情况下,塑料的收缩率是一个波动值,常用平均收缩率来代替塑料的收缩率,塑料的平均收缩率为

$$\bar{S} = \frac{S_{\max} - S_{\min}}{2} \times 100\% \qquad (3-22)$$

式中 $\bar{S}$——塑料的平均收缩率;

$S_{\max}$——塑料的最大收缩率;

$S_{\min}$——塑料的最小收缩率。

3.2.2.2 成型零件尺寸的计算

图 3-25 所示为塑件尺寸与模具成型零件尺寸的关系,模具成型零件尺寸决定于塑件尺寸。

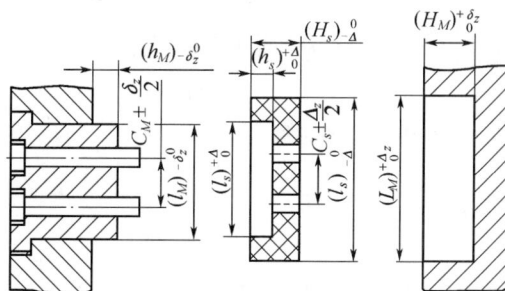

图 3-25　塑件尺寸与模具成型零件尺寸的关系

61

塑件尺寸与模具成型零件工作尺寸的取值规定见表 3-7 所列。成型零件工作尺寸的计算见表 3-8。

表 3-7　塑件尺寸与模具成型零件工作尺寸的取值规定

序号	塑件尺寸的分类	塑件尺寸的取值规定		模具成型零件工作尺寸的取值规定		
		基本尺寸	偏差	成型零件	基本尺寸	偏差
1	外形尺寸 L、H	最大尺寸 L_s、H_s	负偏差 $-\Delta$	型腔	最小尺寸 L_M、H_M	正偏差 δ_z
2	内形尺寸 l、h	最小尺寸 l_s、h_s	正偏差 Δ	型芯	最大尺寸 l_M、h_M	负偏差 $-\delta_z$
3	中心距 C	平均尺寸 C_s	对称 $\pm\dfrac{\Delta}{2}$	型芯、型腔	平均尺寸 C_M	对称 $\pm\dfrac{\delta_z}{2}$

表 3-8　成型零件工作尺寸的计算

尺寸类别		计算方法	说明
径向尺寸	型腔的径向尺寸 $(L_M)_0^{+\delta_x}$	$(L_M)_0^{+\delta_x} = [(1+\bar{S})L_s - x\Delta]_0^{\delta_x}$　　(3-23) 式中　$\bar{S}$——塑料的平均收缩率; 　　　L_s——塑件的外形最大尺寸; 　　　x——系数,尺寸大,精度低的塑件,$x=0.5$;尺寸小,精度高的塑件,$x=0.7$; 　　　Δ——塑件尺寸的公差	(1) 径向尺寸仅考虑 δ_s、δ_z、δ_c 的影响; (2) 为了保证塑件实际尺寸在规定的公差范围内,对成型尺寸需进行校核。径向尺寸: $(S_{max}-S_{min})L_s$ 或 $(L_s)+\delta_z+\delta_c<\Delta$ 　　　　　　　　　　(3-25)
	型芯的径向尺寸 $(l_M)_{-\delta_x}^0$	$(l_M)_{-\delta_x}^0 = [(1+\bar{S})l_s + x\Delta]_{-\delta_x}^0$　　(3-24) 式中　l_s——塑件的内形最小尺寸,其余各符号的意义相同	
深度及高度尺寸	型腔的深度尺寸 $(H_M)_0^{+\delta_x}$	$(H_M)_0^{+\delta_x} = [(1-\bar{S})H_s - x\Delta]_0^{\delta_x}$　　(3-26) 式中　H_s——塑件的高度最大尺寸;x 的取值范围在 1/2-1/3 之间,尺寸大,精度要求低的塑件取小值;反之,取大值。其余各符号意义同上	(1) 深、高度尺寸仅考虑受 δ_s、δ_z、δ_c 的影响; (2) 深、高度成型尺寸的校核如下: $(S_{max}-S_{min})H_s$ 或 $(h_s)+\delta_z+\delta_c<\Delta$ 　　　　　　　　　　(3-28)
	型腔的高度尺寸 $(h_M)_{-\delta_x}^0$	$(h_M)_{-\delta_x}^0 = \left[(1+\bar{S})h_s + \left(\dfrac{1}{2}\sim\dfrac{1}{3}\right)\Delta\right]_{-\delta_x}^0$ 　　　　　　　　　　(3-27) 式中　h_s——塑件内形深度的最小尺寸,其余各符号意义同上	
中心距尺寸 $C_M \pm \dfrac{\delta}{2}$		$C_M \pm \dfrac{\delta}{2} = (1+\bar{S})C_s \pm \dfrac{\delta_x}{2}$　　(3-29) 式中　C_s——塑件内形深度的最小尺寸,其余各符号的意义同上	中心距尺寸的校核,如下: $(S_{max}-S_{min})C_s<\Delta$　　(3-30)

3.2.2.3　螺纹型环和螺纹型芯工作尺寸的计算

由于塑料收缩率等的影响，用标准螺纹型环和螺纹型芯成型的塑件，其螺纹不会标准化，会在使用中无法正确旋合。因此，必须要计算螺纹型环和螺纹型芯工作尺寸，以成型出标准的塑件螺纹，螺纹型环和螺纹型芯工作尺寸的计算，见表3-9。

表3-9　螺纹型环和螺纹型芯工作尺寸的计算

类别	计算公式		
	螺纹型环		**螺纹型芯**
螺纹大径螺纹中径螺纹小径	$(D_{M大})_0^{+\delta_z}=[(1+\bar S)D_{s大}-\Delta_小]_0^{+\delta_z}$　(3-31)		$(d_{M大})_{-\delta_z}^0=[(1+\bar S)D_{s大}-\Delta_中]_{-\delta_z}^0$　(3-34)
	$(D_{M中})_0^{+\delta_z}=[(1+\bar S)D_{s中}-\Delta_中]_0^{+\delta_z}$　(3-32)		$(d_{M中})_{-\delta_z}^0=[(1+\bar S)D_{s中}-\Delta_中]_{-\delta_z}^0$　(3-35)
	$(D_{M小})_0^{+\delta_z}=[(1+\bar S)D_{s小}-\Delta_中]_0^{+\delta_z}$　(3-33)		$(d_{M小})_{-\delta_z}^0=[(1+\bar S)D_{s小}-\Delta_中]_{-\delta_z}^0$　(3-36)
	式中　$D_{M大}$、$D_{M中}$、$D_{M小}$——螺纹型环的大、中、小直径； 　　　$d_{M大}$、$d_{s中}$、$d_{s小}$——螺纹型芯的大、中、小直径； 　　　$D_{s大}$、$D_{M中}$、$D_{M小}$——塑件外螺纹大、中、小直径基本尺寸； 　　　$d_{s大}$、$d_{s中}$、$d_{s小}$——塑件内螺纹大、中、小直径基本尺寸； 　　　$\bar S$——塑料的平均收缩率； 　　　$\Delta_中$——塑件螺纹中径公差，目前我国还没有专门的塑件螺纹公差标准，可参照 　　　　　GB/T 197的金属螺纹公差标准中精度最低的选用； 　　　δ_z——螺纹型环、螺纹型芯制造公，其值可取$\dfrac{\Delta_中}{5}$		
螺距尺寸	$(P_M)\pm\dfrac{\delta_z}{2}=(1+\bar S)P_s\pm\dfrac{\delta_z}{2}$　(3-37) 式中　P_M——螺纹型环或螺纹型芯螺距； 　　　P_s——塑件外螺纹或内螺纹螺距的基本尺寸； 　　　δ_z——螺纹型环、螺纹型芯螺距制造公差		
牙尖角	如果塑料均匀的收缩，则不会改变牙尖角的度数，公制螺纹的牙尖角的度数为60°，英制螺纹牙尖角的度数为55°		

按照上述的螺纹型环和螺纹型芯的计算，螺距是带有不规则的小数，加工这样特殊的螺距很困难，应尽量避免。设计螺纹型环、螺纹型芯时，如果采用收缩率相同或相近的塑件外螺纹与塑件内螺纹相配合，螺距不必考虑收缩率，见表3-10所列；螺纹型环、螺纹型芯在螺距设计时，如果塑料螺纹与金属螺纹配合的牙数小于7～8个牙，也不必考虑收缩率；当配合牙数过多时，由于螺距的收缩累计误差很大，必须按表3-11来计算螺距，并采用在车床上配置特殊齿数的变速挂轮等方法来加工带有不规则小数的特殊螺距的螺纹型环或型芯。

表3-10　螺纹型芯、螺纹型环制造公差

	螺纹直径	M3～M12	M14～M33	M36～M45	M46～M48
粗牙螺纹	中径制造公差	0.02	0.03	0.04	0.05
	大小径制造公差	0.03	0.04	0.05	0.06

细牙螺纹	螺纹直径	M4 ~ M22	M24 ~ M52	M56 ~ M58	
	中径制造公差	0.02	0.03	0.04	
	大小径制造公差	0.03	0.04	0.05	

表 3-11 螺纹型芯、螺纹型环螺距制造公差

螺纹直径	配合长度 L	制造公差 δ
3 ~ 10	≤12	0.01 ~ 0.03
12 ~ 22	12 ~ 20	0.02 ~ 0.04
24 ~ 68	>20	0.03 ~ 0.05

3.3 塑料模具的材料

模具的耐用性除取决于模具结构设计及其使用和维护情况外,最根本的问题是制模材料的基本性能是否和模具的加工要求与使用条件相适应。因此,根据模具的结构和使用情况,合理选用制模材料,是模具设计人员的重要任务之一。

目前,制模材料仍以钢材为主。跟根据塑料的成型工艺条件,也可采用低熔点合金、低压铸铝台金、铍铜和其他非金属材料,如环氧树脂等。

3.3.1 塑料模具材料应具备的基本性能

制造模具所采用的材料,应具备下列性能。

(1) 具有良好的机械加工性能。塑料模具零件的生产,大部分由机械加工完成。良好的机械加工性能是实现高速加工的必要条件。良好的机械加工性能能够延长加工刀具寿命,提高切削性能,减小表面粗糙度值,以获得高精度的模具零件。

(2) 具有足够的表面硬度和耐磨性。塑料制品的表面粗糙度和尺寸精度、模具的使用寿命等,都与模具表面的粗糙度、硬度和耐磨性有直接的关系。因此,要求塑料模具的成型表面有足够的硬度,其淬火硬度应不低于 HRC55,以便获得较高的耐磨性,延长模具的使用寿命。

(3) 具有足够的强度和韧性。由于塑料模具在成型过程中反复受到压应力(注射机的锁模力)和拉应力(注射模型腔的注射压力)的作用,特别是大中型和结构形状复杂的注射模具,所以要求模具零件材料必须有高的强度和良好的韧性,以满足其使用寿命。

(4) 具有良好的抛光性能。为了获得高光洁表面的塑料制品,要求模具成型零件表面的粗糙度值小,因而要求对成型零件表面进行抛光以减小表面粗糙度值。为保证抛光性,所选用的材料不应有气孔,粗糙杂质等缺陷。

(5) 具有良好的热处理工艺性。模具材料经常依靠热处理来达到必要的硬度,这就要求材料的淬硬性及淬透性好。塑料注射模具的零件往往形状较复杂,淬火后进行加工

较为困难,甚至根本无法加工,因此模具零件应尽量选择热处理变形小的材料,以减少热处理后的加工量。

（6）具有良好的耐腐蚀性。一些塑料及其添加剂在成型时会产生腐蚀性气体,因此选择的模具材料应具有一定的耐腐蚀性,另外还可以采用镀镍、铬等方法提高模具型腔表面的抗蚀能力。

（7）表面加工性能好。塑料制品要求外表美观,花纹装饰时,则要求对模具型腔表面进行化学腐蚀花纹,因此要求模具材料蚀刻花纹容易,花纹清晰、耐磨损。

3.3.2 塑料模具材料常用品种

3.3.2.1 钢材

1. 碳素结构钢

碳素结构钢分为普通含锰钢和较高含锰钢。普通含锰钢在塑料模具制造中,常用的有15、20、40、45、50 等牌号,常用的较高含锰钢有15Mn、20Mn、10Mn、40Mn、45Mn、50Mn 等牌号。

碳素结构钢中应用最广泛的一种是45 号钢,这种钢的优点是具有良好的切削性能;缺点是热处理后变形大。15 号钢和20 号钢经渗碳和淬火处理,可制造导柱、导套和其他一些耐磨零件。

2. 碳素工具钢

碳素工具钢分为优质钢和高级优质钢。模具制造时常应用的优质钢有 T7、T8、T9、T10、T12 等牌号;常用的高级优质钢有 T7A、T8A、T9A、T10A、Tl2A 等牌号。

碳素工具钢中的 T8、T10 经常用来制造导柱和导套,有时也用来制造简单的成型零件。这类钢的缺点是热处理后变形大。所以,凡是采用这类钢制成的零件,热处理后都必须经过磨削加工。

3. 模具钢

（1）3Cr2Mo（P20）钢。这是一种可以预硬化的塑料模具钢,预硬化后硬度为 HRC36～38,适用于制作塑料注射模具型腔,其加工性能和表面抛光性较好。

（2）10Ni3CuAlVS(PSM)钢。此种钢为析出硬化钢。预硬化后时效硬化,硬度可达 HRC40～45,可做镜面抛光,特别适合于腐蚀精细花纹。可用于制作尺寸精度高,生产批量大的塑料注射模具。

（3）06Ni7Ti2Cr 钢。马氏体时效钢。在未加工前为固熔体状态,易于加工。精加工后,在 480°～520°进行时效,硬度可达 HRC50～57,尺寸精度高的小型塑料注射模具,可做镜面抛光。

（4）25CrNi3MoAl 钢。适用于型腔腐蚀花纹,属于时效硬化钢。调质后硬度 HRC23～25,可加工。时效后硬度 HRC38～42,氮化处理后表层硬度可达 1100HV。

（5）Cr16Ni4Cu3Nb(PCR)钢。耐腐蚀钢。可以空冷淬火,属于不锈钢类型。空冷淬硬可达 HRC42～53,可用来制作聚氯乙烯类塑料制品的注射模具。

此外,常用的还有有铬锰钼钢（5CrMnMo）、铬钨钒钢（3Cr$_2$W$_8$V）、铬钨锰钢（CrWMn、9CrWMn）、铬钼钒钢（Cr$_{12}$MoV）、铬镍钼钢（5CrNiMo）等。其中,5CrMnMo 和 5CrNiMo 钢在热处理后变形较小、适用于制造各种复杂的塑料模具;同时,这类钢在热处理后的耐磨性和耐热性也比较好。另外,CrWMn 和 3Cr$_3$W$_8$V 也可以用来制造复杂的模具,这种钢在热处理后变形也很小、对于复杂的嵌镶件、侧滑动成型芯、固定式成型芯、螺纹成型环和螺纹成型芯等,都可以用这种钢来制造。

3.3.2.2 其他材料

有色金属材料和非金属材料也是塑料注射模具中经常用到的材料。

1. 铍铜合金

铍铜合金是在铜中加入3%以下的铍(Be)而形成的合金。铍铜合金通常采用精密铸造或者压力铸造来制造精密、复杂型腔。可采用此种方法方便、迅速地复制机械加工无法制作的复杂型腔。铍铜合金机械性能好,热处理硬度可达40HRC～50HRC,尺寸精度高并且导热性能好。铍铜合金价格较高,因此,一般仅用其制造型腔镶件,镶入模具中。

2. 锌基合金

常用的锌基合金是把锌作为主要成分并加入Al、Cu、Mg等元素形成合金。锌基合金材料熔融温度低,能简单地用砂型铸造、石膏型铸造、精密铸造等方法成型。由于其熔融温度低,表面质量较好,加工周期短,经常被用在注射次数少的试模模具和小批量生产的注射成型模具。因锌基合金铸造后产生收缩较大,所以在铸造后应放置24h使其尺寸稳定后再进行加工。锌基合金的使用温度较低,当温度高于150℃～200℃时容易引起变形。所以锌基合金仅适用于模具温度较低的塑料注射模具。

3. 环氧树脂

环氧树脂应用在试制及成型批量很少的模具上。纯环氧树脂中一般加铝粉等填料以改善其强度、硬度、收缩率等性能。采用环氧树脂制模时,只要有模型,就能在相当短的时间内制造出模具,因此对于试制产品是非常有利的。塑料注射模具零件所使用的材料可以根据实际情况选用。表3-12为常用塑料模具零件材料的选用与热处理。

表3-12 常用塑料模具零件材料的选用

模具零件	使用要求	模具材料	热处理		说明
成型零部件	强度高、耐磨性好、热处理变形小,有时还要求耐腐蚀	5CrMnMo、5CrNiMo、3CrW8V	淬火、中温回火	≥46HRC	用于成型温度高、成型压力大的模具
		T8、T8A、T10、T10A、T12、T12A	淬火、低温回火	≥45HRC（≥55HRC)	用于制品形状简单、尺寸不大的模具
		45、50、55、40Cr、42CrMo、35CrMo、40MnB、40MnVB、33CrNi3MoA、37CrNi3A、30CrNi3A	调质、淬火（或表面淬火)	≥45HRC（≥55HRC)	用于耐磨性要求高并能防止热咬合的活动成型零件
		10、15、20、12CrNi2、12CrNi3、12CrNi4、20CrMnTi、20CrNi4	渗碳淬火	≥55HRC	易切削加工或制作小型模具的成型零件
		铍铜			导热性优良,可铸造
		锌基合金、铝合金			试制或中小批量的模具成型零件,可铸造
		球墨铸铁	正火	正火≥200HBS	用于大型模具

模具零件	使用要求	模具材料	热处理		说明
主流道衬套	耐磨性好、有时要求耐腐蚀	45、50、55以及可用于成型零件的其他模具材料	表面淬火	≥55HRC	
推杆、拉料杆等	一定的强度和耐磨性	T8、T8A、T10、T10A	淬火、低温回火	≥55HRC	
		45、50、55	淬火	≥45HRC	
导柱、导套	表面耐磨、有韧性、抗弯曲、不易折断	20、20MnB	渗碳淬火	≥55HRC	
		T8A、T10A	表面淬火	≥55HRC	
		45	调质、表面淬火	≥55HRC	
		黄铜H162、青铜合金			用于导套
模板、推板、固定板、模座等	一定的强度和刚度	45、50、40Cr、40MnB	调质	≥200HBS	
		结构钢Q235～Q237			
		球墨铸铁			用于大型模具
		HT200			仅用于模座

3.4 塑料模具的温度调节系统

3.4.1 常用塑料成型的模具温度调节

在塑件成型中，模具的温度直接影响到成型塑件的质量和生产效率。由于各种塑料的性能和成型工艺要求不同，所以对模具温度的要求出不同。表3-13列出了常用的热塑性塑料在注射成型时需要的模具温度。

表3-13 常用塑料成型所需模具温度

材料	模具温度/℃	材料	模具温度/℃	材料	模具温度/℃
聚丙烯PP	55～65	ABS	40～60	聚甲醛POM	40～60
聚乙烯PE	40～60	有机玻璃PMMA	40～60	聚碳酸酯PC	90～110
尼龙PA	40～60	绿化乙醚CPT	40～100	聚苯醚PPO	100～120
聚苯乙烯PS	40～60	硬聚氯乙烯PVC	30～60	聚砜	100～120

对于任何一个塑料制品，模温波动较大都是不利的。过高的模温会使塑件在脱模后发生变形，若延长冷却时间又会使生产率下降。过低的模温会降低塑料的流动性，使其难于充满模腔，增加制品的内应力和明显的熔接痕等缺陷。

对于要求模温较低的塑料（例如聚苯乙烯、聚乙烯、聚丙烯、ABS等），由于模具不断地被注入的熔融塑料加热，模温升高，单靠模具本身自然散热不能使模具保持较低的温度,因此,必须加设冷却装置。

对于要求模温较高的塑料(例如聚碳酸酯、聚砜、聚苯醚等),成型出的塑件容易产生内应力和表面缺陷,故宜采用较高的模温(80℃~120℃)。另外,当型芯的形状比较复杂时,脱模比较困难,也应采用比一般情况下偏高的模温。由于模具与机床模板紧密接触,自然散失热量较大,单靠注入高温塑料来加热模具是不够的,因此,必须设置加热装置。

总之,要做到优质、高效率生产,模具必须能够进行温度调节。

3.4.2　温度调节与生产效率的关系

假设由塑料传给模具的热量为 Q(kcal)

$$Q = \frac{AHTt}{3600} \tag{3 - 38}$$

式中　A——传热面积,m^2;

　　　H——塑件对型胶的传热系数,$K/(m^2 \cdot h \cdot ℃)$;

　　　T——型腔和塑料的平均温度差,℃;

　　　t——冷却时间,s。

如果型腔形状和塑料品种已经确定,则式中的 A、H 值即可确定。因此

$$\frac{Q}{T} \propto \frac{t}{3600} \tag{3 - 39}$$

也就是说,冷却时间 t 与 Q/T 成正比,减小 Q 或增大 T 都可以使 t 值减小。即为了缩短冷却时间,可通过减小塑料传给模具的热量或增大塑料与模具的温度差。因此,为了缩短成型周期,缩短冷却时间,提高生产率,应对模具温度进行调节。

降低模温的最实用方法是在型腔周围或型芯内部开设冷却通道,然后通入冷却介质。根据实验,塑料带给模具的热量约有5%由辐射与对流散到大气中,其余95%由冷却介质(一般是水)带走。

3.4.3　模具温度调节系统的重要性

质量优良的塑件应满足以下6个方面的要求,即收缩率小、变形小、尺寸稳定、机械强度高、耐应力开裂性好(内应力小)和表面质量好。模温对以上各项的影响分述如下。

(1)采用较低的模温可以减小塑料制件的成型收缩率,特别对结晶型塑料的影响更大一些。因为在较低的模温下成型出的塑件结晶度较低,而结晶度越高时收缩率越大,较低的结晶度则可以降低收缩率。

(2)模温均匀,冷却时间短,注射速度快可以减小塑件的变形,其中均匀一致的模温尤为重要。但是由于塑件形状复杂,壁厚也往往不一致,再加上充模顺序先后不同,以致常常出现冷却不均匀的现象。为了改变这一状况,可将冷却水先通入模温最高的地方,甚至在冷得快的地方通温水,冷得慢的地方通冷水,使模温尽量均匀,塑件各部位能同时凝固,这样不仅提高了塑件质量,同时也缩短了成型周期。但由于模具结构十分复杂,要完全做到理想的均匀模温往往是困难的。

(3)对于结晶型塑料,为了使塑件尺寸稳定应该提高模温,使结晶在模具内尽可能地达到平衡,否则塑件在存放和使用过程中由于后结晶会造成尺寸和力学性能的变化(特

别是玻璃化温度低于室温的聚烯烃类塑料制品），但模温过高对制品性能也会产生不好的影响。结晶型塑料的结晶度还影响塑件在溶剂中的耐应力开裂能力,结晶度越高,耐应力开裂的能力越低,故降低模温对提高结晶型塑料制品的耐应力开裂能力是有利的。但是对高熔融黏度的非结晶型塑料（如聚碳酸酯等）来说,采用较高模温则更有利些,因为这类塑料制品的耐应力开裂能力和塑件的内应力关系很大,故提高充模进度和减少补料时间则可以减小塑件的内应力。

（4）实验表明,高密度聚乙烯的冲击强度受充模速度的影响很大,特别在浇口附近。高速注射的制品比低速注射的制品在浇口附近的冲击强度高 1/4 左右。但模温对其影响则较小,所以采用较低模温为宜（45℃ ~55℃）。

（5）薄壁塑件不宜采用过低的模温,因为模温对充模速度影响较大,模温过低会造成成型不满或产生冷接缝,对其强度影响很大。

（6）对塑件表面粗糙度影响最大的因素除型腔表面加工质量外就是模具温度。提高模温能大大改善塑件的表面质量。

上述 6 项要求有互相矛盾之处,在选择模具温度时,应根据使用情况重点满足塑件的主要要求。

3.4.4　对温度调节系统的要求

（1）根据选用的塑料品种,确定温度调节系统是采用冷却方式还是加热方式。

（2）尽量使模温均一,塑件各部分同时冷却,以提高生产率和塑件质量。

（3）采用较低的模温,快速进行大流量通水冷却一般效果比较好。

（4）温度调节系统要尽量做到结构简单,加工容易,成本低廉。

模具可以用水、压缩空气和冷冻水冷却,但用水冷却最为普遍。水冷,即在模具型腔周围和型芯内开设冷却水通道,使水和冷冻水在其中循环,带走热量,维持所需的温度。这是因为水的热容量大,导热系数大,而且成本低廉。有时为了满足加速冷却,也可以用冷冻水冷却。

冷却水道的开设是受模具上镶块和顶杆等零件的几何形状限制的。因此必须根据模具的特点来灵活地设置冷却装置。

3.4.5　冷却系统

3.4.5.1　冷却效果

塑料冷却固化过程中,在限定时间内,冷却系统带出热量的多少和模具温度的均匀程度影响因素有:①冷却介质的多少;②冷却通道与成型区域的接近程度,即实际导热面积的大小和导热路程的长短;③冷却水道的长度和布局;④冷却水道的直径及冷却介质的流动状态;⑤从入口到出口冷却介质的温差（5℃为宜）;⑥熔融塑料与模具的温差点。

3.4.5.2　冷却系统的设计要点

（1）冷却水道与成型面各处距离相等,且水道的排列与成型面形状相符,如图 3 - 26 和图 3 - 27 所示。

（2）水道直径取 8mm ~12mm,太小不易加工,太大对冷却效果有不良的影响。

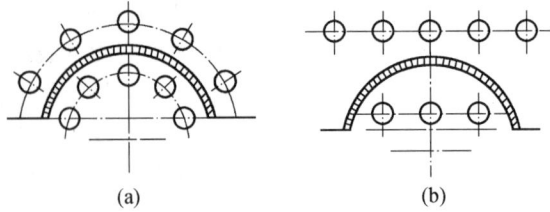

图 3－26　冷却水道布局比较

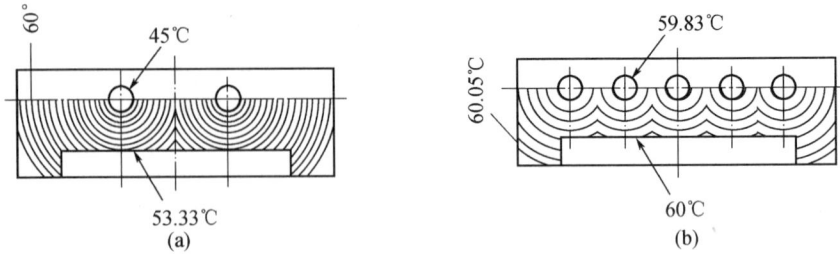

图 3－27　冷却布局与模温示意图

（3）水道与成型面的距离要适当,约 $3d$。太远冷却效果差,太近则冷却不均且影响成型零件强度(孔边与成型面距离不小于 10mm),水道间距一般取 $5d$,如图 3－28 所示。

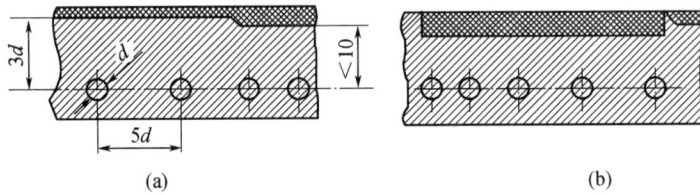

图 3－28　水道的相关距离

（4）防漏水,特别不能渗透到成型区域,当水道必须通过镶件、模板接缝时,必须密封,如图 3－29 所示。

（5）动、定模分别单独设置冷却系统,特别是成型平板类塑件时,动、定模冷却需均衡,如图 3－30 所示。

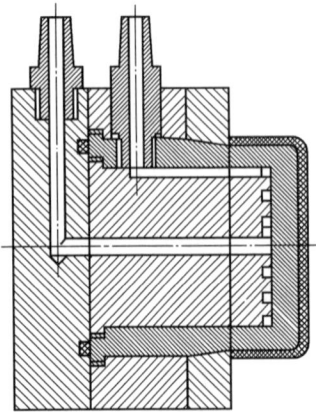

图 3－29　防止渗漏的结构实例

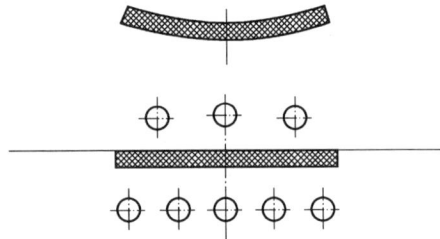

图 3－30　冷却不均匀使塑件弯曲

（6）水道应首先通过浇口部位并沿熔融料流方向流动，即从高模温区流向低模温区，如图 3－31 所示。

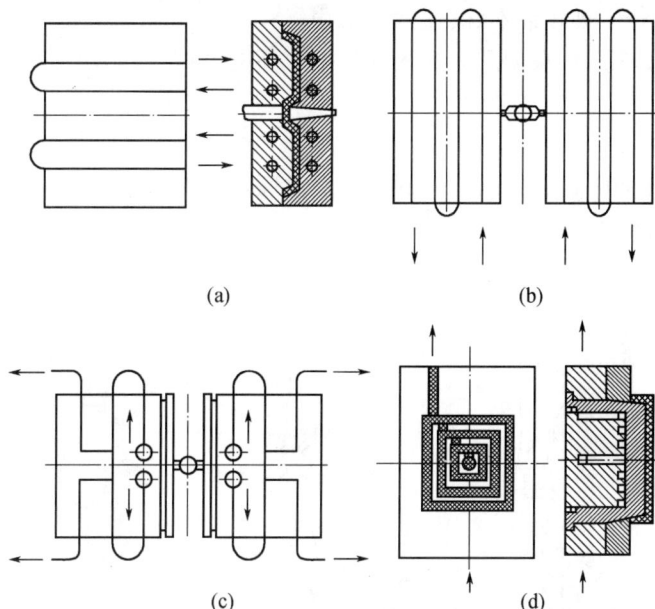

图 3－31　冷却水道应先通过模温最高的部位

（7）循环式的冷却水道中，冷却介质的冷却路线应相等，如图 3－32 所示。

（8）应避开塑件可能出现熔接痕的部位，以免该部位形成低温区，产生熔接痕，如图 3－33 所示。

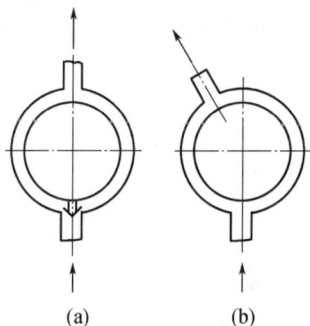

3－32　循环水道应流程相等

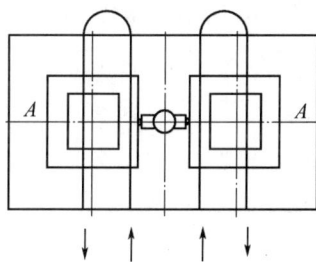

图 3－33　水道应防止出现熔接痕迹

（9）进出水口应设在不影响操作的方位，通常设在注射机操作位置的对面或模具下方。

（10）在模具总体设计过程中应给冷却水道留出足够的空间。

（11）本着节约用水原则，必要时应设冷却水的循环装置如冷却塔。

3.4.5.3　冷却系统的结构形式

1. 水道形式

（1）沟道式冷却。直接在模具上钻孔或铣槽，通入冷却介质。介质直接接触模体，结构简单,冷却效果好。

（2）管道式冷却。在模具上钻孔或铣槽,在孔内嵌入导热性好的钢管。因与成型零件的接触面积很小,传热效果不好,通常少采用。

（3）导热杆式冷却。在型芯内插入导热率较高的铍铜合金,冷却其端部,用于细长型芯的冷却。

2. 连通方式

冷却水道的连通方式有串联和并联两种。并联布局中要注意:进出口主干水道 D 的横截面积 S_D 大于各支路 d 的横截面积之和 S_d。

3. 安装和密封形式

如图 3-34 所示。

(a)　　　　　　　　　(b)　　　　　　　　　(c)

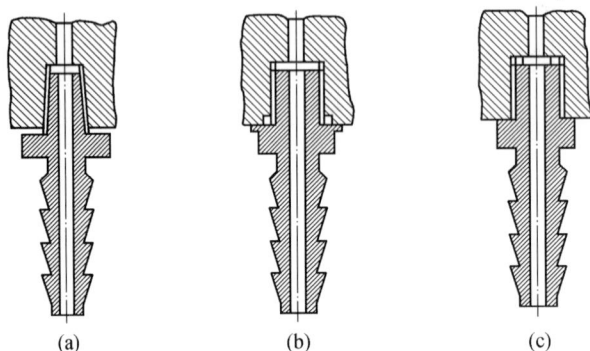

图 3-34　水嘴的安装和密封形式

3.4.5.4　型腔的冷却

（1）图 3-35 所示为沿型腔边缘设置若干并联或串联的循环水路。

（2）图 3-36 所示为整体组合式型腔结构的冷却。

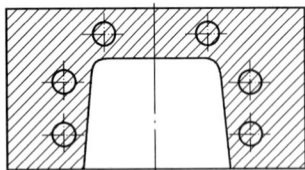

图 3-35　常用型腔的冷却

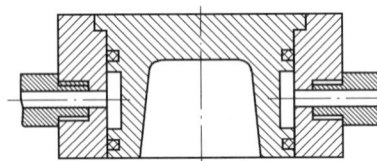

图 3-36　组合式型腔的冷却

（3）塑件精度要求高时,为使型腔各部均匀冷却采用多层冷却形式,如图 3-37 所示。

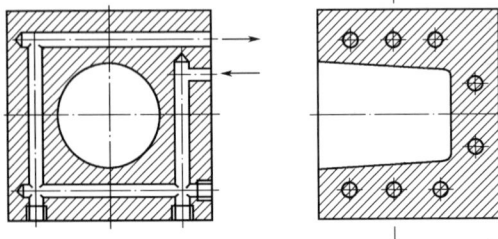

图 3-37　型腔的多层冷却

（4）型腔较浅时，在型腔底部采用平面盘肠螺旋水道冷却方式，如图 3 - 38 所示。

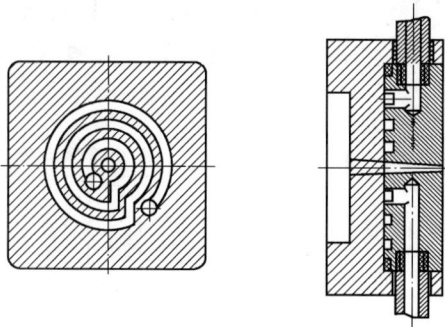

图 3 - 38　型腔盘肠冷却

（5）型腔较深的整体，组合结构形式采用螺旋水道冷却方式，如图 3 - 39 所示。

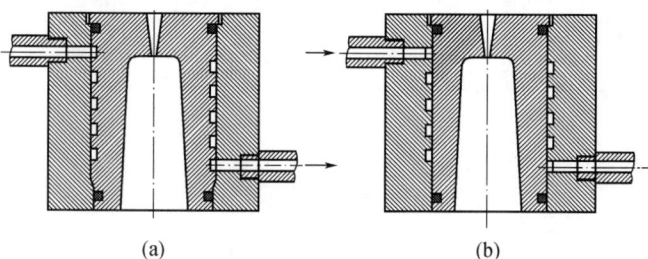

(a)　　　　　　　　　　　　(b)

图 3 - 39　型腔螺旋冷却

（6）多型腔模具中，采作串联、并联或串并联相结合的冷却形式，如图 3 - 40 所示。

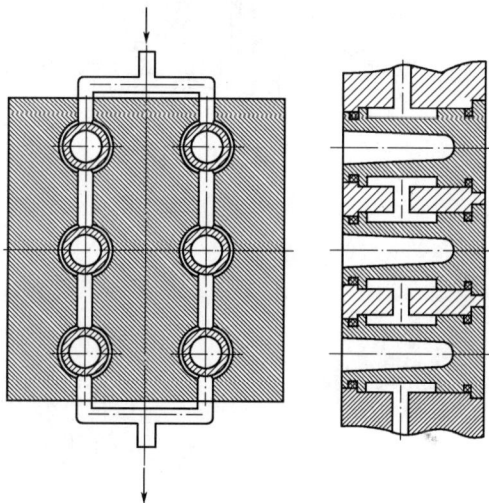

图 3 - 40　型芯串联并冷却

3. 4. 5. 5　型芯的冷却

型芯的冷却比对型腔的冷却更重要。塑件在注射，成型，固化时，因冷却收缩，对型芯的包紧力比型腔大，故型芯的温度对塑件冷却的影响比型腔大得多。但对型芯的冷却受到一定限制,因为型芯总是设在动模一侧,有顶出机构,故应考虑,冷却和顶出系统互不干扰。

图 3 - 41 是型芯冷却的基本形式,图 3 - 42 为隔板式型芯冷却,图 3 - 43 是螺旋式型芯冷却。

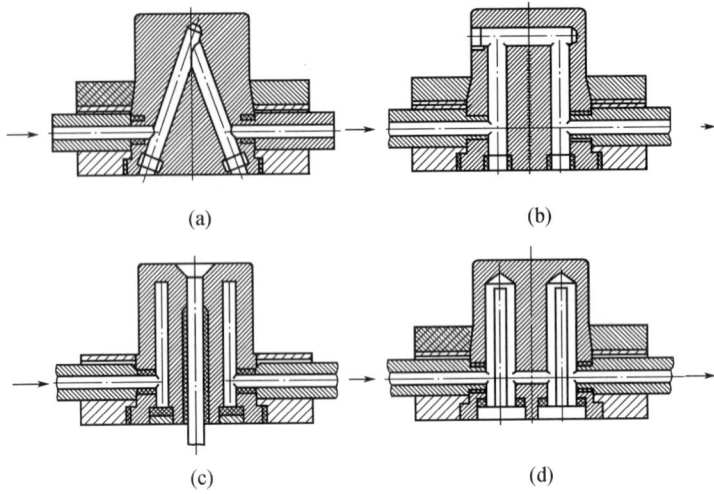

图 3 - 41　型芯冷却的基本形式

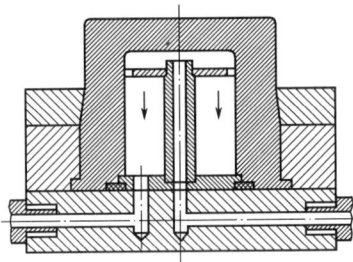

图 3 - 42　隔板式型芯冷却

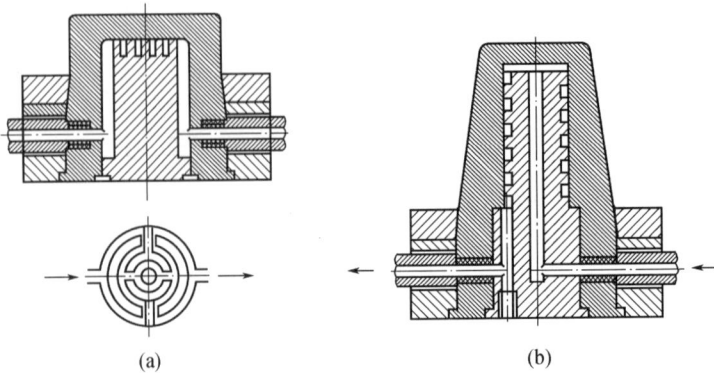

图 3 - 43　螺旋式型芯冷却

3.4.5.6 小型芯的冷却

对特别细长的小型芯,亦可以压缩空气作为冷却介质进行冷却,如图3-44、图3-45所示。极小型芯的冷却如图3-46所示。

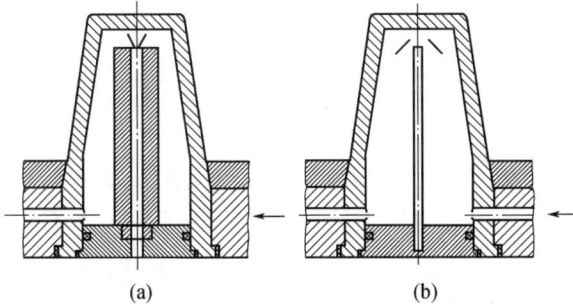

图3-44 小型型芯的冷却

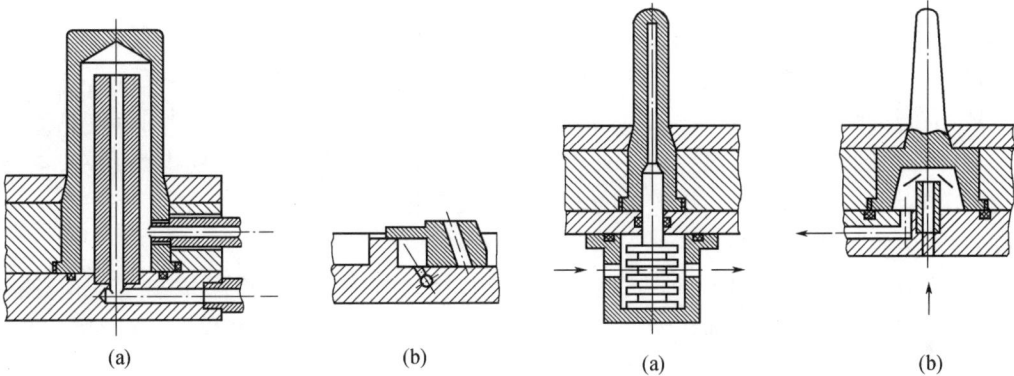

图3-45 用压缩空气冷却型芯

图3-46 极小型芯的冷却

3.4.6 电热装置

模具加热的方式分电加热、油加热、蒸汽或过热水加热、煤气或天然气加热。其中电加热包括电阻加热和工频感应加热,前者应用广泛,后者应用较少。

3.4.6.1 常用热固性塑料的成型温度

塑料模具的加热是压塑成型条件之一,它直接影响组件的质量,因此,一般热固性塑料模都必须有加热装置。最常用的模具加热方式是电加热(在有条件的地方,在满足塑件加工条件的情况下,也可以利用蒸汽或过热水加热,煤气或天然气加热)。塑料模具温度控制精度应保持在±3℃范围内,常用热固件塑料的模具温度(即成型温度)见表3-14。因此,设计模具时,必须对所需的电热功率进行计算,并使电热功率控制在一定范围,以保证模具温度的高低与稳定,并通过对所用的各个加热元件进行合理布置,使型腔表面备点得到均匀一致的温度且不随时间改变而发生明显的波动。

表 3 - 14　常用热固性塑料的模具温度

塑　　　料	模具温度/℃
酚醛塑料	177 ~ 199
脲醛塑料	146 ~ 154
三聚氰胺甲醛塑料	154 ~ 171
聚苯二甲酸二烯丙酯	166 ~ 177
环氧树脂塑料	177 ~ 188

3.4.6.2　模具的电阻加热

模具电阻加热的基本要求,是合理分布电热元件,使模具全部表面加热均匀。因此,电热元件的计算功率必须符合加热所需的功率。电热元件功率不足,就不能达到模具所必需的热量;相反,如功率过大,就难于控制要求的模具温度,因为功率过大的元件会使模具迅速加热,致使模具出现局部过热。又由于温度平衡过程比较迟缓,电流切断后模具温度还将继续升高,这种现象叫做加热滞后效应。

若要达到模具加热均匀,保证符合成型温度条件,在设计模具电热装置时,必须综合考虑以下各点:①采取有效的保温措施,减少模具的热量传导和辐射损失。通常,在模具与压机的上、下压板之间以及模具四周设置石棉隔热板,其厚度约为 4mm ~ 5mm;②正确合理地分布热元件;③大型模具的电热板,可考虑安装两套控温仪表,分别调节电热板中央和边缘部位的温度;④电热板的中央和边缘部位,分别采用不同功率的电热元件,中央部位的电热元件功率稍小,边缘部位的电热元件功率稍大。

3.4.6.3　电阻加热的形式

模具的电阻加热通常有三种方式:①电热元件插入电热板中加热;②电热套或电热板加热;③直接用电阻丝作为加热元件。

1. 电热元件插入电热板中加热

图 3 - 47 所示为电热元件及其安装图。它是将一定功率的电阻丝密封在不锈钢内,

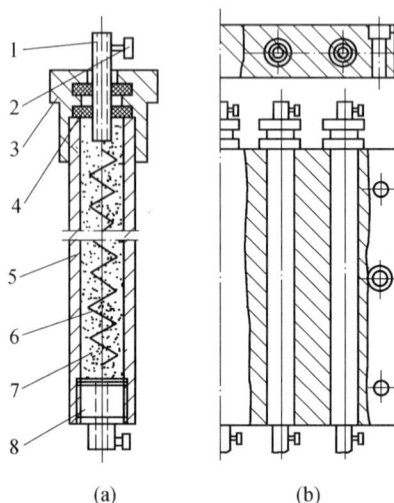

(a)　　　　　　　(b)

图 3 - 47　电热棒及其在加热板内的安装
1—接线柱;2—螺钉;3—帽;4—垫圈;5—外壳;6—电阻丝;7—石英砂;8—塞子。

作成标准的电热棒,如图3-47(a)所示。使用时根据需要的加热功率选用电热棒的型号和数量,然后安装在电热板内,如图3-47(b)所示。这种电阻加热方式的电热元件使用寿命长,更换方便。

2. 电热套或电热板加热

图3-48为电热套和电热板的结构形式。使用时可根据模具安装加热器部位的形状,选用与之相吻合的结构形式。其中图3-48(a)为矩形电热套,系由四个电热片用螺钉连接而成。圆形电热套有整体式(图3-48(b))和分开式(图3-48(c))两种,前者加热效率高,后者安装较方便。模具上不便安装电热套的部位,可采用电热板(图3-48(d))。以上电热套或电热板均用扁状电阻丝绕在方母片上,然后装在特制的金属壳内而构成。电热套或电热板加热损失比电热棒的大。

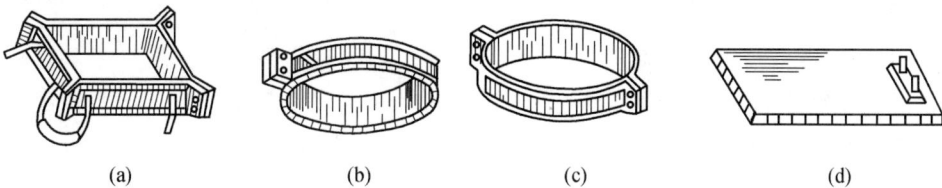

| (a) | (b) | (c) | (d) |

图3-48 电热套和电热板

3. 直接用电阻丝作为加热元件

图3-49为螺旋弹簧状的电阻丝构成的加热板和加热套。这种加热装置结构简单,但热损失大,不够安全。

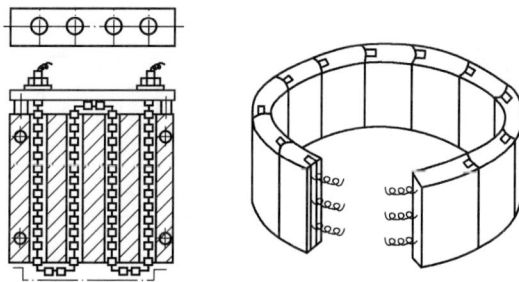

图3-49 螺旋弹簧状的电阻丝构成的加热板和加热套

3.4.6.4 电阻加热的计算

根据实际需要计算电功率,选用电热元件或设计电阻丝是模具电阻加热装置设计的首要任务。

1. 加热功率计算

要得到加热模具所需功率,应作热平衡计算,即通过单位时间内供应塑料模的热量与塑料模消耗的热量平衡,从而求出所需电功率。这种计算方法很复杂,计算参数的选用也不一定符合实际,因而计算结果也是近似的。在实际生产中广泛应用简化计算方法,并有意适当增大计算结果,通过电控装置加以控制与调节。

加热模具所需要的电功率可按如下经验公式计算:

$$P = qm \qquad (3-40)$$

式中 P——总的电功率,W;

m——模具质量,kg;

q——每千克模具维持成型温度所需要的电功率(W/kg),q 值如表 3-15 所列。

表 3-15 单位质量模具所需的电功率

模具类型	$q/(W \cdot kg^{-1})$		模具类型	$q/(W \cdot kg^{-1})$	
	采用加热圈	采用加热棒		采用加热圈	采用加热棒
小型	35	40	大型	25	60
中型	30	50			

2. 电热棒数量与尺寸的确定

总的电功率 P 计算之后,即可根据电热板的尺寸确定电热棒的根数,计算电热棒的功率。设电热棒采用并联接法,则

$$P_1 = P/n \qquad (3-41)$$

式中 P_1——每根电热棒的功率;

n——电热棒的根数。

然后根据 P_1 查表 3-16 选择标准电热棒尺寸,也可以根据模具结构及其所允许的钻孔位置,查表 3-16,确定电热棒的额定功率 P_1 及其尺寸,再计算电热棒的数量。

表 3-16 电热棒外形尺寸与功率表

电热棒尺寸								
公称直径 d_1/mm	13	16	18	20	25	32	40	50
允许公差	±0.1		±0.12			±0.2		±0.3
盖板 d_2	8	11.5	13.5	14.5	18	26	34	44
槽深 a	1.5	2	3			5		
长度 L	功率/W							
60_{-3}	60	80	90	100	120			
80_{-3}	80	100	110	125	160			
100_{-3}	100	125	140	160	200	250		
125_{-4}	125	160	175	200	250	320		
160_{-4}	160	200	225	250	320	400	500	
200_{-4}	200	250	380	320	400	500	600	800

电热棒尺寸								
250_{-5}	250	320	350	400	500	600	800	1000
300_{-5}	300	375	420	480	600	750	1000	1250
400_{-5}		500	550	630	800	1000	1250	1600
500_{-5}			700	800	1000	1250	1600	2000
650_{-6}				900	1250	1600	2000	2500
800_{-8}					1600	2000	2500	3200
1000_{-10}					2000	2500	3200	4000
1200_{-10}						3000	3800	4750

第4章 塑料注射成型模具设计

4.1 概述

注射模主要被用于成型热塑性塑料制件,近来也广泛地用于成型热固性塑料制件。由于注射模是成型塑料制件的一种重要工艺装备,因此它在塑料制品的生产中起着关键的作用,而且塑件的生产与更新都是以模具的制造和更新为前提的。所以,模具设计的好坏直接影响着塑件的质量、生产效率、工人劳动强度、模具的使用寿命以及加工成本等。在本章中,以热塑性塑料注射模的结构分析为主,力求讲清注射模的基本原理和设计原则,以便能够学会注射模的基本设计方法,为今后实践中能够从事注射模设计工作打下良好的基础。

4.2 通用注射成型系统及工作循环

4.2.1 通用注射成型系统

通用注射成型系统是指热塑性塑料的通用注射成型系统。典型的注射成型系统如图4-1所示,主要包括:

(1)注射装置。主要作用是使固态塑料均匀地塑化成熔融状态,并以足够的压力和速度注入模腔中。主要部件有料筒、料筒加热器、料斗计量装置、螺杆驱动装置、喷嘴及驱动油缸等。

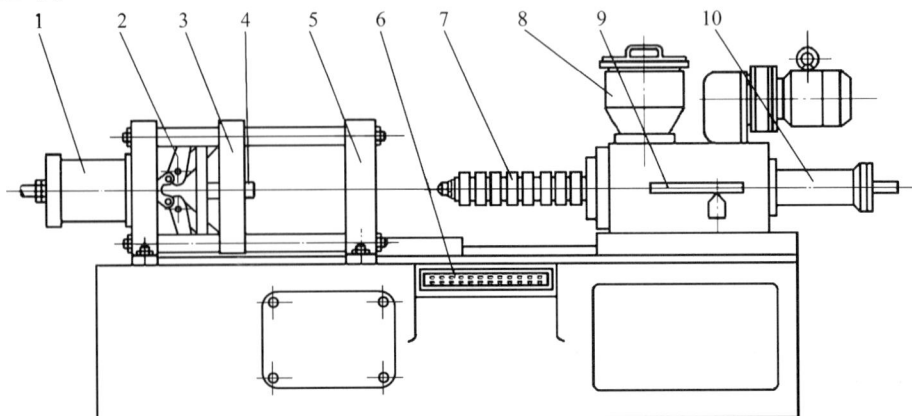

图4-1 注射成型系统

1—合模油缸;2—合模机构;3—动模板;4—顶杆;5—定模板;6—控制台;
7—料桶及加热器;8—料斗;9—定量供料装置;10—注射液压缸。

（2）合模装置。主要作用是保证成型模具有可靠的开合动作。因模腔中的熔料有较大的压力,故要求合模装置给模具以足够的夹紧力。主要部件有机架、定动模板、拉杆、合模油缸及肘节等。

（3）顶出装置。作用是开模到一定距离时驱动模具的顶出装置将塑件从模具中顶出。

（4）机械和液压传动及电控系统。用于注射成型中塑料塑化、模具闭合、压力与温度调节、注射入模、保压、固化、开模及顶出等一系列工序的连续动作。

4.2.2 注射成型的工作循环

注射成型是热塑性塑料的主要成型方法,其成型过程是:塑料在注机料筒中被加热至熔融并保持流动状态,然后在注射机挤压系统的高压下定温、定压、定量地注射到闭合的模腔内,熔料经过冷却固化后成型,模具开启后将塑件顶出。其工艺流程如图4－2所示。

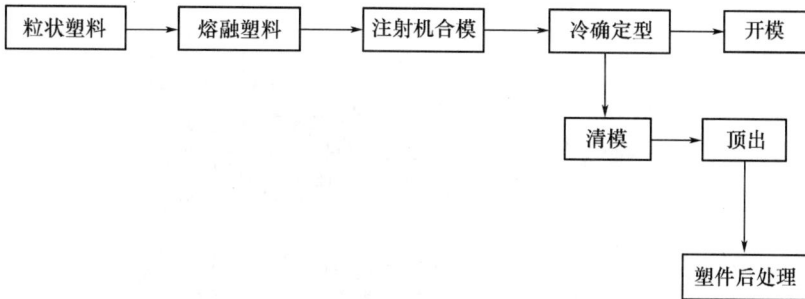

图4－2 塑料注射成型工艺流程循环图

在注射成型的整个周期中,有以下几个过程:

（1）计量。为成型一定大小的塑件,必须使用一定量的颗粒状塑料,这就需要计量。

（2）塑化。为了将塑料充入模腔,就必须使之成熔融状态,而流动充入模腔。

（3）注射充模。为了将熔融塑料充入模腔,就需要对熔融塑料施加注射压力,而注入模腔。

（4）保压增密（预冷却）。熔融塑料充满型腔后,并向模腔内补充因制品冷却收缩而所需的物料。

（5）制品冷却。保压结束后,制品即开始进入正式冷却定型阶段。

（6）开模。制品冷却定型后,注射机的合模装置带动模具动模部分与定模部分分离,即开模。

（7）顶件。注射机的顶出机构顶出塑件。

（8）取件。通过人力或机械手取出塑件和浇注系统冷凝料等。

（9）闭模（锁模）。通过注射机的合模装置闭合并锁紧模具（是在安全门合上后进行）。

（10）注射座前移与后退。在注射成型的过程中,有时需要让注射座前移或后退。如果注射座后退,在整个工作循环中始终处于与模具喷嘴接触状态的加料计量方式,就叫固定加料法;如果塑料的加料计量是在注射座后退之前完成,就叫前加料法;如果塑料的加料计量是在注射座后退之后完成,就叫后加料法。

4.3 塑料注射成型机

4.3.1 注射机的分类

4.3.1.1 按塑化方式和注射方式分类

(1)柱塞式注射机。通过柱塞将料筒的颗粒塑料推向料筒前端的塑化室,依靠料筒外的加热器提供的热量,使塑料塑化成黏流状态并被注射到模腔中去。

(2)螺杆式注射机。由油缸、螺杆、料筒、喷嘴和传动系统组成,如图4-3所示。料筒和螺杆的结构形式见图4-4。

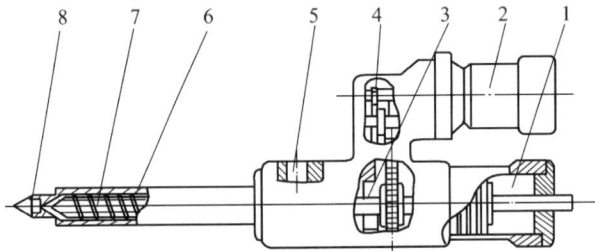

图4-3 螺杆式注射机注射装置示意图

1—油缸;2—电动机;3—滑动销;4—传动齿轮;

5—进料口;6—料筒;7—螺杆;8—喷嘴。

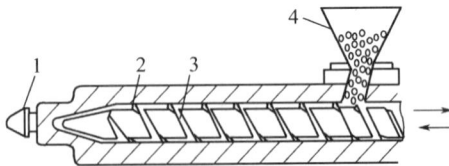

图4-4 注射机料筒和螺杆的形状

1—喷嘴;2—料筒;3—螺杆;4—料斗。

4.3.1.2 按外形分类

(1)立式注射机。注射方向向下,合模方向向上,即注射与合模在同一竖直线上,注射方式为柱塞式。其优点是占地面积小,安装拆卸方便,嵌件及活动型芯易于安放,料斗中的塑料可均匀进入料筒;缺点是塑化不均匀而引起成型压力高,注射速度不均,塑件内应力大,塑件顶出后需人工取出,效率低,难以实现自动化。

(2)卧式注射机。是目前应用最广的注射成型机械。模具在注射机上横卧安装,其注射与合模方向同在一水平线上,注射方式为螺杆式。其优点是机体低,便于操作,塑件顶出后可自行落下,生产效率高,并可实现自动化;缺点是装模和安放嵌件较麻烦,占地面积较大。此类注射机机型多样,注射容量范围大(30cm³~32000cm³),适用于各种塑件的注射成型。

（3）角式注射机。注射方向向下，与合模方向垂直，注射方式为柱塞式。其优点是结构简单，使用方便，开模后塑件可自动落下。另外由于合模方向与注射方向垂直，使模具受力均匀，锁模可靠。缺点是嵌件安放不便，易倾斜、脱落。这类注射都是小型的，注射量大都在 $60cm^3$ 以下，适于加工小型塑件，特别适用于型腔偏在一侧的模具或塑件中心部位不允许有浇口痕迹的塑件。

4.3.2 注射成型机的选择

4.3.2.1 最大注射量

设计模具时，成型塑件所需要的注射总量应小于所选注射机的最大注射量，即

$$G_{塑} < G_{max} \qquad (4-1)$$

式中　　G_{max}——注射机实际的最大注射量，cm^3 或 g；

　　　　$G_{塑}$——塑件成型时所需要的注射量，cm_3 或 g。

而

$$G_{塑} = n \cdot M_{塑} + M_{浇} \qquad (4-2)$$

式中　　n——型腔个数；

　　　　$M_{塑}$——每个塑件的质量或体积，g 或 cm^3；

　　　　$M_{浇}$——浇注系统的质量或体积，g 或 cm^3。

对于柱塞式注射机和螺杆式注射机其允许最大注射量的标定是不同的。柱塞式注射机的允许最大注射量是以一次注射聚苯乙烯的最大质量（g）为标准规定的。因聚苯乙烯密度为 $1.04g/cm^3 \sim 1.06g/cm^3$，其单位容量与单位质量相近，故可用质量 g 做粗略计量。

当注射其他塑料时，最大注射量应按下式进行换算

$$G_{max} = G_B \cdot \frac{\gamma}{\gamma_B} \qquad (4-3)$$

式中　　G_B——注射机规定的最大允许注射量，即一次注射聚苯乙烯的最大注射量，g；

　　　　γ_B——聚苯乙烯在常温下的密度，$1.06g/cm^3$；

　　　　γ——其他塑料在常温下的密度，g/cm^3。

对于螺杆式注射机，其最大注射量通常以螺杆在料筒中的最大推进容积 $V(cm^3)$ 来表示。国产螺杆式注射机就是以容积来标注其最大注射量的，该值与所选用的塑料品种无关，使用比较方便。

根据生产经验总结，在设计模具以容量计算时

$$V_{塑} \leqslant 0.8V_{max} \qquad (4-4)$$

式中　　$V_{塑}$——塑件与浇注系统体积总和，cm^3；

　　　　V_{max}——注射机最大注射容量，cm^3。

以质量计算时

$$G_{塑} \leqslant 0.8G_{max} \qquad (4-5)$$

4.3.2.2 公称注射量

注射机多以公称注射量来表示，公称注射量与最大注射量的关系为

$$G_{max} = c\rho G \qquad (4-6)$$

式中 c——料筒温度下塑料的体积膨胀率的校正系数,对于结晶形塑料,$c=0.85$;对于非结晶形塑料,$c=0.93$;

ρ——所用塑料在常温下的密度;

G——注射机的公称注射容量。

4.3.2.3 锁模力

当高压的塑料熔体充满模具型腔时,会产生一个沿注射机轴向的很大的推力,此推力的大小等于塑件上浇注系统在分型面上的垂直投影面积之和(即注射面积)乘以型腔内的塑料压力,此力可使模具沿分型面涨开。为了保持动、定模闭合紧密,保证塑件的尺寸精度并尽量减小毛边厚度,同时也为了保障操作人员的人身安全,需要机床提供足够大的锁模力。因此,欲使模具从分型面涨开的力必须小于注射机规定的锁模力(图4-5),即

$$T \geqslant K \cdot F \cdot q/1000 \qquad (4-7)$$

式中 T——注射机的额定锁模力,t;

F——塑件与浇注系统在分型面上的总投影面积,cm^2;

q——熔融塑料在模腔内的压力,kg/cm^2;

K——安全系数,通常取$1.1 \sim 1.2$。

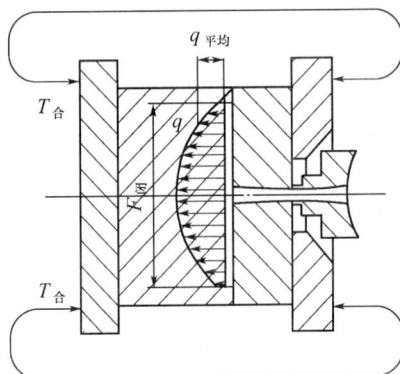

图4-5 锁模力计算图

模腔压力 q 是注射压力经喷嘴、浇道、型腔损耗后剩余的压力,约为注射压力的25% ~ 50%。根据经验,模腔压力通常取$200kg/cm^3 \sim 400kg/cm^3$。对于流动性差、形状复杂、精度要求高的塑件,成型时需要较高的模腔压力。但过高的模腔压力将对机床的锁模力和模具强度、刚度要求较高,而且使塑件脱模困难,残余应力增加。常用塑料品种可选用的模腔压力值列于表4-1。

表4-1 常用塑料可选用的模腔压力

加 工 塑 料	模腔平均压力/(kg/cm^2)	加 工 塑 料	模腔平均压力/(kg/cm^2)
高压聚乙烯(PE)	100 ~ 150	AS	300
低压聚乙烯(PE)	200	ABS	300
中压聚乙烯(PE)	350	有机玻璃	340
聚丙烯(PP)	150	醋酸纤维树脂	350
试验制品尺寸:371mm×271mm×53mm(长×宽×高);2.5mm(壁厚)			

制品复杂程度不同或精度要求不同时,可选用的模腔压力值列于表4-2。

表4-2 制品形状和精度不同时可选用的模腔压力

条 件	模腔平均压力/(kg/cm²)	举 例
易于成型的制品	250	聚乙烯、聚苯乙烯等壁厚均匀的日用品等
普通制品	300	薄壁容器类
高黏度料,制品精度高	350	ABS、聚甲醛等工业零件,精度高的制品
黏度特别高,制品精度高	400	高精度的机械零件

4.3.2.4 最大注射压力

最大注射压力是指注射机料筒内柱塞或螺杆施于熔融塑料上的单位面积压力(指注射时)。成型塑件所需要的注射压力是由塑料品种、注射喷嘴的结构形式、塑件形状的复杂程度以及浇注系统的压力损失等因素决定的,其值一般在 $700kg/cm^2 \sim 1500kg/cm^2$ 范围内选取。

注射机的最大注射压力要大于成型塑件所要求的注射压力,即

$$P > P' \tag{4-8}$$

式中 P——注射机最大注射压力,kg/cm^2;

P'——成型塑件的注射压力,kg/cm^2。

4.3.2.5 模具与注射机安装部分相关尺寸的校核

(1)设计模具的长、宽方向尺寸时要与注射机模板尺寸和拉杆间距相适应,应注意模具能否穿过拉杆间的空间装卡到模板上。

(2)模具安装在注射机上必须使模具主浇道中心线与料筒、喷嘴的中心线相重合。在注射机定模板上有一定位孔,要求模具的定模部分也设计一个与主浇道同心的凸台,叫定位环或定位圈。定位环与机床定模板上的定位孔之间采用较松的动配合。

(3)注射机喷嘴头的球面半径应与相接触的模具主浇道始端凹下的球面半径相匹配。角式注射机喷嘴头多为平面,模具与其相接触处也应做成平面。

(4)注射机的动、定模板上开有许多不同间距的螺钉孔,用来装卡模具。设计模具时,动、定模部分的模脚尺寸应与机床的这些螺钉孔的尺寸和位置相适应,以便将模具紧固在相应的模板上。紧固方式可以采取在模脚上打孔穿过螺钉固定以及采用压板压紧模脚这两种方式。采用螺钉直接紧固时,模脚上钻孔的位置和尺寸应与机床模板上螺钉孔相吻合;而用压板固定模具时,只要模脚外侧附近有螺钉孔就能固紧,因此有更大的灵活性。然而对质量较大的大型模具,采用螺钉直接紧固则更为安全些。

4.3.2.6 模具闭合高度

(1)注射机动压板的最大行程和压板间最大和最小间距是固定参数,决定模具的闭合高度,如图4-6所示。选用注射机时注射模的闭合高度 H 应满足

$$H_{min} \leq H \leq H_{max} \tag{4-9}$$

式中 H_{min}——注射机允许的最小模厚,mm;

H_{max}——注射机允许的最大模厚,mm。

若 $H < H_{min}$,加备用垫板或增大模具支块的厚度;若 $H > H_{max}$,则模具不能使用。

(2)设计模具时还应考虑注射机压板的最大开距 H_0 和塑件脱模时所要求的开模距离 L 是否相符,即 $L < H_0$,如图4-7所示。

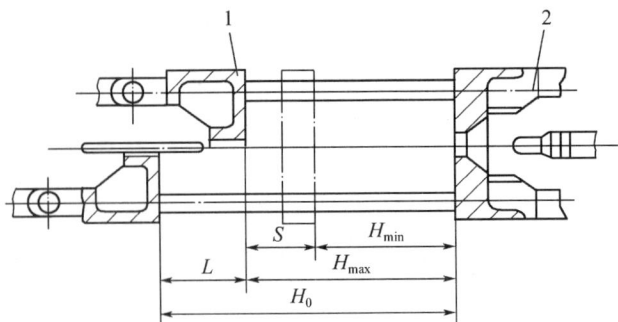

图 4 - 6　注射机压板行程和间距

1—动压板；2—定压板。

L—动压板行程，mm；H_0—压板间最大开距；S—动压板可调距离，mm。

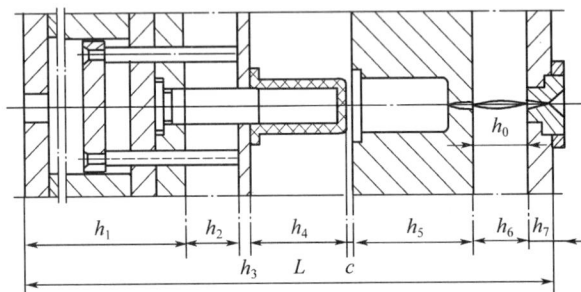

图 4 - 7　脱模时开模距离的计算

L—脱模状态时，模具的展开厚度，mm；H—模具闭合时的实际总厚度，mm；

h_0—浇口长度，mm；h_2—顶板顶出行程，mm；h_4—塑件高度，mm；

h_6—浇口凝料脱模间距，通常取 $h_0 + (2\text{mm} \sim 3\text{mm})$；$c$—安全系数（视情况而定）。

4.3.2.7　模体的截面尺寸

注射模的长边不应超过压板尺寸，最短边应小于拉杆间距，才能将注射模装入注射机。同时，动定模上的紧固螺栓孔应与注射机压板上的标准螺孔一致。

4.3.2.8　模具的顶出

注射机的顶出装置有中心顶杆顶出、两侧顶杆顶出及液压顶出。应在动模座板上设置稍大于注射机顶杆的通孔，并对应于注射机的顶出位置。

4.3.2.9　定位环与浇口

定位环是将定模装入注射机定压板时的定位、对中装置，它与注射机的定位孔采用动配合连接形式。浇口套的凹球面与注射机喷嘴球面相吻合，其凹球面半径稍大于喷嘴半径以便紧密接触。浇口套圆锥孔小端尺寸应比喷嘴孔直径大 0.5mm ~ 1mm，以防熔料外溢。

4.4　注射模具的特点及结构

4.4.1　注射模具的特点

注射模具的特点为：模具结构复杂，适用于生产大型、厚壁、薄壁、形状复杂、尺寸精度高的制品;生产效率高、质量稳定、能实现自动化生产。图4-8为注射模具的基本结构示意图。

塑料制品通常要批量或大批量生产,故要求模具使用时要高效率、高质量,成型后少加工或不加工,所以模具设计时必须考虑以下几点。

(1)据塑件的使用性能和成型性能确定分型面和浇口位置。

(2)考虑模具制造工程中的工艺性,据设备状况和技术力量确定设计方案,保证模具从整体到零件都易于加工,易于保证尺寸精度。

(3)考虑注射生产率,提高单位时间注射次数,缩短成型周期。

(4)将有精度要求的尺寸及孔、柱、凸、凹等结构在模具中表现出来,即塑件成型后不加工或少加工。

(5)模具结构力求简单适用,稳定可靠,周期短、成本低,便于装配维修及更换易损件。

(6)模具材料的选择与处理。

(7)模具的标准化生产:尽量选用标准模架、常用顶杆、导向零件、浇口套、定位环等标准件。

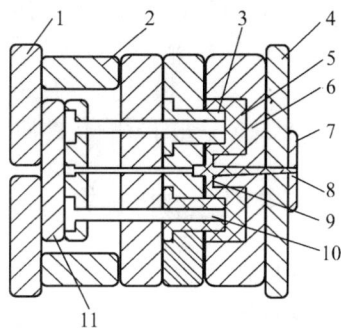

图4-8　注射模具基本结构示意图
1—动模板;2—模脚;3—型芯;
4—定模板;5—零件;6—型腔板;
7—定位环;8—主浇道;
9—分浇道;10—顶杆;11—顶板。

4.4.2　注射模具的基本组成

从模具的使用和在注射机上的安装来看,每一副注射模都可分成两大部分,即定模部分和动模部分。定模部分安装在注射机的定压板上,动模部分安装在注射机的动压板上。闭模后注射机料筒里的熔融塑料在高压作用下,经过浇注系统注入模具型腔,开模时动模与定模分离取出塑件。

从模具上各个部件所起的作用来看,注射模可以分成以下几个部分:

(1)成型零件。其作用是使要成型的塑件获得所需的形状和尺寸。它通常由凸模或型芯(构成塑件的内形)、凹模或型腔(构成塑件的外形)以及螺纹型芯或型环、镶块等组成。(详见第3章)。

(2)浇注系统。它是将熔融塑料由注射机喷嘴引向闭合的模腔的通道。通常,浇注系统由主浇道、分浇道、浇口和冷料穴等几部分组成。

(3)导向部分。为确保动模和定模闭合时位置准确,必须设计导向部分。导向部分一般由导向柱(导柱)和导向套(导套)组成。此外对多型腔注射模,其顶出机构中也应设计导向装置,以避免顶出板运动时发生偏斜,造成顶杆的弯曲和折断或顶坏塑件。

(4)顶出机构。它是实现塑件脱模的装置,其结构形式很多,最常见的有顶杆式、顶管式和脱模板式等。

(5)抽芯机构。当塑件上带有侧孔或侧凹时,开模顶出塑件之前,应先将可做侧向运动的型芯从塑件中抽出,这个动作过程是由抽芯机构实现的。

(6)冷却和加热部分。为满足注射成型工艺对模具温度的要求,以保证各种塑件的冷却定型,模具上需设有冷却或加热系统。冷却时,一般在模具型腔和型芯周围开设冷却水通道,而加热时,则在模具内部或周围安装加热元件。

（7）排气系统。注射时为了将型腔内原有的空气以及塑料在受热和冷凝过程中产生的气体排出,常在模具分型面处开设排气槽。因为这些气体如果不能顺利排出,就会在塑件上形成缺陷,从而影响塑件质量。

4.5 注射模的分类

注射模的结构形式根据所使用的注射机的不同可分为立式注射模、直角式注射模和卧式注射模。

（1）立式注射模 竖直安装在立式注射机上,浇口自上而下注射。其优点是注射方向与开模方向一致,放置活动型芯和嵌件较方便。缺点是塑件顶出后必须手工取出,不易实现自动化。立式注射模多用于小型塑件的成型,如图4-9所示。

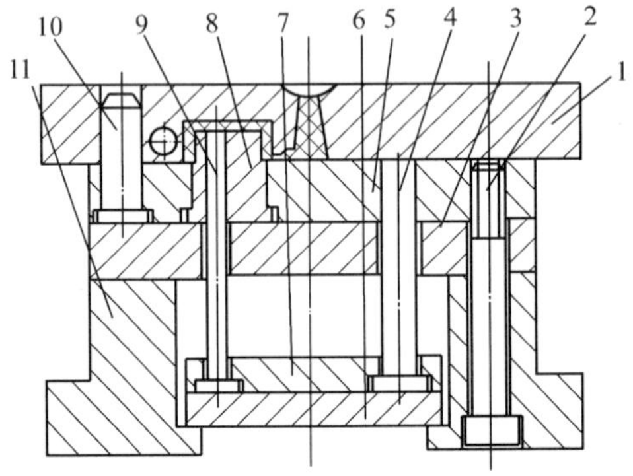

图4-9 立式注射模

1—定模板；2—螺栓；3—支承板；4—复位杆；5—型芯固定板；6—顶杆垫板；
7—顶杆固定板；8—型芯；9—顶杆；10—导柱；11—支承块。

（2）直角式注射模 平卧安装在直角式注射机上,浇口自上而下,但垂直于开模方向,多用于小型塑件,如图4-10所示。

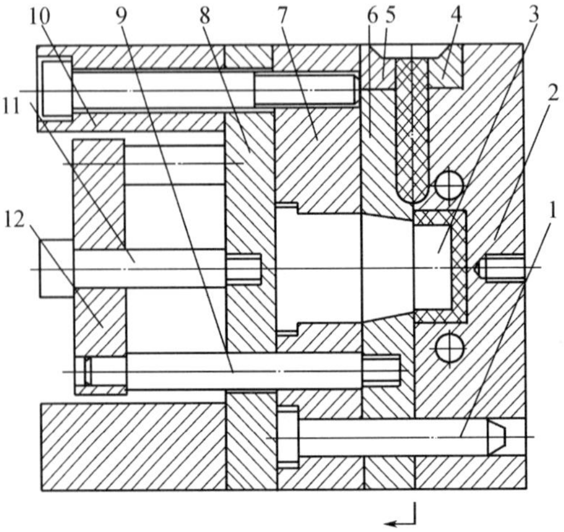

图4-10 直角式注射模

1—导柱；2—定模板；3—型芯；4—浇口镶块；5—浇口镶块；6—脱模板；
7—型芯固定板；8—支承板；9—推杆；10—支承块；11—限位杆；12—顶板。

88

（3）卧式注射模　安装在卧式注射机上，是注射成型中最常用的，如图4-11所示。

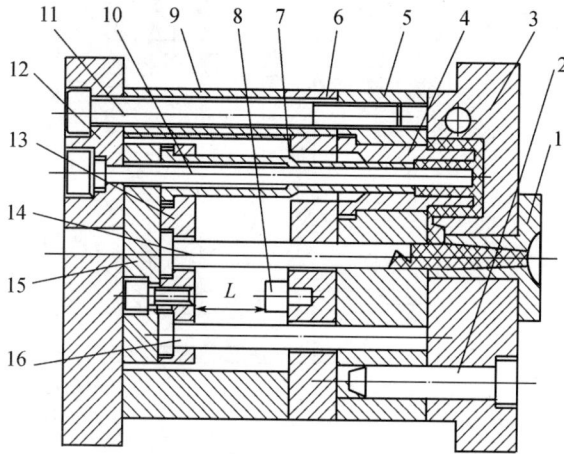

图4-11　卧式（顶管顶出）注射模

1—浇口套；2—导柱；3—定模板；4—型芯；5—型芯固定板；6—支承板；7—顶管；8—限位钉；9—支承块；
10—型芯；11—螺栓；12—动模板；13—顶出板；14—拉料杆；15—顶出板垫板；16—复位杆。

4.6　卧式注射模的结构形式

4.6.1　两板式注射模

模体主要由定模板和动模板组成，其特点是注射成型后只要一次分型即可脱模。

4.6.1.1　顶管顶出注射模

图4-11为典型的顶管顶出注射模。浇口套1与拉料杆14与流道浇口组成浇注系统，将熔融物料流入型腔。定模3的型腔与型芯4组成成型零件，顶管7与复位杆16以及顶杆固定板13、顶杆垫板15共同组成顶出系统。导柱2则对定动模作移动导向。开模时，从主分型面分型，塑件由顶管7顶出。为避免在顶出时顶管与型芯相撞，限位钉8控制顶出距离L，合模时复位杆16带动顶出系统复位。

4.6.1.2　脱模板顶出注射模

图4-12为典型的脱模板顶出注射模。浇口套2与拉料杆8与流道浇口组成浇注系统，将熔融物料流入型腔。定模4与型芯6组成成型零件，顶杆10与顶出板6以及顶杆垫板15共同组成顶出系统。开模时，从主分型面分型，塑件由顶杆垫板推动顶杆10，顶杆再推动脱模板5顶出塑件。

4.6.1.3　斜导柱侧抽芯注射模

图4-13为典型的斜导柱侧抽芯注射模。斜导柱2、压紧块3和侧型芯5组成侧抽芯系统。成型结束后，开模时定模板4与型芯固定板7分开，定模上的斜导柱2驱动侧型芯5，将型芯抽出，顶杆垫板17推动顶杆16将塑件顶出。

4.6.1.4　斜推杆内抽芯注射模

图4-14为典型的斜推杆内抽芯注射模。斜推杆4、连杆9和心轴8组成内抽芯系

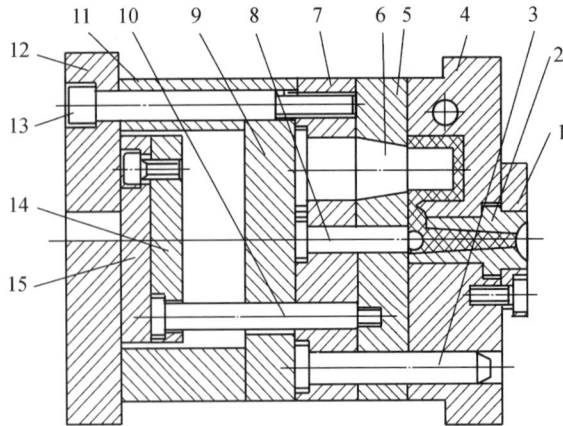

图 4 - 12　脱模板顶出注射模

1—定位环；2—浇口套；3—导柱；4—定模板；5—脱模板；6—型芯；7—型芯固定板；8—拉料杆；

9—支承座；10—推杆；11—支承块；12—动模板；13—螺栓；14—顶杆固定板；15—顶杆垫板。

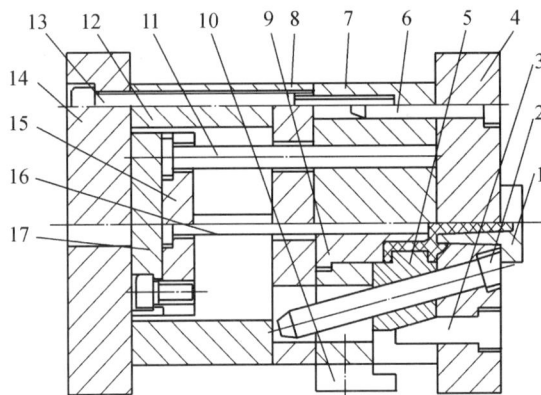

图 4 - 13　斜导柱侧抽芯注射模

1—浇口套；2—斜导柱；3—压紧块；4—定模板；5—侧型芯；6—导柱；7—型芯固定板；8—支承板；9—主型芯；

10—挡块；11—复位杆；12—支承块；13—内六角螺钉；14—动模板；15—顶杆固定板；16—顶杆；17—顶杆垫板。

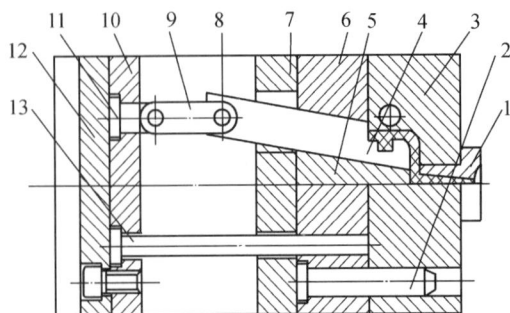

图 4 - 14　斜推杆内抽芯注射模

1—浇口套；2—导柱；3—定模板；4—斜推杆；5—主型芯；6—型芯固定板；7—支承板；

8—心轴；9—连杆；10—顶杆固定板；11—连杆座；12—顶杆垫板；13—复位杆。

90

统。成型结束后,开模时定模与动模分开,同时斜推杆 4 在型芯固定板的作用下围绕心轴 8 向内侧转动,完成内侧抽芯动作。

4.6.2　三板式注射模

在二板模的基础上增加一块可动模板,塑件的全部脱模过程需通过两次分型完成。三板模用于以下场合:由点浇口进料的注射模;根据侧抽芯需要必须由某分型面首先分型的模具;在塑件脱模时必须首先从某个分型面首先分型的模具。

4.6.2.1　三板式点浇口注射模

图 4 – 15 为典型的三板式点浇口注射模。三板主要指定模板 3,型腔板 4 和型芯固定板 8。成型结束后,开模时,在弹簧 5 的作用下,型腔板 4 与定模板 3 首先分开,在 A 分型面处分型;然后,型芯固定板 8 再与定模板 3 分开,在分型面 B 处分开;当拉杆 6 作用时,顶杆垫板 16 再推动顶杆 13 将塑件顶出。

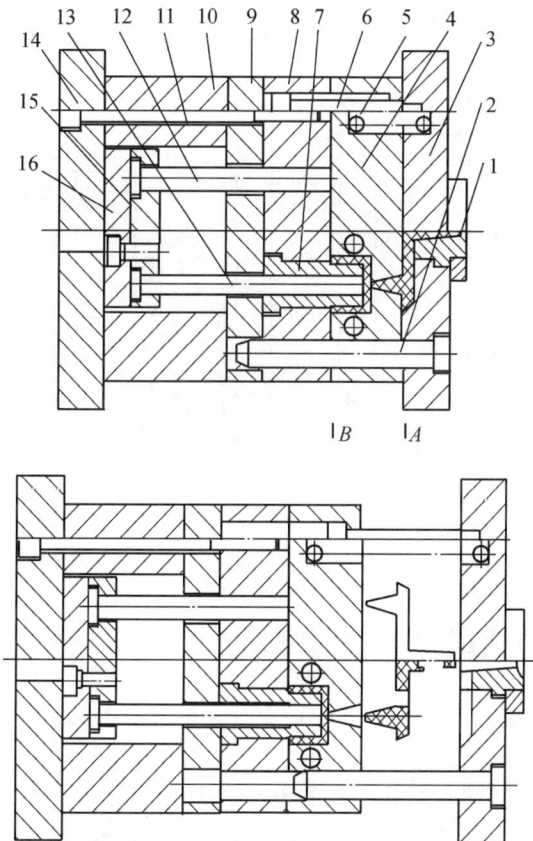

图 4 – 15　三板式点浇口注射模

1—浇口套;2—导柱;3—定模板;4—型腔板;5—弹簧;6—限位拉杆;7—型芯;8—型芯固定板;9—支承板;
10—支承块;11—螺栓;12—复位杆;13—顶杆;14—动模板;15—顶杆固定板;16—顶杆垫板。

4.6.2.2　三板式定模侧抽芯注射模

图 4 – 16 为典型的三板式定模侧抽芯注射模。三板主要指定模板 4,型腔板 7 和型芯固定板 18。成型结束后,开模时,在弹顶销 3 的作用下,定模板 4 与型腔板 7 首先分开,

在 A 分型面处分型,斜导柱 2 驱动侧型芯 14 完成侧抽芯动作;当限位块 11 起作用时,型腔板 7 再与型芯固定板 18 分开,在分型面 B 处分型;制动销脱离导柱 9 的凹槽以后,顶杆垫板 17 再推动顶杆 15,顶杆 15 推动脱模板 8 将塑件顶出。

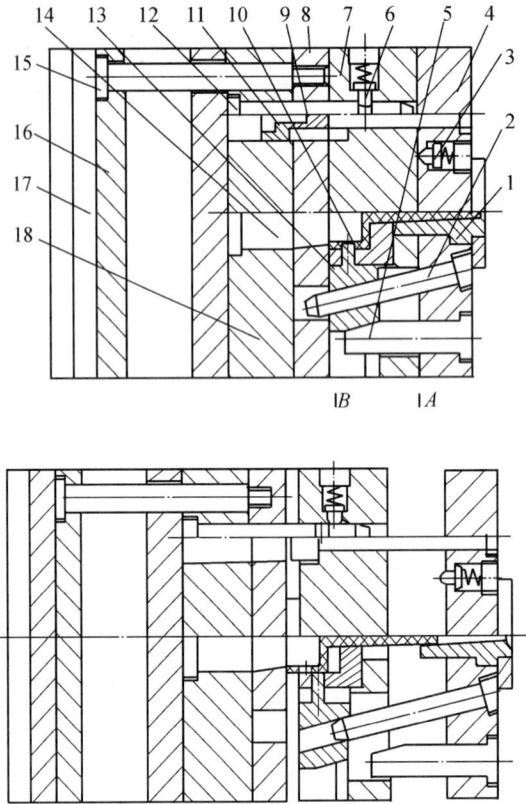

图 4 - 16　三板式定模侧抽芯注射模

1—浇口套;2—斜导柱;3—弹顶销;4—定模板;5—压紧块;6—制动销;
7—型腔板;8—脱模板;9—定模导柱;10—型腔镶块;11—限位块;12—动模导柱;
13—侧滑芯;14—型芯;15—推杆;16—顶杆固定板;17—顶杆垫板;18—型芯固定板。

4.7　浇注系统的组成及设计原则

4.7.1　浇注系统的组成

浇注系统的作用是使塑料熔体平稳且有顺序地填充到型腔中,并在填充和凝固过程中把压力充分传递到各个部位,以获得组织紧密、外形清晰的塑料制件。

浇注系统一般是由主浇道、分浇道、浇口和冷料穴四部分组成,如图 4 - 17 所示。

1. 主浇道

由注射机喷嘴与模具接触的部位起到分浇道为止的一段流道,是熔融塑料进入模具时最先经过的部位。

2. 分浇道

它是主浇道与进料口之间的一段流道,是熔融塑料由主浇道流入型腔的过渡段,能使塑料的流向得到平稳的转换,对多腔模分浇道还起着向各型腔分配塑料的作用。

3. 浇口

浇口是分浇道与型腔之间的狭窄部分,也是最短小的部分。它的作用有三点:①使分浇道输送来的熔融塑料在进入型腔时产生加速度,从而能迅速充满型腔;②成型后进料口处塑料首先冷凝,以封闭型腔,防止塑料产生倒流,避免型腔压力下降过快,以致在塑件上出现缩孔和凹陷;③成型后,便于使浇注系统凝料与塑件分离。

4. 冷料穴

其作用是储存两次注射间隔中产生的冷料头,以防止冷料头进入型腔造成塑件熔接不牢,影响塑件质量,甚至发生冷料头堵塞住浇口,而造成成型不满。冷料穴一般开在主浇道末端,当分浇道较长时,在它的末端也应开设冷料穴。

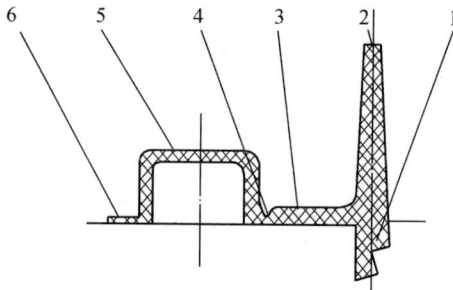

图 4 - 17　注射模的浇注系统

1—冷料穴;2—主浇道;3—分浇道;4—浇口;5—塑件;6—排气槽或溢流槽。

4.7.2 浇注系统设计原则

(1)排气良好。能顺利地引导熔融塑料填充到型腔的各个深度,不产生涡流和紊流,并能使型腔内的气体顺利排出。

(2)流程短。在满足成型和排气良好的前提下,要选取短的流程来充填型腔,且应尽量减少弯折以降低压力损失,缩短填充时间。

(3)防止型芯和嵌件变形。应尽量避免熔融塑料正面冲击直径较小的型芯和金属嵌件,防止型芯弯曲变形或嵌件移位。

(4)整修方便。浇口位置和形式应结合塑件形状考虑,做到整修方便并无损塑件的外观和使用。

(5)防止塑件翘曲变形。在流程较长或需开设两个以上浇口时更应注意这一点。

(6)合理设计冷料穴或溢料槽。因为它可影响塑件质量。

(7)浇注系统的断面积和长度应尽量取小值。除满足以上各点外,浇注系统的断面积和长度应尽量取小值,以减少浇注系统占用的塑料量,从而减少回收料。

4.8　主浇道的设计

4.8.1　主浇道的结构

主浇道是熔融塑料由注射机喷嘴喷出时最先经过的部位,与注射机喷嘴同轴,因之与熔融塑料,注射击机喷嘴反复接触、碰撞,一般不直接开设在定模上,为了制造方便,都制成可拆卸的浇口套,用螺钉或配合形式固定在定模板上,如图 4-18 所示。

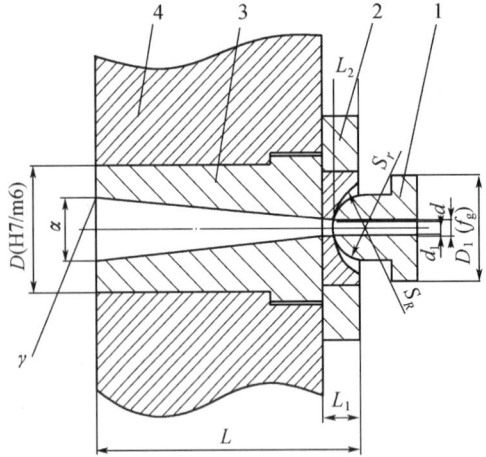

图 4-18　主浇道的结构形式
1—注射机喷嘴;2—定位环;3—浇口套;4—定模。

4.8.2　主浇道设计要点

(1)为便于凝料取出,主浇道采用 $\alpha=3° \sim 6°$ 的圆锥孔。流动性较差的塑料稍大些,但不宜过大。

(2)出料端直径 D 尽量小,以减小与模腔的接触面积,从而减小模腔内部压力对其的反作用力。

(3)材质选用优质钢 T8A,并淬硬处理。其硬度应低于注射机喷嘴,以防后者被碰坏。

(4)锥孔内壁粗糙度 $Ra=0.63\mu m$,以增加其耐磨性并减小注射阻力,锥孔大端应有 $1° \sim 2°$ 的过渡圆角,以减小料流在转向时的流动阻力。

(5)浇口套与注射机喷嘴头的接触球面必须吻合。

$$S_R = S_r + (0.5 \sim 1) \qquad (4-10)$$

$$d = d_1 + (0.5 \sim 1) \qquad (4-11)$$

$$L_2 = (3 \sim 5) \qquad (4-12)$$

式中　S_R——浇口套端面凹球面半径,mm;
　　　S_r——注射机喷嘴端凸球面半径,mm;
　　　d——圆锥孔小径,mm;
　　　d_1——喷嘴内孔直径,mm;
　　　L_2——浇口套端面凹球面深度,mm。

(6)定位环:模体与注射机的定位装置,保证浇口套与注射机的喷嘴对中定位。定位环外径 D_1 应与注射机的定位孔间隙配合,其配合间隙为 0.05mm ~ 0.15mm,定位环厚度为 5mm ~ 10mm。

（7）浇口套端面与定模相配合部分的平面高度一致。

（8）浇口套长度 L 尽量短，因为 L 越大，压力损失越大，物料温度越低，影响注射成型。

（9）主浇道尽量不用分级对接式，若 L 必须加长时则 $D = d + (0.5 ~ 1.0)$ mm，如图 4 - 19 所示。

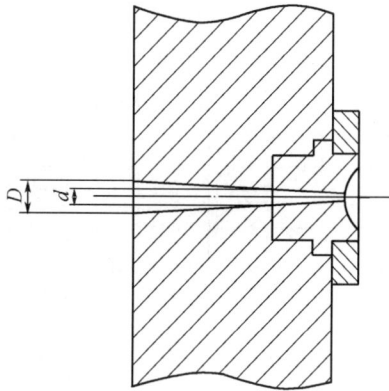

图 4 - 19　主浇道的加长形式

4.8.3　浇口套的结构形式

由于主浇道要与高温塑料和注射机喷嘴反复接触和碰撞，所以通常不把主浇道直接开在定模板上，而是将它单独开设在一个浇口套上（也称为主浇道衬套），然后装入定模板内。这样，对浇口套的选材、热处理和加工都带来很大方便，而且损坏后也便于修理和更换。通常，浇口套需选用优质钢材（如 T8A）单独进行加工和热处理（53HRC ~ 57HRC）。

一般对小型模具可将浇口套与定位环设计成整体式，但在多数情况下，将浇口套和定位环设计成两个零件，然后配合固定在定模板上。浇口套的形式如图 4 - 20 所示，图 4 - 21 为浇口套的几种固定方法，浇口套尺寸列于表 4 - 3 中。

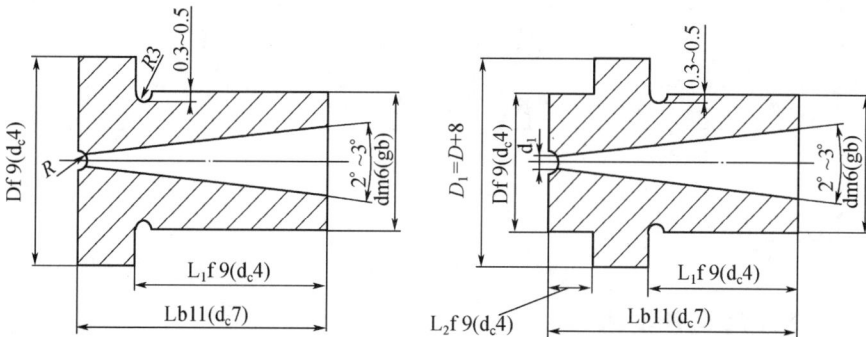

图 4 - 20　浇口套的形式

95

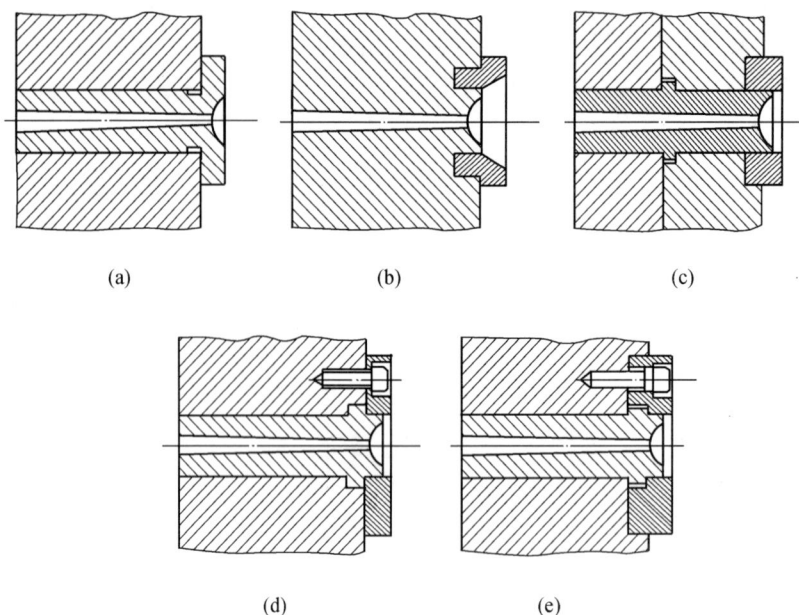

(a)　　　　　　　　(b)　　　　　　　　(c)

(d)　　　　　　　　(e)

图 4 - 21　浇口套的几种固定方法

表 4 - 3　浇口套尺寸　　　　　　　　　　　　　　单位:mm

I 型			II 型		
d		与 *d* 配合的孔公差 H7(D)	公称尺寸	配合公差 m6(*gb*)	与 *d* 配合的孔公差 H7(D)
公称尺寸	配合公差 m6(*gb*)				
20	+0.023 +0.008	+0.023	16	+0.019 +0.097	+0.019
26	+0.023 +0.008	+0.023	20	+0.023 +0.008	+0.023
30	+0.027 +0.009	+0.027	25	+0.023 +0.008	+0.023
36	+0.027 +0.009	+0.027	35	+0.027 +0.009	+0.027
40	+0.027 +0.009	+0.027	40	+0.027 +0.009	+0.027
注:图 4 - 21 中 D、R、L、L_1、L_2 等尺寸按使用情况决定					

4.9　分浇道的设计

4.9.1　分浇道的设计要点

分浇道是主浇道与浇口的中间连接部分,起分流和转换方向的作用。分浇道设计的总原则:应使熔融的塑料在流经分浇道时,压力及热量损失最小,且产生的分浇道凝料最少。

（1）截面积尽量小:

① 过小会降低注射速度,延长填充时间还可出现缺料、焦烧、皱纹、缩孔等缺陷。

② 过大会增大凝料的回收量,并延长了物料的冷却时间。设计时应采用较小的截面积,以便试模时有修正的余地。

③ 一模多腔时分浇道的截面积为各浇口截面积之和,分浇道的截面积总和不大于主流道截面积。

（2）分浇道和型腔的分布应排列紧凑间距合理,以轴对称或中心对称而平衡,尽量缩小成型区域的总面积。并使型腔和分浇道在分型面上的总投影面积的几何中心与锁模力的中心重合。

（3）分浇道的形状要考虑分浇道的截面积与周长比最大为好,以减小熔料的散热面积和摩擦阻力,减少压力损失。

（4）分浇道长度应尽量短以减少压力损失;多腔模具各腔分浇道长度尽量相等;分浇道较长时应在其末端设冷料穴,防止空气和冷料进入模具型腔。

（5）分浇道上转向次数尽量小,转向处应圆角过渡,不能有尖角。

（6）内表面不必很光,$Ra = 1.6\mu m$ 即可。目的是使流料外层在摩擦阻力作用下流动小些,形成冷却皮层,利于对熔融塑料的保温。

（7）分浇道在定模一侧或分浇道延伸较长时,要设分浇道拉料杆,以便开模时拉出分浇道的凝料,并与塑件一起顶出。

4.9.2 分浇道的截面形状

为减少分浇道的压力损失和热损失,需使分浇道的通流截面积最大,而散发热量的内表面积最小。

$$\eta = S/L \qquad (4-13)$$

式中 η——分浇道的效率;

S——分浇道的截面积;

L——分浇道截面周长。

（1）圆形截面。S/L 值最大,即效率最高(周长相等时圆形截面积最大)。一般 $D = 4mm \sim 8mm$。缺点是制造较烦琐,因为它必须分设在模板两侧,在对合时易产生错口现象。

（2）半圆形。效率比圆形稍差,但加工较简单。

（3）梯形截面。加工较简单,截面也利于物料流动,故较常用。

（4）扁梯形。物料流动情况变差,但分浇道冷却比以上其他形状好得多。

4.9.3 分浇道的布局

分浇道的布局取决于型腔的布局,分浇道和型腔的分布有平衡式和非平衡式两种。

4.9.3.1 平衡式分浇道

特点:各分浇道长度、断面尺寸及其形状完全相同,各型腔同时均衡进料,同时注射完毕。

1. 辐射式

以主浇道为圆心,型腔沿圆周均匀分布,分浇道均匀辐射至型腔处,如图 4－22 所示。辐射式分布的缺点:排列不够紧凑,成型区域的面积较大,分浇道较长,必须在分浇道上设顶料杆;划线和加工时必须用极坐标,操作麻烦。

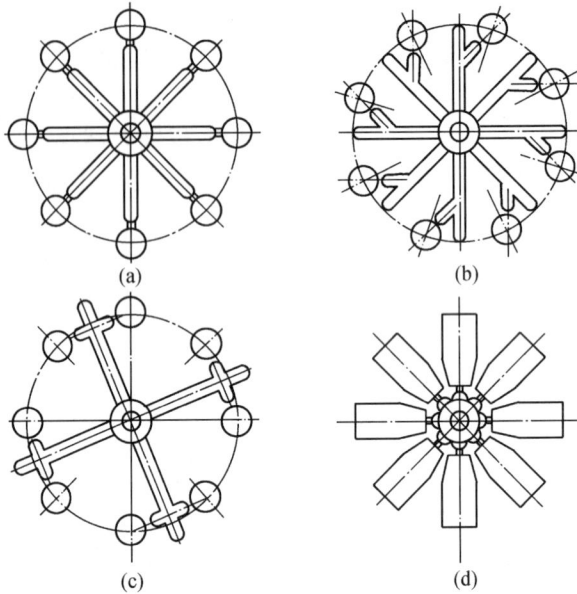

图 4－22 辐射式分浇道

2. 单排列式

分浇道设在定模一侧,便于浇道凝料完整取出,而且不妨碍侧分型的移动。常用于多型腔模具中,或有侧抽芯的多型腔模具中。如图 4－23 所示。

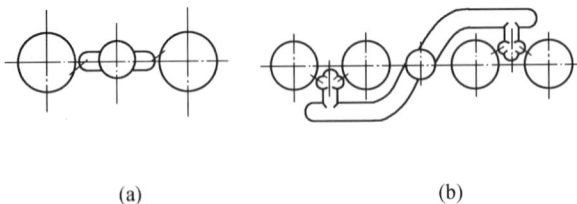

图 4－23 单排列式分浇道

3. Y 形

以三个型腔为一组按 Y 形布局排列,用于型腔数为 3 的倍数的模具,如图 4－24 所示。缺点:分浇道上均无冷料穴。解决措施:在分浇道交叉处设一个拉料杆式冷料井。

4. X 形

四个型腔为一组,分浇道呈交叉的 X 状。如图 4－25 所示。

5. H 形(最常用的一种)

以 4 个型腔为一组,按 H 形布局,用于型腔数为 4 的偶数倍的模具。如图 4－26 所示。H 形排列紧凑对称、平衡,尺寸在模体的 X,Y 坐标方向变化,易于加工。

98

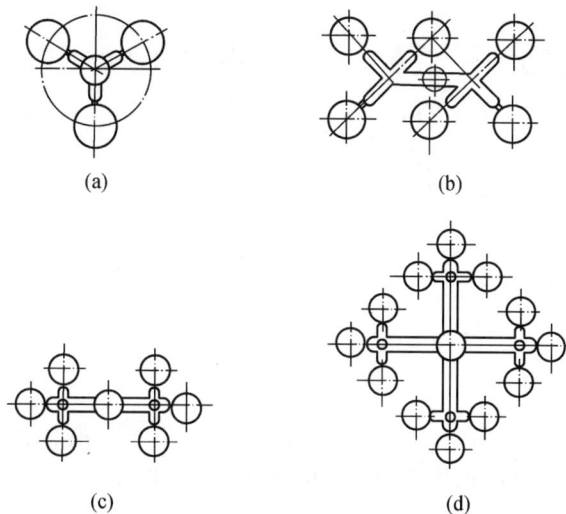

(a)

(b)

(c)

(d)

图 4 - 24　Y 形分浇道

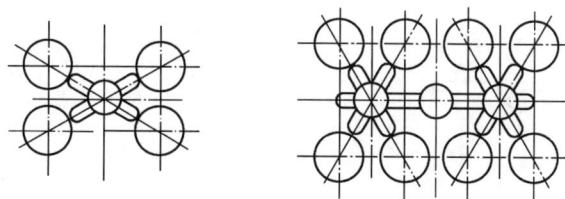

图 4 - 25　X 形分浇道

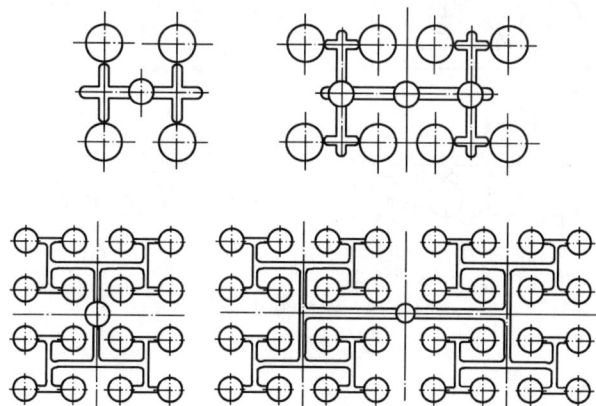

图 4 - 26　H 形分浇道

6. 综合型

如图 4 - 27 所示。

4.9.3.2　非平衡式分浇道

如图 4 - 28 所示。与平衡式分浇道的基本区别在于主浇道到各个型腔的分浇道长度不同,只有将浇口尺寸做得不同,即靠近主浇道的浇口长度 L_1 > 远离主浇道的浇口长度

(a)　　　　　　　　　　　　　(b)

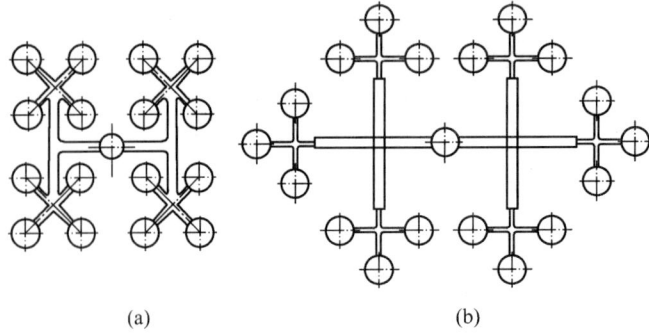

图 4 - 27　综合型分浇道

L_2,或靠近主浇道的浇口截面积 $S_1 <$ 远离主浇道的浇口截面积 S_2,才能增大近距离模腔的流动阻力。非平衡式分浇道优点:可缩短分浇道的总长度。

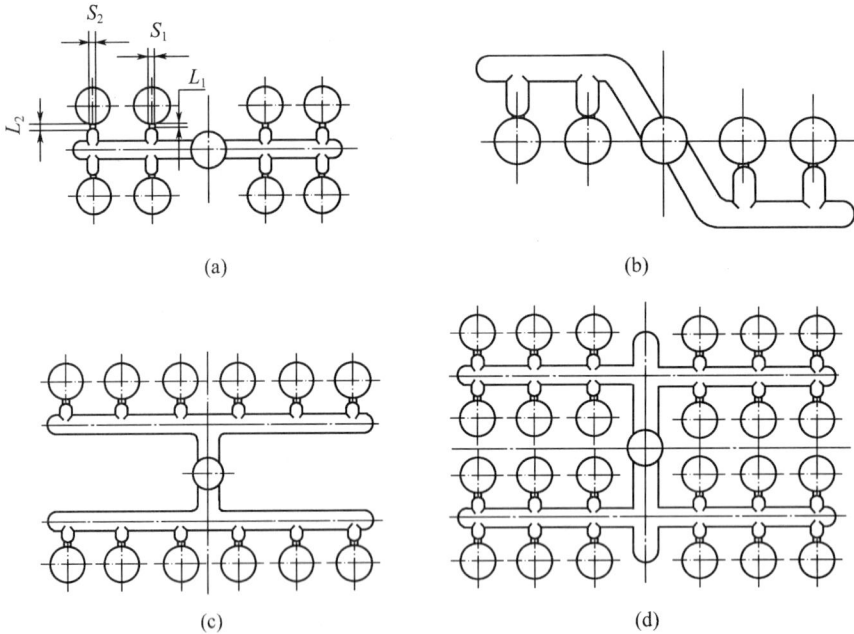

(a)　　　　　　　　　　　　　(b)

(c)　　　　　　　　　　　　　(d)

图 4 - 28　非平衡式分浇道

4.9.3.3　单腔分浇道

1. 单腔中心进料

塑件在分型面的投影是连续地采用中心进料方式,即不设分浇道,熔料从主浇道流经浇口直接进入型腔,如图 4 - 29 所示。

2. 利用空心空间进料

若塑件外形上有一足够的空心空间如框形、环形、U 形等,则利用空心空间进料。

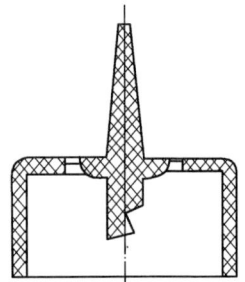

图 4 - 29　单腔中心进料

4.9.4 分浇道的计算

分浇道的尺寸据塑件的成型体积、塑件壁厚及形状、所用塑件的性能及分浇道长度等因素确定,对壁厚小于3mm,质量在200g以下的塑件可用经验公式。

$$D = 0.2654W/L \tag{4-14}$$

式中　　D——分浇道直径,mm;

　　　　W——流经分浇道的塑料量,g;

　　　　L——分浇道长度,mm。

对于黏度大的塑料,按上式算出的 D 乘以系数 1.2~1.25。

常用塑料的注射件分浇道尺寸如表 4-4 所列。

表 4-4　部分塑料常用分浇道直径推荐范围　　　　　单位:mm

塑料名称	截面直径	塑料名称	截面直径	塑料名称	截面直径
ABS、AS	4.87~5.9	聚丙烯	5~1	热塑性聚酯	3.5~8
聚乙烯	1.6~9.5	聚苯乙烯	3.5~10	聚苯醚	6.5~10
尼龙类	1.6~9.5	软聚氯乙烯	3.5~10	聚砜	6.5~10
聚甲醛	3.5~10	硬聚氯乙烯	6.5~16	聚苯硫醚	6.5~13
丙烯酸塑料	8~10	聚氨酯	6.5~8		

4.10　浇口的设计

4.10.1　浇口的基本类型

浇口设计与塑件技术要求形状、断面尺寸、成型性能、模具结构、注射工艺等有关。

4.10.1.1　直接浇口

如图 4-30 所示,熔融塑料经主浇道直接注入型腔,又称主浇道型浇口、非限制性浇口,适用于单腔的深腔塑件和大型塑件。直接浇口设在塑件底部,冷料穴 0.5t;浇口大直径 $D \leqslant 2t$,且主浇道长度尽量短。

1. 直接浇口的优点

(1) 浇口截面较大,流程较短,流动阻力小,适用于深腔,壁厚,流动性差的壳类塑件。

(2) 模具结构简单紧凑,便于加工,流程短,压力损失小。

(3) 保压补缩作用强,易于完全成型。

(4) 有利于排气及消除熔接痕。

2. 直接浇口的缺点

(1) 除去浇口凝料较困难,塑件有明显浇口痕迹。

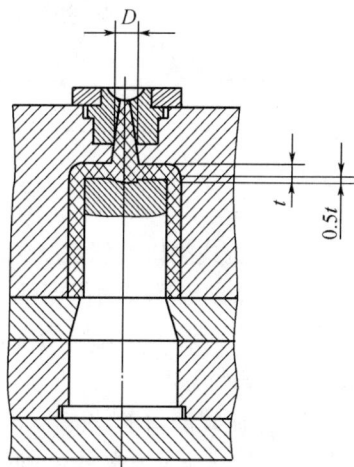

图 4-30　直接浇口

（2）浇口附近熔料冷却较慢,成型周期长,影响成型效率。

（3）易产生内应力引起塑件变形,或产生气泡、开裂、缩孔等缺陷。

（4）只适用于单腔模具。

4.10.1.2 盘形浇口

盘形浇口是直接浇口的变形,如图 4-31 所示,适用于通孔较大的塑件。

1. 盘形浇口的优点

（1）进料均匀,分子链及纤维取向趋于一致,从而减小内应力,提高塑件尺寸稳定性。

（2）不易产生熔接痕,利于提高塑件机械性能。

（3）注射时气体有序地从分型面周边排气避免气泡、填充不满等现象。

（4）易于清除浇口凝料,塑件表面无明显痕迹。

2. 盘形浇口的缺点

盘形浇口与型腔形成密封空间,塑件脱模时内部形成真空,故脱模困难,必须设置进气杆或进气槽等进气通道。

图 4-31　盘形浇口

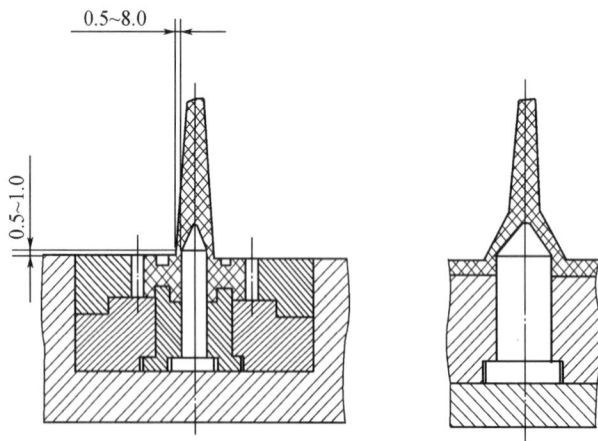

4.10.1.3 分流式浇口

分流式浇口如图 4-32 所示。在动模型芯头部设一圆锥体,起分流作用。

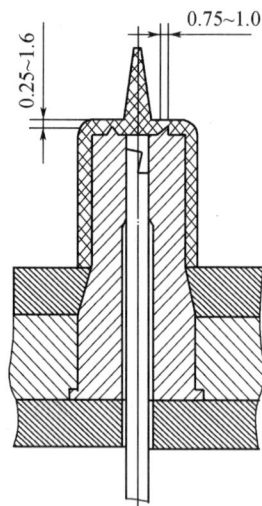

图 4-32　分流式浇口

1. 分流式浇口的优点

（1）除盘形浇口的优点外,由于圆锥的分流作用,料流更通畅。

（2）分流锥除分流作用外,还是塑件内孔的型芯,其直面应高出塑件 0.5mm ~ 1mm 以使内孔完整。

2. 分流式浇口的缺点

（1）只适于通孔较小的塑件。

（2）浇口痕迹在塑件端面。

102

4.10.1.4 轮辐式浇口

轮辐式浇口是盘形浇口的变异形式,即将盘形浇口的整个圆周进料改为轮辐式几小段圆弧进料,如图 4-33 所示。

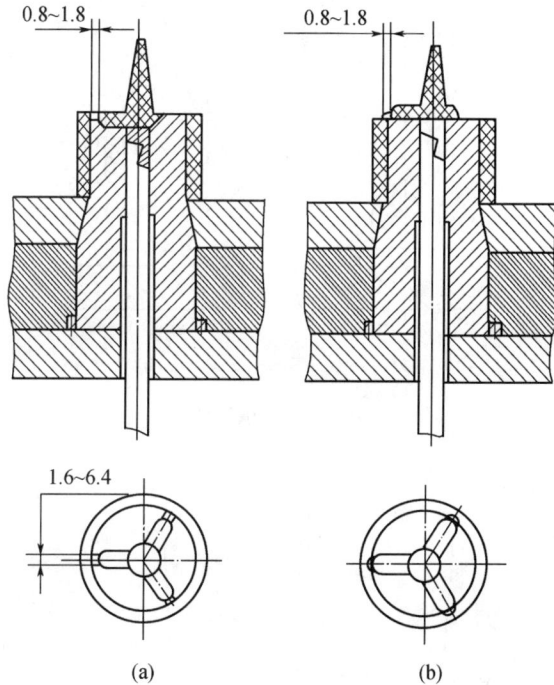

图 4-33 轮辐式浇口

1. 轮辐式浇口的优点
（1）具有盘形浇口的优点。
（2）浇口小,易去除浇口凝料且减小了塑料用量。
（3）克服了盘形浇口因形成真空,塑料件难以脱模的问题。
2. 轮辐式浇的缺点
产生熔接痕,影响塑件强度。

4.10.1.5 爪形浇口

爪形浇口是分流式浇口与轮辐式浇口的变异形式,如图 4-34 所示。

它在型芯部的圆锥体上或主浇道的内壁上均匀地开设几处浇口,具有分流式和轮辐式浇口的共同特点。其结构特点是型芯顶端圆锥体,伸入定模内起对中定位作用,易保证塑件内孔与外形同心度,用于内孔较小或有同心度要求的管状塑件,缺点是易产生熔接痕。

4.10.1.6 点浇口

又称针状浇口,用于流动性较好的塑料 PZ、PP、ABS、PS 及尼龙类。点浇口的结构形式如图 4-35 所示。

1. 点浇口的优点
（1）因浇口截面积小($d = 0.5\text{mm} \sim 1.8\text{mm}$),熔料通过时有很高的剪切速率和摩擦,

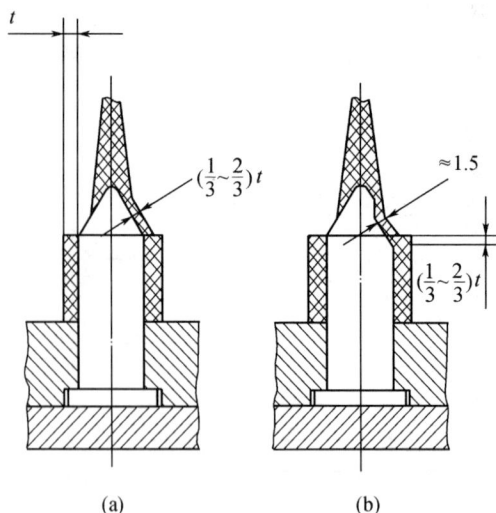

图 4-34　爪形浇口

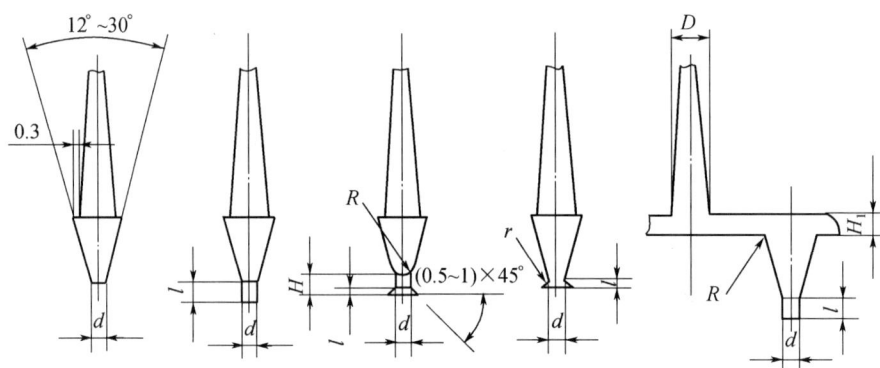

图 4-35　点浇口的结构形式

从而产生热量,提高熔料温度,同时降低了黏度,利于流动使塑件外形清晰,表面光洁。

(2) 因浇口开模时即被拉断,呈不明显圆点痕,故点浇口可开在塑件任何位置而不影响外观。

(3) 一般开在塑件顶部,注射流程短,拐角小,排气好,易于成型。

(4) 应用广泛,适用于外观要求较高的壳类或盒类塑件的单腔模、多腔模等各种模具。

2. 采用点浇口时应注意的问题

(1) 因直径小,注射压力损失大,引起的收缩率大,浇口附近会产生较大的内应力而引起翘曲、变形等缺陷,故应尽量缩短浇口长度。

(2) 为清除浇注凝料,须采用三板式模具结构,图 4-36 为典型的三板式点浇口自动脱落模。

(3) 不宜成型平薄塑件及不允许有变形的塑件。成型制品时若采用单个点浇口则因流程长,而导致熔接处料温过低,熔接不牢,形成明显熔接痕,影响塑件外观和强度。同时

104

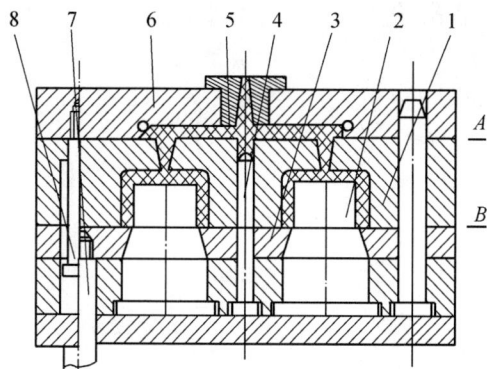

图 4 - 36　三板式点浇口自动脱落模

1—定模；2—型芯；3—脱模板；4—拉料杆；5—浇口套；

6—定模板；7—推杆；8—限位杆。

因料温差异大而引起塑件扭曲变形,故应采用多点进料形式,如图 4 - 37 所示。

（4）浇口附近熔料流速很高,造成分子高度定向,增加局部应力,壁薄塑件易发生开裂,在不影响制品使用性能前提下,局部加大浇口对面塑件壁厚并使之呈圆弧过渡,如图 4 - 38 所示。

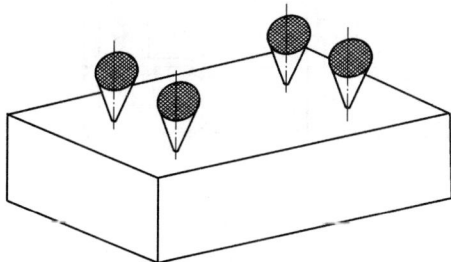

图 4 - 37　单腔多点浇口

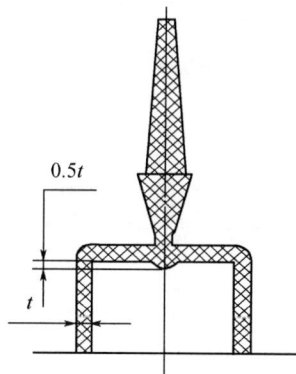

图 4 - 38　薄壁塑件的点浇口形式

4. 10. 1. 7　侧浇口

侧浇口开设在模具分型面处,从塑件侧面进料,适用于一模多腔。

1. 侧浇口的优点

（1）截面为扁平形状,冷却时间短,从而缩短成型周期,提高生产效率。

（2）易去除浇注系统凝料而不影响塑件外观。

（3）可根据塑件形状特点灵活多样选择浇口位置。

（4）因截面小,熔料受挤压和剪切,改善了流动状况,便于成型和提高制品表面光洁度;同时减小了浇口附近的残余应力,避免变形、开裂及流动纹的出现。

（5）浇口在分型面上且形状简单,故易加工,且可随时调整尺寸,使各型腔浇注平衡。

2. 使用侧浇口应注意的问题

（1）压力损失大,需用较大的注射压力或缩短浇口长度。

（2）易形成熔接痕、缩孔、气泡等缺陷，设计时需考虑浇口位置的选择和排气措施。

3. 侧浇口的结构形式

（1）矩形侧浇口。如图 4 - 39、图 4 - 40、图 4 - 41 所示。

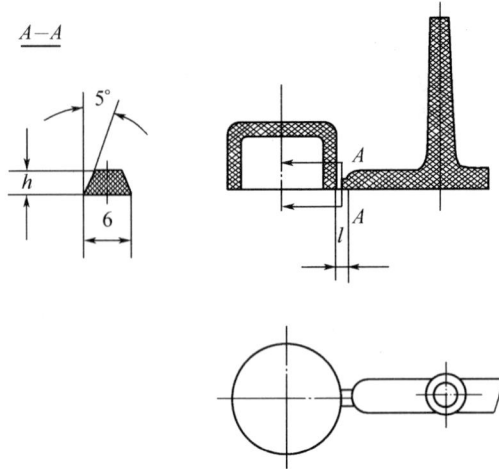

图 4 - 39　矩形侧浇口基本形式

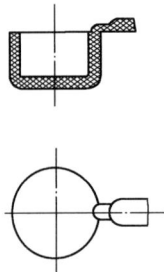

图 4 - 40　侧浇口端面进料

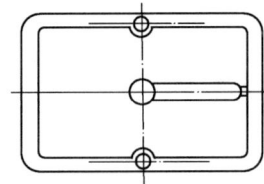

图 4 - 41　侧浇口内侧进料

（2）扇形浇口。是矩形浇口的变异形式，广泛用于注射长条或扁平面薄壁塑件，托盘、盖板等。从分浇道到型腔方向的宽度渐宽而厚度渐薄，如图 4 - 42 所示。

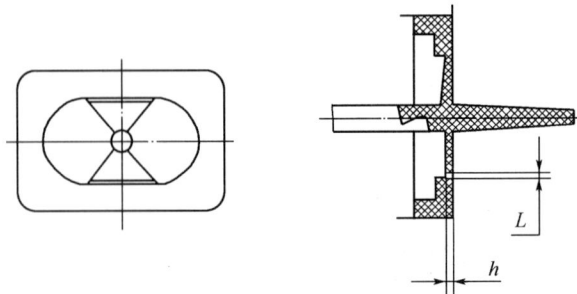

图 4 - 42　扇形浇口

优点：熔融塑料横向均匀进入型腔，减少了流纹和定向效应，降低了塑件内应力和带入空气的可能性，防止了塑件翘曲变形和气泡的产生。

106

缺点:沿塑件侧壁浇口痕迹较长,切除工作量大,且影响塑件美观,故设计时浇口厚度应尽量小,取 $h = 0.2mm \sim 0.8mm$(不能大于塑件壁厚的 $1/2$),长度 $L = 0.7mm \sim 1.5mm$,宽度根据具体情况定,但浇口的总截面积不大于主浇道的截面积。

(3)平缝式浇口。矩形浇口的变异,适用于薄板或长条状制品。

优点:熔料以较低流速,呈平行状态,平稳均匀地流入型腔,降低了塑件内应力,减少了翘曲变形。图4-43为平缝式浇口示意图和基本尺寸。图4-44为浇口对料流的影响示意图。

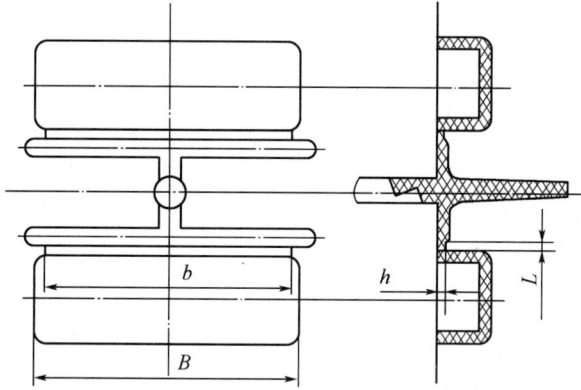

图4-43 平缝式浇口

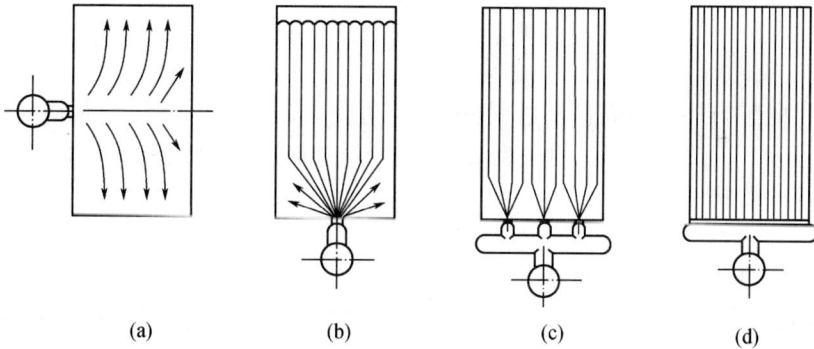

图4-44 浇口对料流的影响示意图

注意问题:平缝式浇口的选择应注意防止塑件的变形,同时要考虑合模力的平衡,如图4-45所示。

4.10.1.8 环形浇口

环形浇口如图4-46所示。这种浇口主要用于圆筒形塑件或中间带通孔的制品。这样可使进料均匀,在整个圆周上的流速大致相同且排气条件良好,具有理想的填充状态。同时还避免了采用侧浇口时在型芯对面出现的熔接痕,而且流程短,弯折少,压力损失小。其缺点是去除浇口比较困难,而且只能用于单型腔模,其典型浇口厚度为 $0.25mm \sim 1.6mm$,浇口台阶长度约为 $1mm$。另外,还可采用锥形型芯的形式(图4-46(a)),对塑料可以起到分流的作用。

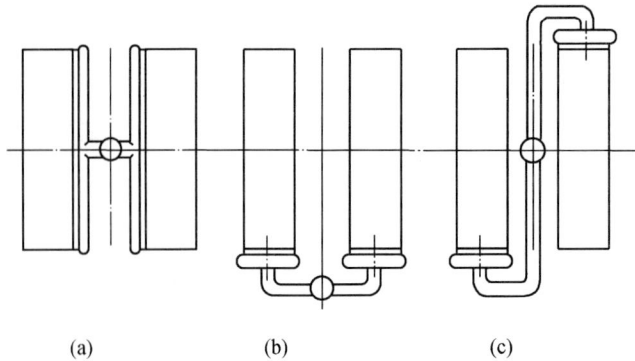

图 4 – 45　浇口位置对浇注状况的影响

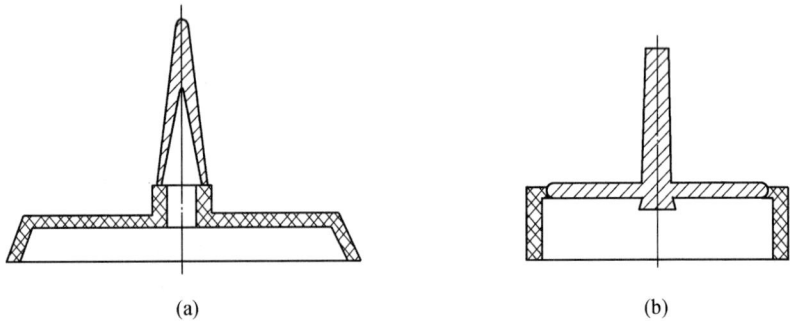

图 4 – 46　环形浇口

　　沿塑件的整个外圆周而扩展进料的浇口,可使熔融的塑料环绕型芯均匀进入型腔。优点是流程较短,充模状态好,排气良好,能减少拼缝痕迹;缺点是去除浇口较麻烦。适用于细长的薄壁管状塑件。

4.10.1.9　潜状式浇口

　　潜状式浇口是点浇口的变异形式。分浇道一部分位于分型面上,另一部分呈倾斜状潜伏在分型面的下方(或上方)塑件的侧面或里面,设置脱模时便于自动切断的点状浇口。

　　1. 潜状式浇口除具有点浇口的优点外,还有以下特点

　　(1)位置选择范围广,可在塑件的外表面、侧表面、端面、背面,截面积小,不损伤塑件外表面。

　　(2)开模时即自动切断浇口凝料,无后加工,效率高,易实现自动化。

　　(3)不同于点浇口模具的三模板二次开模取出凝料,潜伏式浇口只用二板式一次开模即可。

　　(4)用专用铣刀加工,方便。

　　2. 潜伏式浇口的几种形式

　　(1)拉切式:分浇道设在主分型面上,浇口潜入型腔板一侧,斜向进入型腔,如图 4 – 47 所示。

　　(2)推切式浇口:浇口在动模一侧,如图 4 – 48 所示。

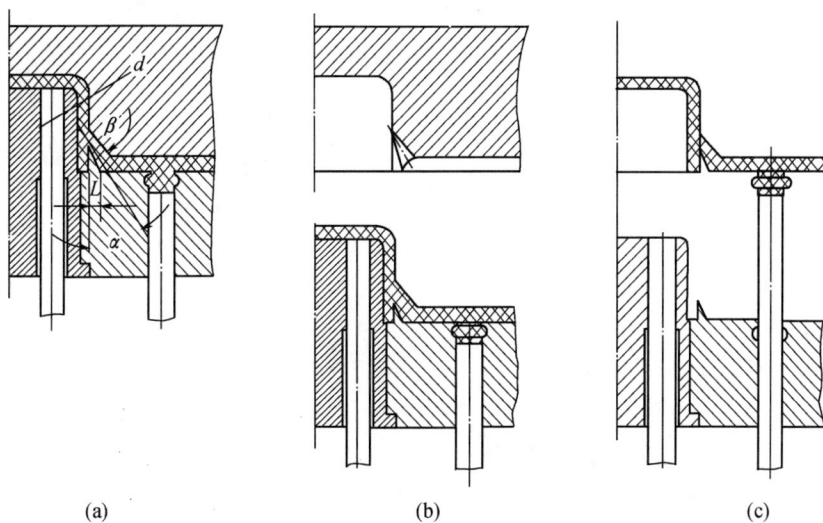

图 4 – 47　拉切式潜伏浇口的基本形式

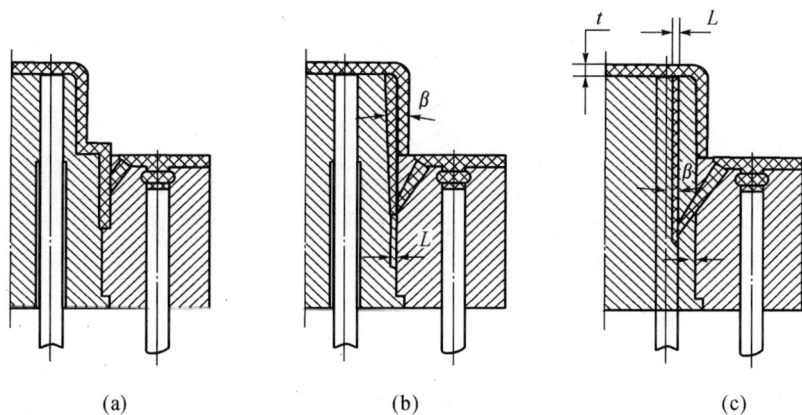

图 4 – 48　推切式潜伏浇口

（3）复式浇口：用于细长塑件，是在细长塑件底部设两均匀的潜伏式浇口，如图 4 – 49 所示。

4.10.1.10　护耳形浇口

护耳形浇口如图 4 – 50 所示。自分浇道的料流经过浇口不直接进入型腔，而是先进入直浇口垂直的耳槽侧壁上，从而缓冲了流速，改变了流向，使之平滑均匀地流入型腔，故可减小浇口附近的残余应力，并防止涡流的产生，利于塑件外观。适用于对应力敏感的材料，如硬聚氯乙烯、聚碳酸酯、ABS、有机玻璃等。

1. 护耳形浇口的优点

（1）浇口附近局部应力集中得到缓解。

（2）由浇口引起的变形、翘曲、缩孔等缺陷集中在耳槽部位，成型后被切除，保证塑件质量。

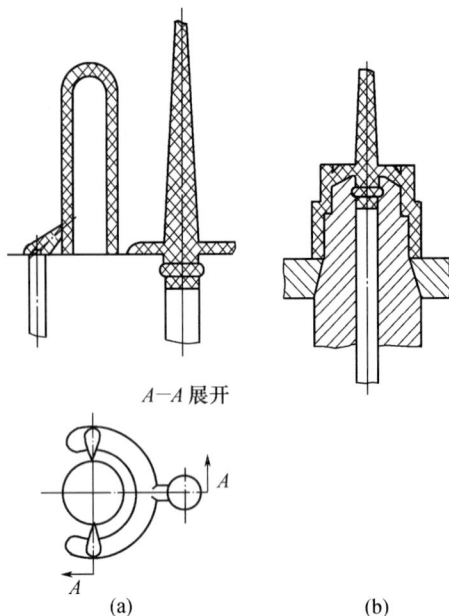

$A-A$ 展开

(a)　　　　　　　　　　(b)

图 4 - 49　复式潜伏浇口

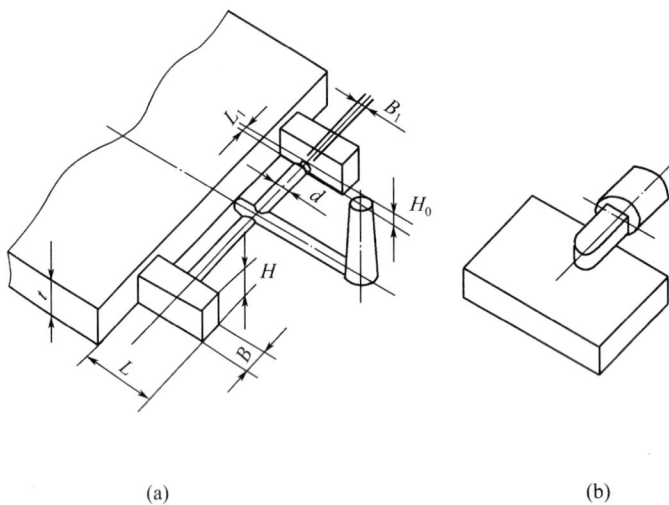

(a)　　　　　　　　　　(b)

图 4 - 50　护耳形浇口

2. 护耳形浇口的缺点

去除浇注凝料较麻烦。

4.10.2　浇口设计要点

（1）选择在不影响塑件外观的部位,如图 4 - 51 所示。

（2）浇口应不影响塑件的使用性能,如图 4 - 52 所示。

（3）应尽量避免产生喷射和蠕动现象,如图 4 - 53 所示。

（4）应开设在壁厚处以保证最终压力有效地传到塑件厚部,利于填充与补料。

110

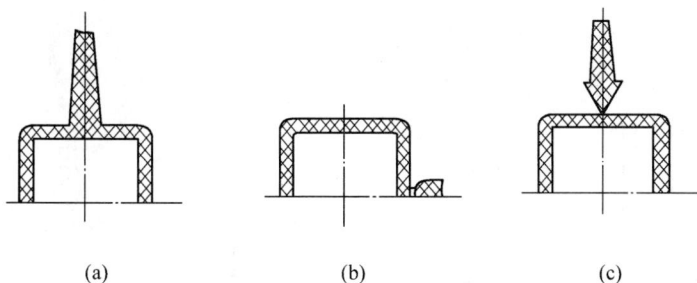

(a)   (b)   (c)

图 4 - 51　浇口应不影响外观整洁

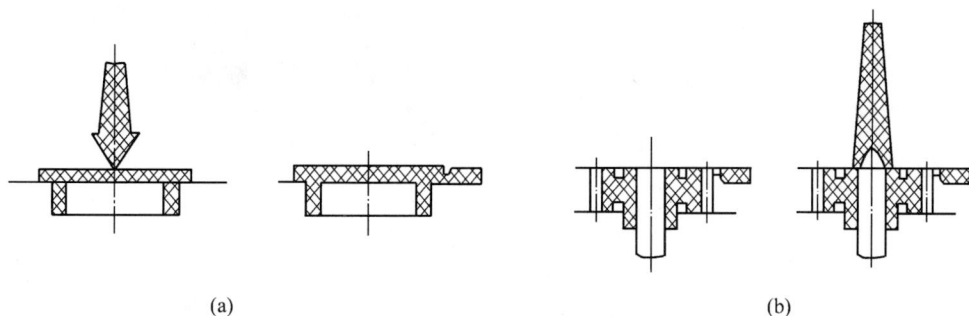

(a)   (b)

图 4 - 52　浇口应保证使用性能

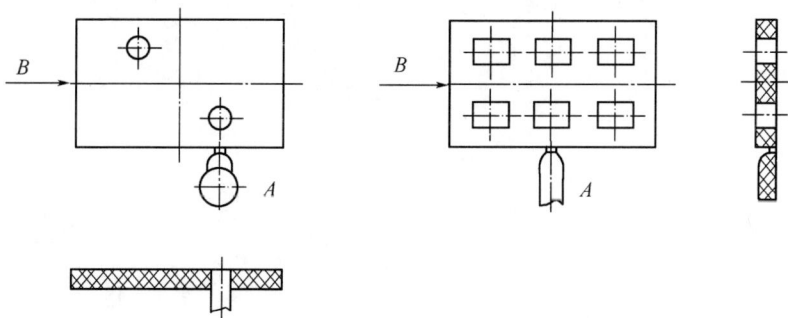

图 4 - 53　浇口避免正对较大型腔

A—良好；B—较差。

（5）尽量缩短流程，减少变向，以降低压力损失，如图 4 - 54(a)、(b)所示。

（6）应利于型腔内气体的排出。

（7）尽量避免熔接痕，如图 4 - 55、图 4 - 56、图 4 - 57、图 4 - 58 所示。

（8）避免引起塑件变形，防止料流将型腔型芯和嵌件撞压变形，如图 4 - 59、图 4 - 60 所示。

（9）尽量设在便于熔体流动的方向，如图 4 - 61 所示。

（10）应便于清除凝料，如盘形、轮辐或爪形、潜伏式。

（11）浇口与分浇道的连接处应采用圆弧或斜面相连，平滑过渡，如图 4 - 62 所示。

（12）初始值应取较小，为试模时必要的修正保留余地。

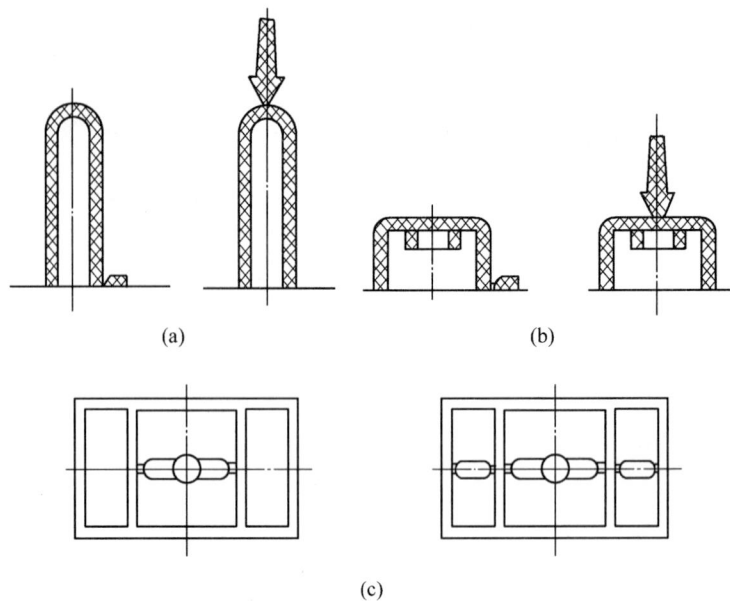

(a)   (b)

(c)

图 4 – 54   浇口流程尽量短

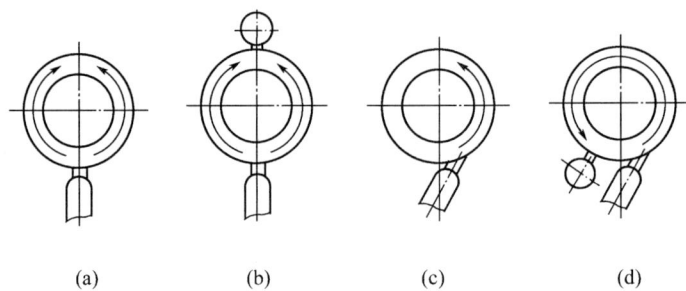

(a)   (b)   (c)   (d)

图 4 – 55   圆环形塑件的浇口比较

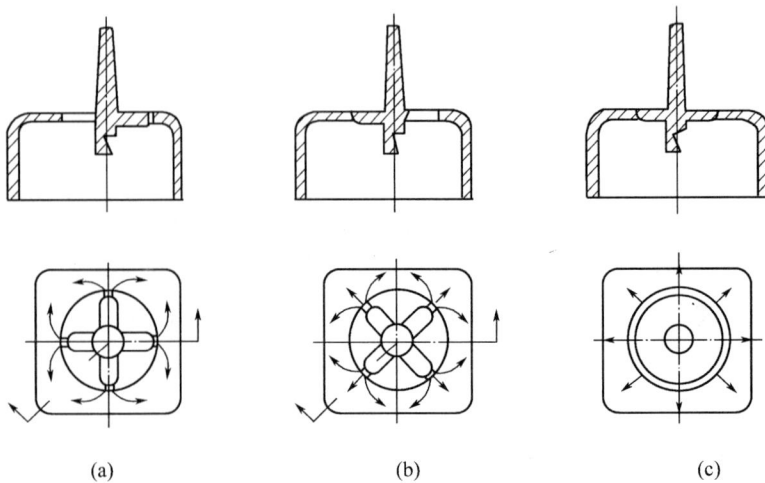

(a)   (b)   (c)

图 4 – 56   进料形式对塑件强度的影响

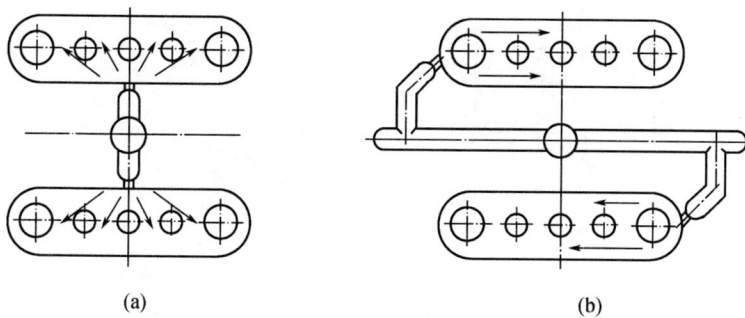

图 4 - 57　长条形塑件的进料

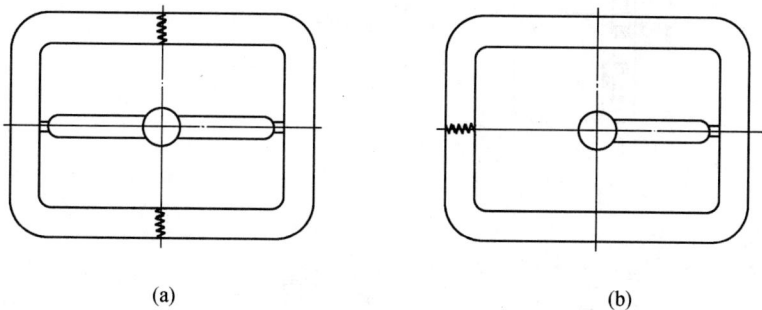

图 4 - 58　浇口数量对熔接痕的影响

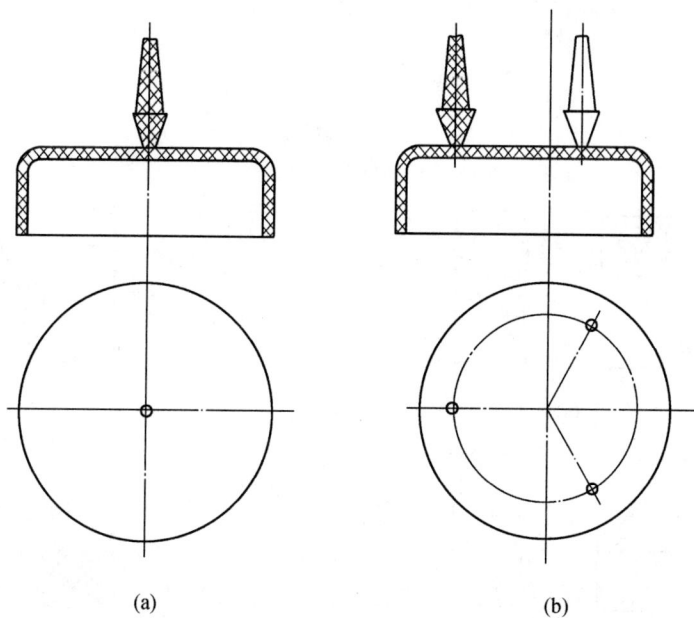

图 4 - 59　多点浇口可防止塑件变形

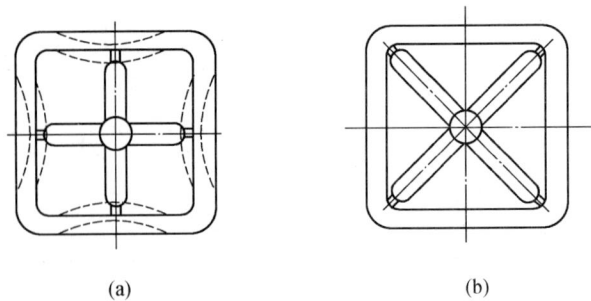

(a)　　　　　　　　　　　(b)

图 4 - 60　浇口设在拐角处

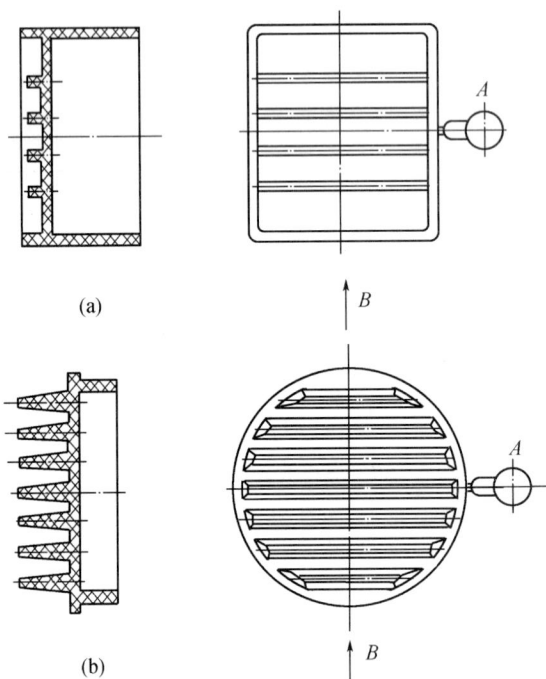

(a)

(b)

图 4 - 61　浇口应设在熔料便于流动的位置

A—良好；B—较差。

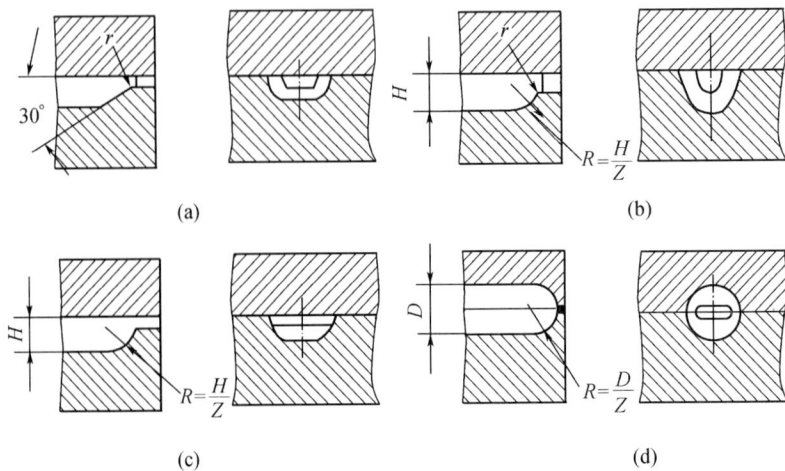

(a)　　　　　　　　　　　(b)

(c)　　　　　　　　　　　(d)

图 4 - 62　浇口与分浇道的连接形式

4.11 冷料穴和拉料脱模装置

4.11.1 冷料穴

在主浇道的末端(主浇道正对面的动模板上)或分浇道的末端。

1. 冷料穴的作用

(1)储存注射间歇期间喷嘴前端的冷料,以防止其进入浇道,阻塞或减缓料流进入型腔,在塑件上形成冷疤或冷斑。

(2)将主浇道凝料拉出。

2. 冷料穴的尺寸

直径大于主浇道大端直径,长度约为主浇道大端直径,如图 4 - 63 所示。

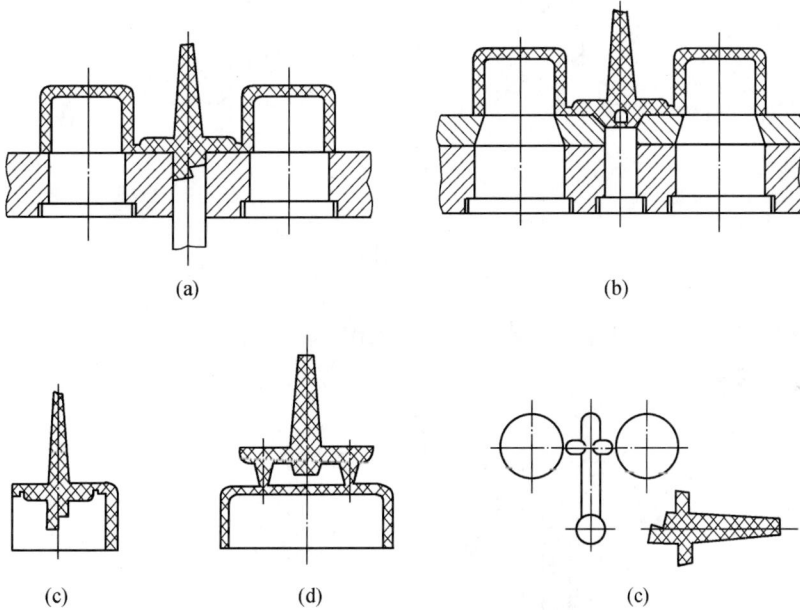

(a)   (b)

(c)   (d)   (c)

图 4 - 63 冷料穴的基本形式和位置

4.11.2 拉料脱模装置

4.11.2.1 拉料装置的设计

(1) Z 型拉料杆式拉料装置:由冷料穴和 Z 型拉料杆组成,基本形式和主要尺寸如图 4 - 64(a)所示。

(2)内环槽式和倒锥式拉料装置,这两种形式是在冷料穴内壁上设阻碍凝料被拔出的结构,如图 4 - 64(b)和图 4 - 64(c)所示。

(3)螺纹拉料装置:在冷料穴一端攻一段线螺纹,如图 4 - 64(d)所示。

(4)利用冷料穴内壁的粗糙面实现拉料。

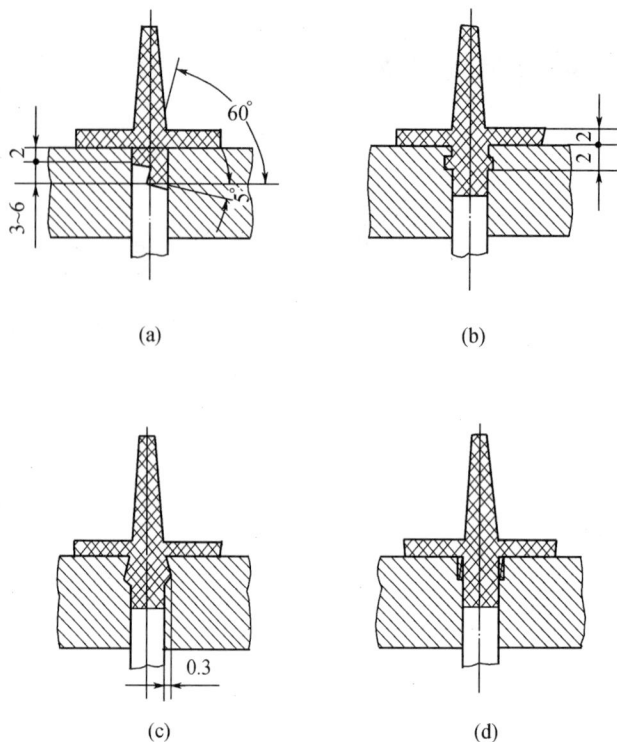

图 4 - 64　拉料杆拉料装置

Z 形拉料杆拉料装置为常用形式,但凝料脱出时需一侧向移动,当模具结构限制不允许时不宜采用,如图 4 - 65 所示。

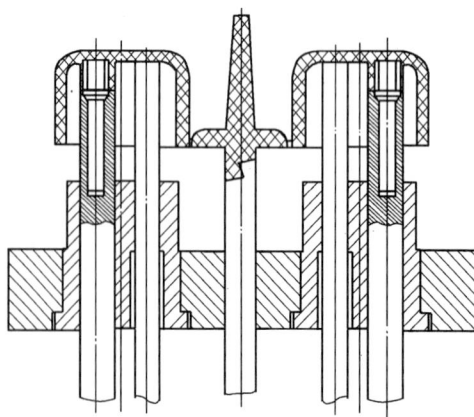

图 4 - 65　不能用 Z 形拉料杆的情况

4.11.2.2　其他拉料杆配合脱模板式拉料装置

由冷料穴、拉料杆和脱模板组成,拉料杆安装在型芯固定板上,不与顶出系统联动,常用的结构形式和主要尺寸如图 4 - 66 所示;动作过程由图 4 - 67 可见,脱模板式拉料装置只适用于采用脱模板推出塑件的模具。

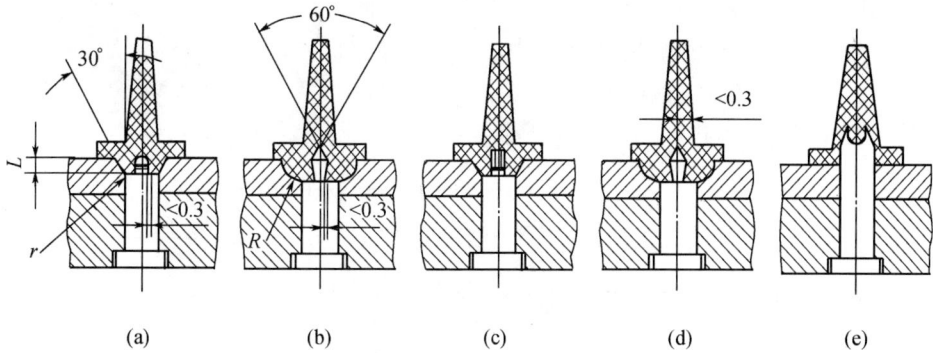

图 4 - 66　脱模板式拉料装置

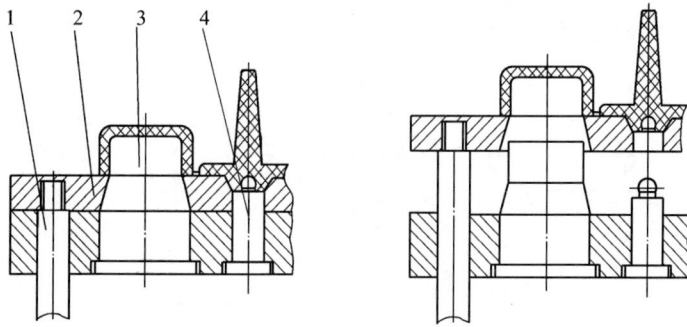

图 4 - 67　脱模板式拉料杆的动作

1—推杆；2—脱模板；3—型芯；4—拉料杆。

4.12　排气和引气系统

4.12.1　排气系统

4.12.1.1　排气系统的作用及气体来源

在注射过程中将型腔中的气体顺利排出，以免塑料产生气泡，疏松等缺陷。模具型腔中的气体来源主要有以下几方面：浇注系统和型腔中原有的空气；塑料中的水分在注射温度下蒸发的水蒸气；塑料熔体受热分解产生的挥发气体；熔体中某些添加剂的挥发和化学反应生成的气体。

4.12.1.2　排气系统的设计要点

（1）保证迅速、有序、通畅，排气速度应与注射速度相适应。

（2）排气槽设在塑料流末端；

（3）应设在主分型面凹模一侧，便于加工和修整，飞边容易脱模和去除；

（4）尽量设在塑件较厚的部位；

（5）设在便于清理的位置以免积存冷料；

（5）排气方向应避开操作区，以防高温熔料溅出伤人；

（7）其深度与塑料流动性、注射压力以及温度有关。

4.12.1.3 排气系统的位置和形式

各种排气位置和形式如图4－68所示。

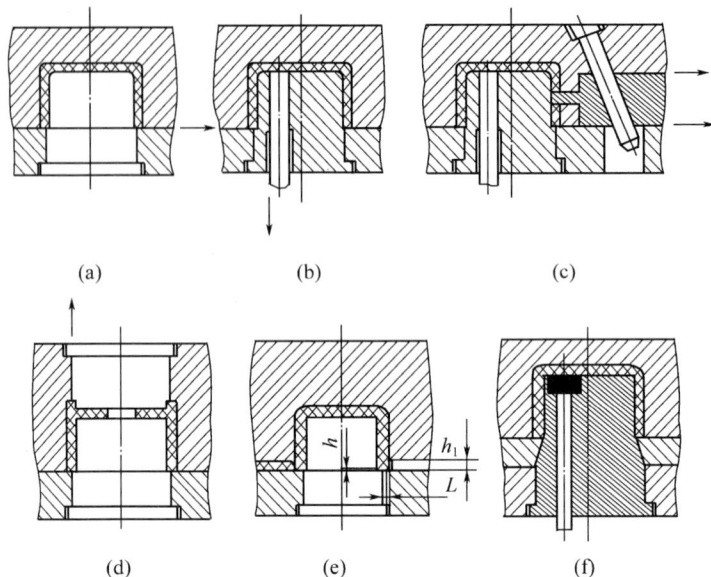

图4－68 排气系统的位置和形式

4.12.2 引气装置

其作用与排气系统相反，是为顺利脱出塑件而采取的一种措施。大型深腔底部密封的壳形塑件，成型后型腔被塑料充满，气体被排除，塑件内孔表面与型芯间形成真空，使脱模困难。引气装置的形式如图4－69所示。

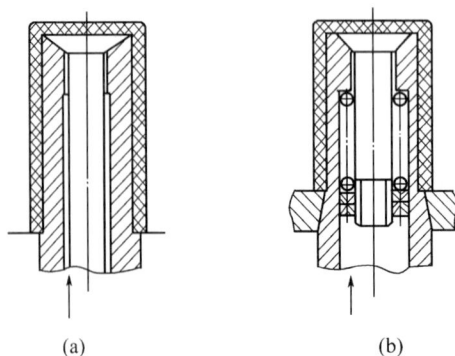

图4－69 引气装置的形式

4.13 顶出机构及其基本形式

在注射成型的每一循环中，塑件必须由模具型腔中取出。完成取出塑件这个动作的机构就是顶出机构，也称为脱模机构。

4.13.1 顶出机构的分类

顶出机构按驱动方式可分为手动顶出、机动顶出、液压和气动顶出。按模具结构可分为一次顶出、二次顶出、螺纹顶出、特殊顶出。

1. 手动顶出

手动顶出是指当模具分型后,用人工操纵顶出机构(如手动杠杆)取出塑件。对一些不带孔的扁平塑件,由于它与模具的黏附力不大,在模具结构上可不设顶出机构,而直接用手或钳子取出塑件。使用这种顶出方式时,工人的劳动强度大,生产效率低,并且顶出力受人力限制,不能很大。但是顶出动作平稳,对塑件无撞击,顶出后制品不易变形,而且操作安全。在大批量生产中不宜采用这种顶出方式。

2. 机动顶出

利用注射机的开模动力,分型后塑件随动模一起移动,达到一定位置时,顶出机构机床上固定不动的顶杆顶住,不再随动模移动,此时顶出机构动作,把塑件从动模上脱下来。这种顶出方式具有生产效率高,劳动强度低且顶出力大等优点;缺点是会对塑件产生撞击。

3. 液压或气动顶出

在注射机上专门设有顶出油缸,由它带动顶出机构实现顶出。若没有专门的气源和气路,则通过型腔里微小的顶出气孔,靠压缩空气吹出塑件。这两种顶出方式的顶出力可以控制,气动顶出时塑件上还不留顶出痕迹,但需要增设专门的液动或气动装置。

4.13.2 顶出机构的设计原则

(1)顶出机构的运动要准确、可靠、灵活,无卡死现象,机构本身要有足够的刚度和强度,足以克服顶出阻力。

(2)保证在顶出过程中塑件不变形,这是对顶出机构的最基本要求。在设计时要正确估计塑件对模具黏附力的大小和所在位置,合理地设置顶出部位,使顶出力能均匀合理地分布,要让塑件能平稳地从模具中脱出而不会产生变形。顶出力中大部分是用来克服因塑料收缩而产生的包紧力,这个力的大小与塑料品种、性能,以及塑件的几何形状复杂程度、型腔深度、壁厚还有模具温度、顶出时间、脱模斜度、模具成型零件的表面粗糙度等因素有关。其影响因素较为复杂,很难准确地进行计算。一般原则是在塑料收缩率越大、塑件壁越厚、型芯尺寸越大、形状越复杂、型腔深度越深、脱模斜废越小、模具温度越低、冷却时间越长及成型零件表面粗糙度越大的情况下,其对模具的包紧力就越大。此时就应选择顶出力较大的顶出方式。

(3)顶出力的分布应尽量靠近型芯(因型芯处包紧力最大),且顶出面积应尽可能大,以防塑件被顶坏。

(4)顶出力应作用在不易使其产生变形的部位,如加强筋、凸缘、厚壁处等。应尽量避免使顶出力作用在塑件平面位置上。

(5)若顶出部位需设在塑件使用或装配的基准面上时,为不影响塑件尺寸和使用,一般使顶杆与塑件接触部位处凹进塑件0.1mm左右,而顶出杆端面则应高于基准面,否则塑件表面会凸起,影响基准面的平整和外观。

4.13.3 顶出机构的基本形式

4.13.3.1 顶杆顶出机构

1. 基本形式

常用断面形状有圆形、矩形、腰形、半圆形、弓形和盘形等,如图4-70所示。

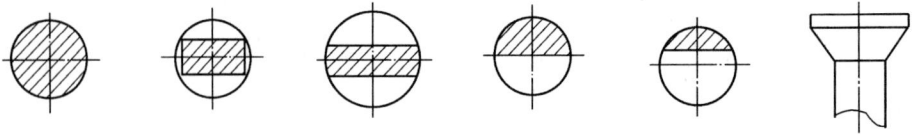

图 4 - 70 顶杆常用断面形状

（1）圆形。易加工，容易保证配合精度及互换性，易于更换，滑动阻力最好、不卡滞，应用最广。

（2）矩形。用于深而窄的立墙和立筋型腔中，因狭窄的顶出孔难加工，故其顶出位置多选择在组合型芯的拼合处，如图 4 - 71 所示。

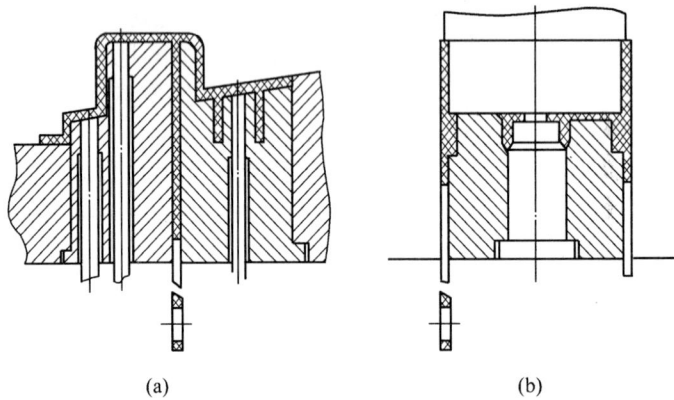

(a)　　　　　　　　　　　　(b)

图 4 - 71 矩形顶杆的应用实例

（3）半圆形。多用于在塑件外缘处顶出，也经常在靠近型芯镶块附近处采用。半圆形顶杆加工较易但半圆形顶杆孔加工则较为困难。

（4）盘形。用于深腔、脱模斜度小、薄底的筒形塑件，如图 4 - 72 所示。

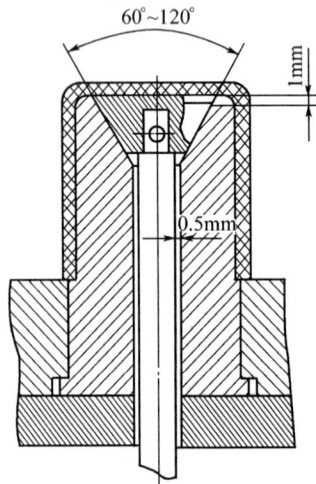

图 4 - 72 盘形顶杆的应用实例

120

2. 顶杆的结构形式和固定形式

（1）顶杆的结构形式，如图 4 – 73 所示。

（2）顶杆的固定方式，如图 4 – 74 所示。

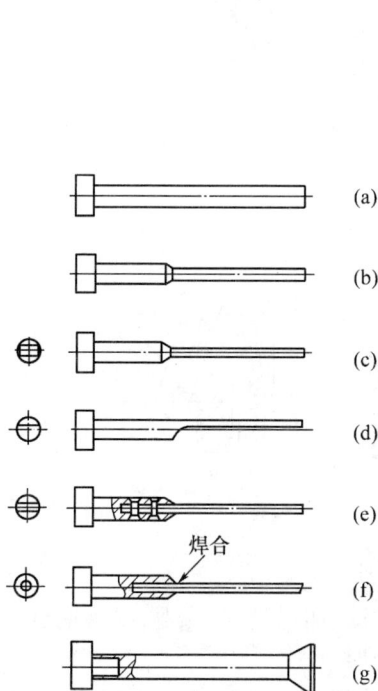

图 4 – 73　顶杆的结构形式

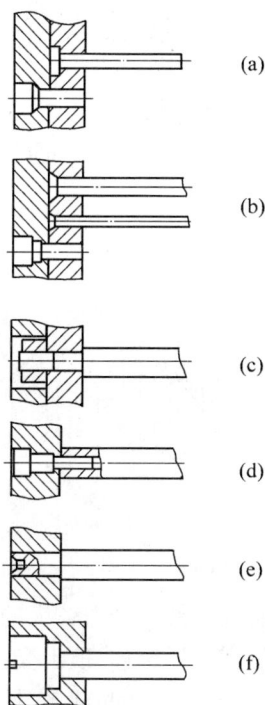

图 4 – 74　顶杆固定方式

配合长度 L：当 $d < 6mm$ 时，$L = 2d$；当 $6mm \leqslant d \leqslant 10mm$ 时，$L < 1.5d$。

配合精度：理论上，单边间隙不大于塑料的允许溢边值即可。实际上要求总间隙不大于塑料的允许溢边值。因各种塑料的溢边值不同，故顶杆和顶杆孔的配合精度范围为 H8/f8 ~ H9/f9。

顶杆和顶杆孔的配合间隙在注射时起排气作用，间隙大则排气功能好。故选择间隙时需兼顾排气和溢料两方面。

（3）顶杆的组装精度，如图 4 – 75 所示。

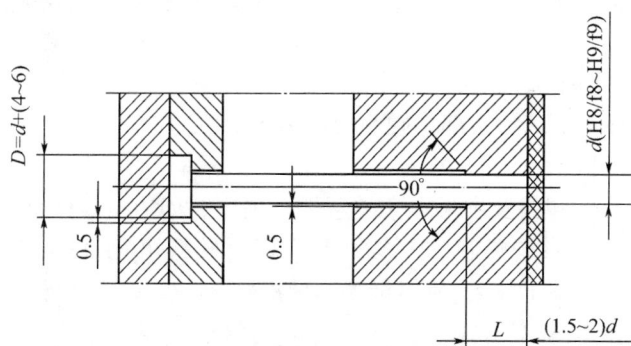

图 4 – 75　顶杆的组装精度

3. 顶杆顶出机构的设计要点

（1）设在脱模阻力较大部位。成型件侧壁、边缘、拐角等处,如图4-76所示。

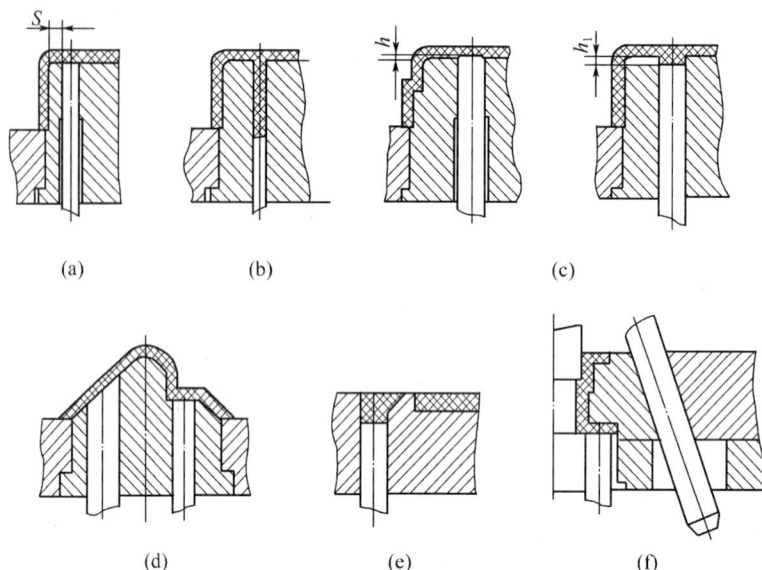

图4-76　顶杆顶出的设计要点

（2）设在塑件承受力较大的部位。如较厚处、立壁、加强筋、凸缘上,以防顶出变形。

（3）位置布局合理,顶出受力平衡以避免塑件变形。

（4）在确保顶出的前提下,数量尽量少以简化模具结构,以减少顶出对塑件表面影响。

（5）对有装配要求的塑件,顶杆端面应高出型芯0.1mm～0.5mm,以免影响塑件装配,但不能太高。

（6）顶杆应尽量短以保证顶出时的刚度及强度。

（7）顶杆不宜过细,当 $\varphi < 3$ mm 时,应采用阶梯形提高刚度。

（8）当必须在塑件斜面设置顶杆时,为防止顶出过程中滑动,应在顶杆部斜面上开横槽,如图4-76(d)所示。

（9）当薄、平塑件上不允许有顶出痕迹时,将顶杆设在浇口附近,如图4-76(e)所示。

（10）带侧抽芯机构的模具中,顶杆位置尽量避免与活动型芯发生运动干扰,如图4-76(f)所示。

（11）避开冷却水路。

4. 所用材料:T8A、T10A,头部淬硬50HRC～55HRC。

4.13.3.2　顶管顶出机构

用于中心有圆孔的塑件及环形轴套类塑件。顶出时周边接触塑件,动作稳定可靠,塑件顶出均匀不变形,无明显痕迹,但精度要求高。材料可用T8A、T10A,经淬硬处理50HRC～55HRC。顶管加工较难,应尽量采用标准件。

1. 顶管顶出机构的基本形式

（1）型芯固定在动模座板上,顶管固定在顶杆固定板上。固定方式有四种,如

图4-77所示。

特点:结构可靠,但型芯和顶管太长,制造、装配、调整均困难。

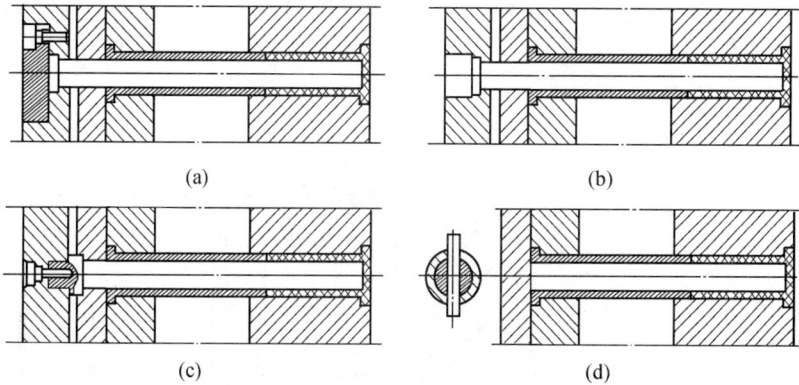

图4-77 顶管顶出的基本形式

(2)缩短顶管的结构,如图4-78所示。型芯固定在动模板上,顶管和顶管座成为一体,另有一辅助推杆。辅助推杆在顶出板的作用下推动顶管座和顶管在型腔板内滑动。这可使顶管和型芯长度缩短,但同时也使型腔板厚度增大。

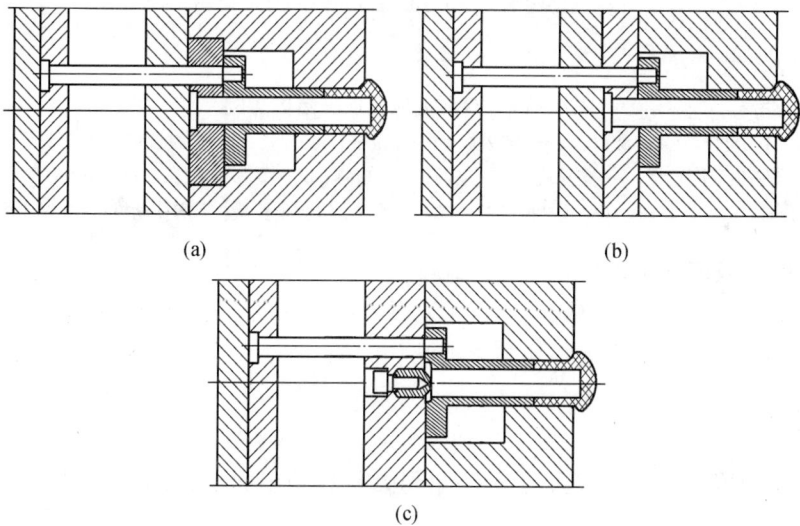

图4-78 缩短顶管的结构

2. 顶管顶出的设计要点

(1)用于顶出塑件的厚度不小于1.5mm,否则强度难保证。

(2)顶管的组装精度与顶杆的组装精度相同。

(3)顶管与型芯保持同心,允差不超过0.02mm~0.03mm。其内孔末端应有0.5mm的间隙以减少与型芯的摩擦磨损,利于排气和加工。

(4)都应设置复位装置,必要时还设导向零件,尤其是顶管直径较小时。

(5)所用材料:T8A、T10A。端部淬硬50HRC~55HRC。最小淬硬长度大于顶管/型腔板的配合长度与顶出距离之和。

3. 实例

参考双顶板顶管顶出结构实例图4-79。其开模过程为:首先定模板3与与型腔板6分开,主浇道从定模板3中脱出;然后注射机的顶杆推动顶杆垫板18,顶杆垫板18再推动拉料杆15和推杆14,在浇道被拉料杆顶出的同时,推杆14再推动垫板10和顶管7,将塑件从型芯11上脱出。

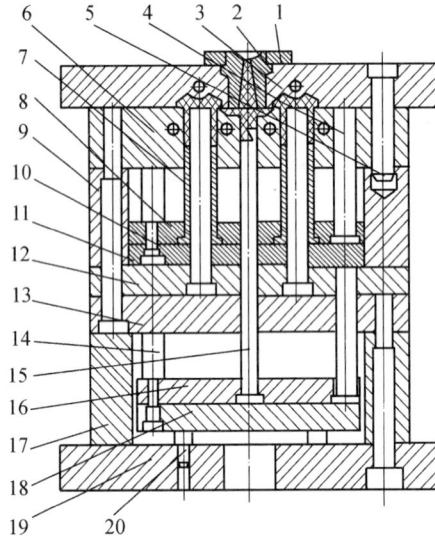

图4-79 双顶板顶管顶出结构实例

1—定位环;2—浇口套;3—定模板;4—复位杆;5—导柱;6—型腔板;7—顶管;
8—顶管固定板;9—支承块;10—垫板;11—型芯;12—型芯固定板;13—支承板;
14—推杆;15—拉料杆;16—顶杆固定板;17—支承块;18—顶杆垫板;19—动模板;20—挡钉。

4.13.3.3 脱模板顶出机构

对于深腔、薄壁塑件如壳体、筒形件或形状复杂的塑件,当不允许有顶出痕时,采用脱模板顶出。即在型芯根部安装一块与之形状相同的、滑动配合的顶板。顶出时,顶板沿型芯周边平移。

1. 特点

(1)顶出位置在抽拔力较大的塑件底部边缘区,顶出面积大,顶出力大且无明显顶出痕迹。

(2)运动平稳,顶出力均匀,塑件不变形。

(3)无需设顶出机构的复位装置,合模时,脱模板靠合模力的作用带动顶出机构复位。

2. 顶出的结构形式

脱模板顶出的常用结构形式如图4-80所示。

3. 脱模板与形芯的配合形式

应避免因相对移动产生的摩擦和磨损。若采用孔径配合,虽加工简单,但弊病如下:

(1)顶出移动时产生滑动摩擦,造成彼此磨损;且脱模板一旦磨损或磨耗,很难修复。

(2)合模复位时,易于在形芯上的尖角发生碰撞而损伤。

(3)垂直配合易因制造误差而产生定位的偏移,使单边的配合间隙过大产生溢料飞边。

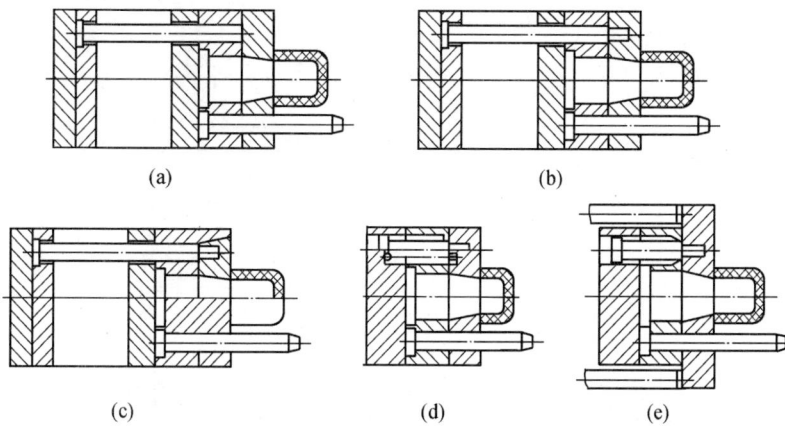

图 4-80　脱模板顶出的常用结构形式

故通常脱模板与型芯均采用斜面配合的形式,如图 4-81 所示。

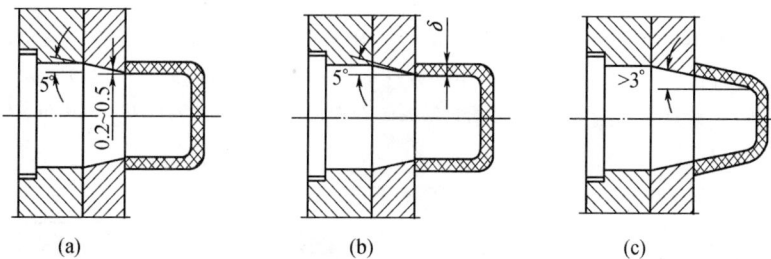

图 4-81　脱模板与型芯的配合形式

4. 脱模板顶出的设计要点

(1) 推动脱模板的推杆应以顶出力为中心均匀分布,以使脱模板受力平衡,平行移动。推杆兼起脱模板的导向作用。尽量加大推杆直径,同时采用 H7/f7 配合精度。

(2) 脱模板与形芯间采用 H8/f8 的间隙配合,既不溢料飞边,又可较好定位。

(3) 脱模板的顶出距离不得大于导柱的有效导向长度。

(4) 脱模板的配合部分做淬硬处理,常用镶件。

5. 脱模板顶出实例

图 4-82 为多型腔脱模板顶出结构实例图。其开模过程为:定模板 5 首先与型腔板 8 分开,在 A 分型面处开模,浇道从定模板 5 中脱出,当限位杆 1 起作用时,拉住托板 4,拉断点浇口;当限位导柱 6 起作用时,拉住型腔板 8,从 B 分型面处开模,使塑件留在型芯 11 上。最后顶杆垫板 17 再推动推杆 14 和脱模板 10,将塑件从型芯上脱出。

4. 13. 3. 4　顶块顶出机构

用于平面度要求较高的平板状塑件或表面不许有顶出痕迹的塑件,如图 4-83、图4-84 所示。

特点:

(1) 顶块推顶整个塑件表面,顶出面积大,顶出力均衡,塑件不变形。

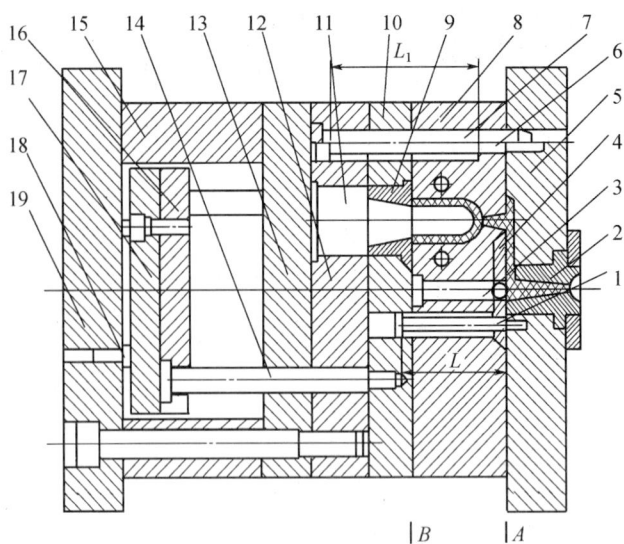

图 4 - 82 多型腔脱模板顶出结构实例

1—限位杆；2—浇口套；3—拉料杆；4—托板；5—定模板；6—限位导柱；

7—动导柱；8—型腔板；9—镶套；10—脱模板；11—型芯；12—固定板；13—支承板；

14—推杆；15—支承块；16—顶杆固定板；17—顶杆垫板；18—挡钉；19—动模板。

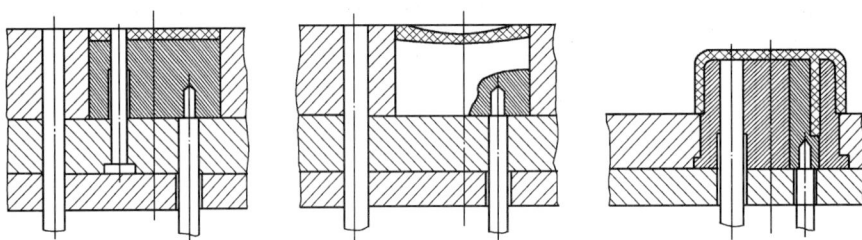

图 4 - 83 顶块顶出的基本形式

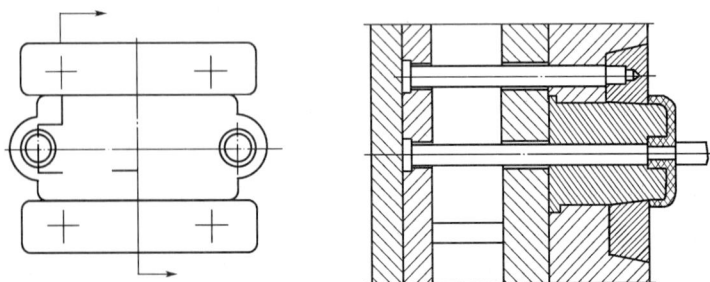

图 4 - 84 顶块局部顶出的结构实例

（2）制作方便。

4.13.3.5 气动顶出机构

对薄壁、深腔壳状塑件,气动顶出可使模具结构简单,省去顶出机构,缩短了模具闭合高度,同时塑件无顶痕。气动顶出简单有效,经济实用。

1. 气动顶出基本形式

气动顶出基本形式,如图 4 - 85 所示。

2. 型芯脱模斜度

如图 4 - 86 所示。当脱模斜度较大时,顶出一段距离后,塑件与型芯之间就会产生缝隙,导致气体下流,顶出力削减,经常会使塑件不能脱下。图 4 - 87 所示采用脱模板气动顶出,可以改善这一现象。

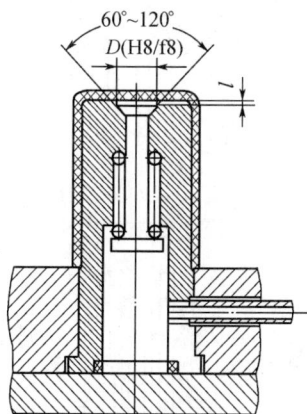

图 4 - 85 气动顶出基本形式

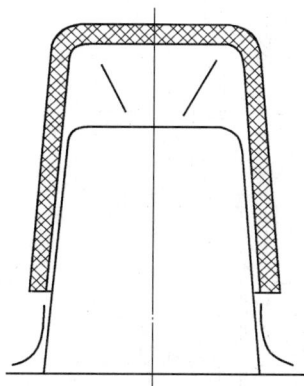

图 4 - 86 型芯脱模斜度

3. 气动顶出设计要点

(1)压缩空气供应充足。多腔模具中各腔供应的压缩空气必须均衡。

(2)气道阀门密封良好,避免塑料溢入;气道密封应良好,防止泄漏影响顶出力。

(3)带底孔的塑件尽量不用气动顶出。

(4)采用气动顶出时,型芯脱模斜度应尽量小。

(5)采用锥形阀气动顶出时,应据塑件底部面积选择合适的锥阀直径和锥度。

(6)矩形塑件采用气动顶出时,可采用两或多个气动顶出,以免塑件受力不均衡,如图 4 - 88 所示。

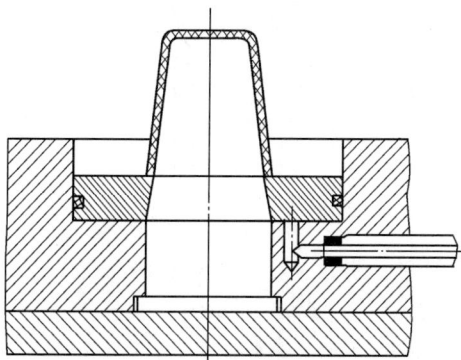

图 4 - 87 采用脱模板的气动顶出

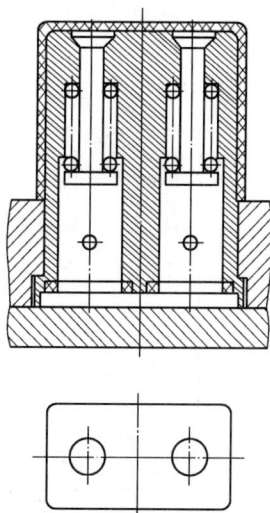

4 - 88 矩形塑料件的气动顶出

4.13.3.6 联合顶出机构

联合顶出机构如图 4 - 89 所示,可分为以下几种:①顶杆(主) + 顶管(辅);②顶板(主) + 顶杆(辅);③脱模板(主) + 顶管(辅);④顶杆(主) + 顶块(辅);⑤气动(主) + 顶杆(辅);⑥脱模板(主) + 顶管 + 顶杆。

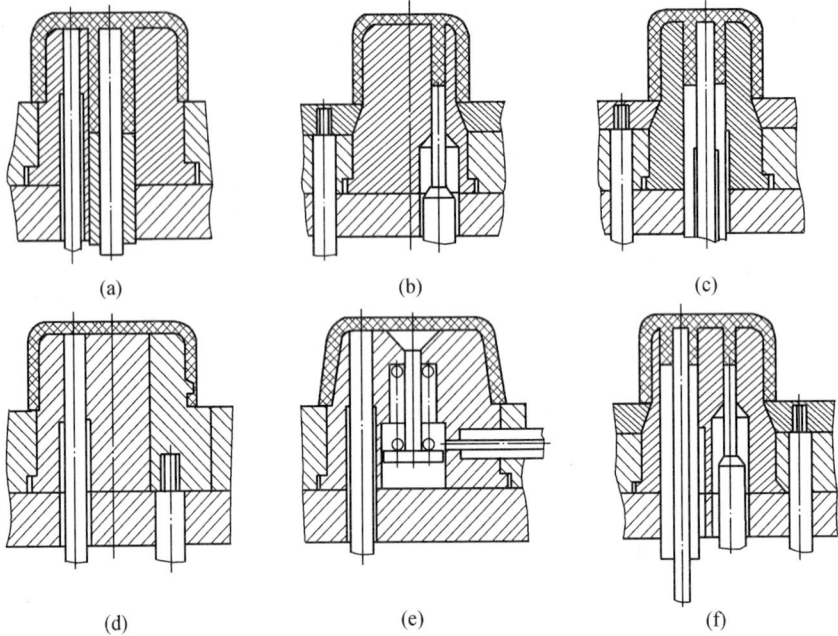

(a)　　　　　　　(b)　　　　　　　(c)

(d)　　　　　　　(e)　　　　　　　(f)

图 4 - 89　联合顶出形式

4.13.3.7 强制顶出机构

塑件内外侧带有较浅的凸、凹环或槽时,可利用塑料的弹性,将凸凹部分强制顶出。

1. 强制顶出的基本条件

(1)塑件应具有足够的弹性。

(2)需强制顶出的凹槽较浅。

(3)内侧凹槽允许带有圆角。

2. 强制顶出的基本形式

分为一次强制顶出和二次强制顶出,如图 4 - 90、图 4 - 91 所示。

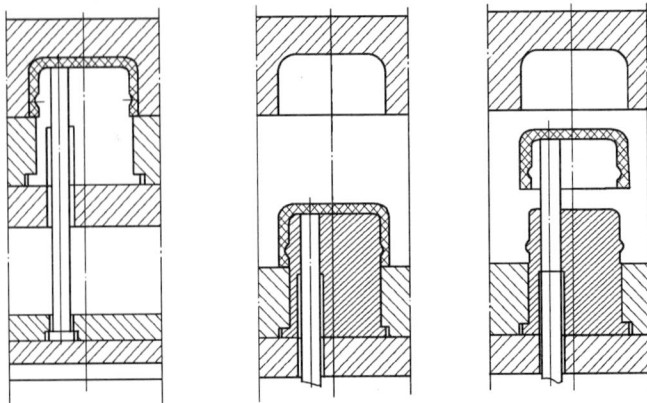

图 4 - 90　一次强制顶出

128

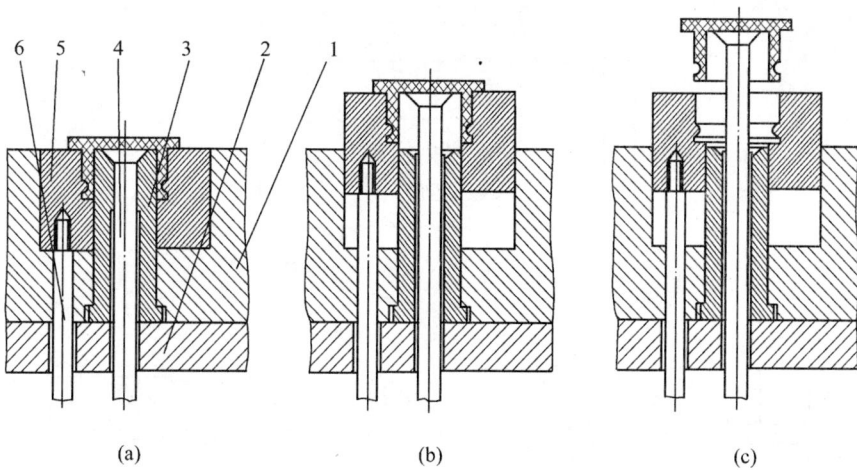

图 4-91 二次强制顶出
1—动板；2—支承板；3—型芯；4—顶杆；5—型腔；6—顶杆。

4.14 注射模具的二次顶出机构

4.14.1 二次顶出机构及其应用条件

有些塑件因形状特殊或生产自动化的需要，在一次顶出后塑件难以保证从型腔中脱出或不能自动坠落，这时必须增加一次顶出动作，这称为二次顶出。为实现二次顶出而设置的机构称为二次顶出机构。有时为避免使塑件受推出力过大，产生变形或破裂，也采用二次顶出分散顶出力，以保证塑件质量。二次顶出机构可分为单推板二次顶出机构和双推板二次顶出机构。

二次顶出机构应用条件：①在一次顶出动作完成后，塑件仍难以完全脱模或不能自由落下；②避免一次顶出受力过大导致塑件变形或损坏，采用二次顶出以分散抽拔力；③某些强制顶出脱模机构，必须采用二次顶出机构才能完整脱模。

4.14.2 单推板二次顶出机构

4.14.2.1 弹簧式

弹簧式二次顶出机构通常是利用压缩弹簧的弹力进行第一次顶出，然后再由推板推动推杆进行第二次顶出。

如图 4-92 中所示的塑件，其边缘有一个倒锥形的侧凹，如果直接采用推杆顶出，塑件将无法推出，采用弹簧式二次顶出机构后，就能够顺利地推出塑件。模具闭合时，如图 4-92(a)所示；模具注射成型后打开，压缩弹簧 5 弹起，使动模板推出，将塑件脱离型芯 2 的约束，使塑件边缘的倒锥部分脱离型芯 2，如图 4-92(b)所示，完成第一次顶出；模具完全打开后，推板 6 推动顶杆 3 进行第二次顶出，将塑件从脱模板 4 上推落，如图 4-92(c)所示。

(a)

(b)   (c)

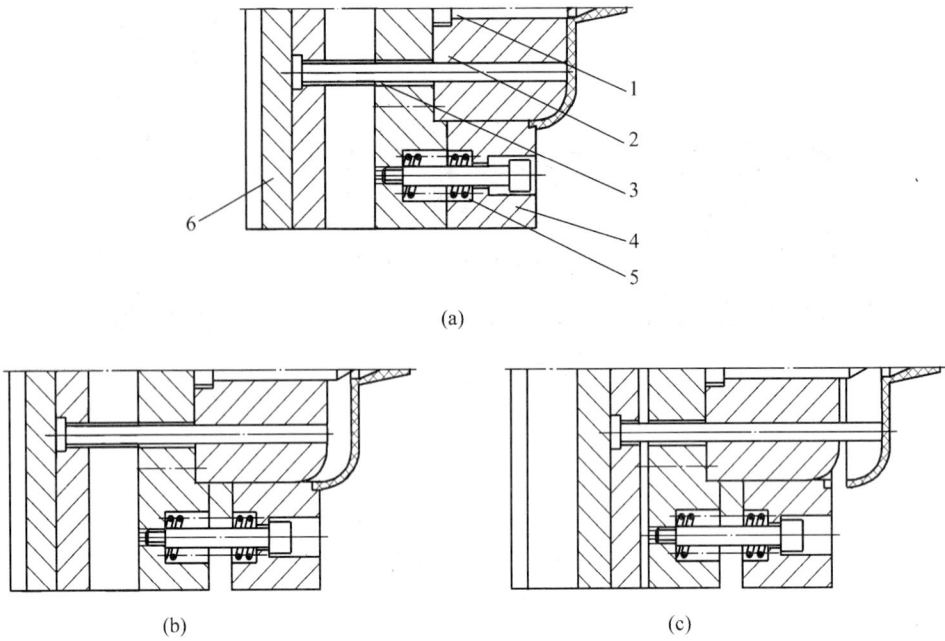

图 4 – 92　弹簧脱模板式二次顶出

1—小型芯；2—型芯；3—顶杆；4—脱模板；5—弹簧；6—推板。

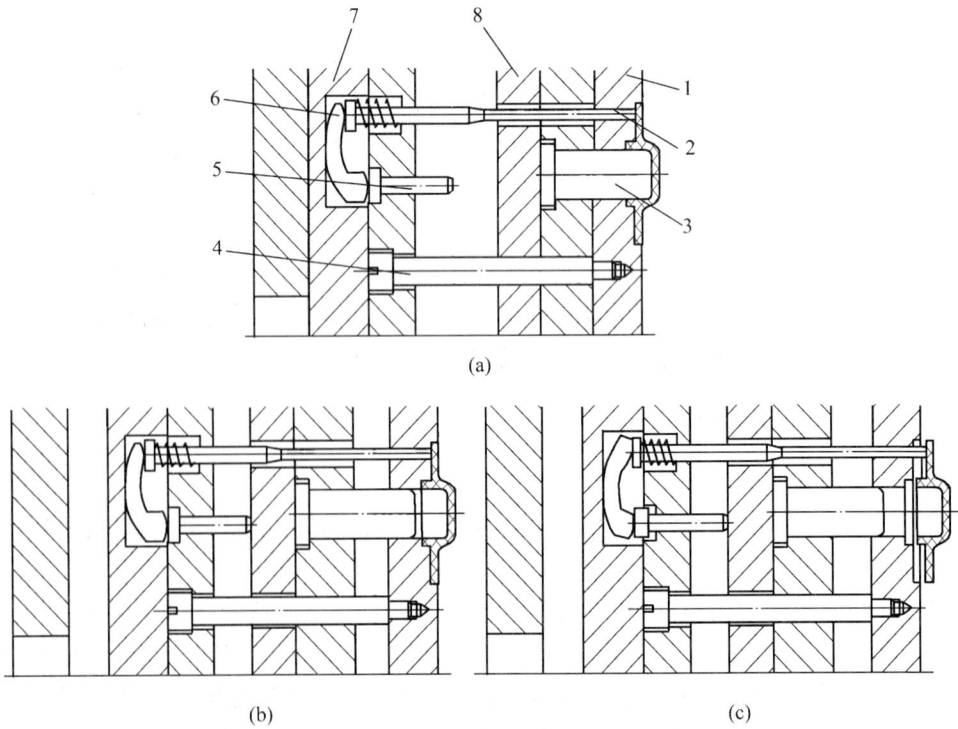

(a)

(b)   (c)

图 4 – 93　摆块式二次顶出机构

1—脱模板；2—顶杆；3—型芯；4—推杆；5—压杆；6—摆块；7—推板；8—支承板。

4.14.2.2 摆块式二次顶出机构

摆块式二次顶出机构是利用摆块的摆动完成二次顶出动作。如图 4 – 93 所示。如图 4 – 93(a) 所示,摆块 6 放入推板 7 中,塑件包紧在型芯 3 上,如果直接用顶杆 2 去推塑件的边缘,则塑件会变形或损坏。采用二次顶出机构后,当注射机推出时,顶杆 2 和推杆 4 推动脱模板 1 移动 l_1 距离,使塑件脱离型芯 3,完成第一次顶出,如图 4 – 93(b) 所示。此时压杆 5 与支承板 8 接触,继续顶出时,推杆 4 推动脱模板 1 继续移动。同时,由于压杆 5 迫使摆块 6 摆动,顶杆 2 做超前于脱模板 1 的移动,将塑件从型腔中推出,如图 4 – 93(c) 所示。

4.14.2.3 斜楔滑块式二次顶出机构

斜楔滑块式二次顶出机构是利用模具上的斜楔迫使滑块做水平运动,完成二次顶出动作,如图 4 – 94 所示。图 4 – 94(a),在推板 2 上装有滑块 4,弹簧 3 推动滑块在外极限位置,斜楔 6 固定在支承板 12 上。开模后,注射机顶出装置推动推板 2 移动,在推杆 8 作用下推动凹模型腔板移动将塑件由型芯 9 上推出,但仍留在脱模板 7 内,如图 4 – 94(b) 所示。推板 2 继续推出,斜楔 6 与滑块 4 接触,压迫滑块 4 内移,当滑块 4 上的孔与推杆 8 对正时,推杆 8 后端落入滑块的孔内,推杆 8 停止推出,脱模板 7 也停止移动。推板 2 再继续推出时中心顶杆 10 将塑件从脱模板 7 中推出,完成二次顶出,如图 4 – 94(c) 所示。

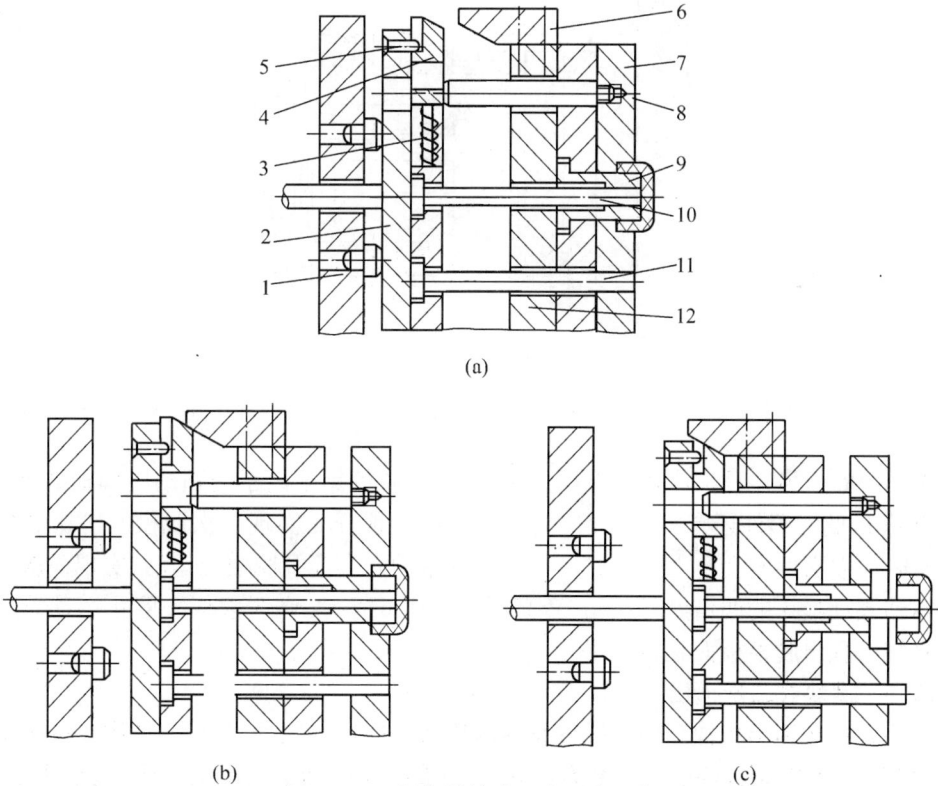

(a)

(b)   (c)

图 4 – 94　斜楔滑块式二次顶出机构

1—动模板;2—推板;3—弹簧;4—滑块;5—销钉;6—斜楔;7—脱模板;
8—推杆;9—型芯;10—中心顶杆;11—复位杆;12—支承板。

4.14.2.4 滚珠式二次顶出机构

滚珠式二次顶出机构是利用滚珠所处的位置控制二次顶出动作。

图 4 - 95 所示为一种滚珠式二次顶出机构,它是采用复位杆与滚珠配合完成二次顶出过程。如图 4 - 95(a) 所示,模具闭合时,滚珠 7 将复位杆 1 和活动衬套 5 卡住。推出时,由于装在活动衬套 5 内孔中的滚珠 7 的作用,顶杆 2 及脱模板 8 同时推动塑件,使塑件脱出型芯 9,完成第一次顶出动作,如图 4 - 95(b) 所示。当滚珠 7 移动一定距离进入衬套 4 的凹槽后,脱模板 8 停止移动,顶杆 2 继续顶出制品,完成二次顶出,将塑件从模具中推出,如图 4 - 95(c) 所示。复位杆 1 可兼作导向和精确复位。

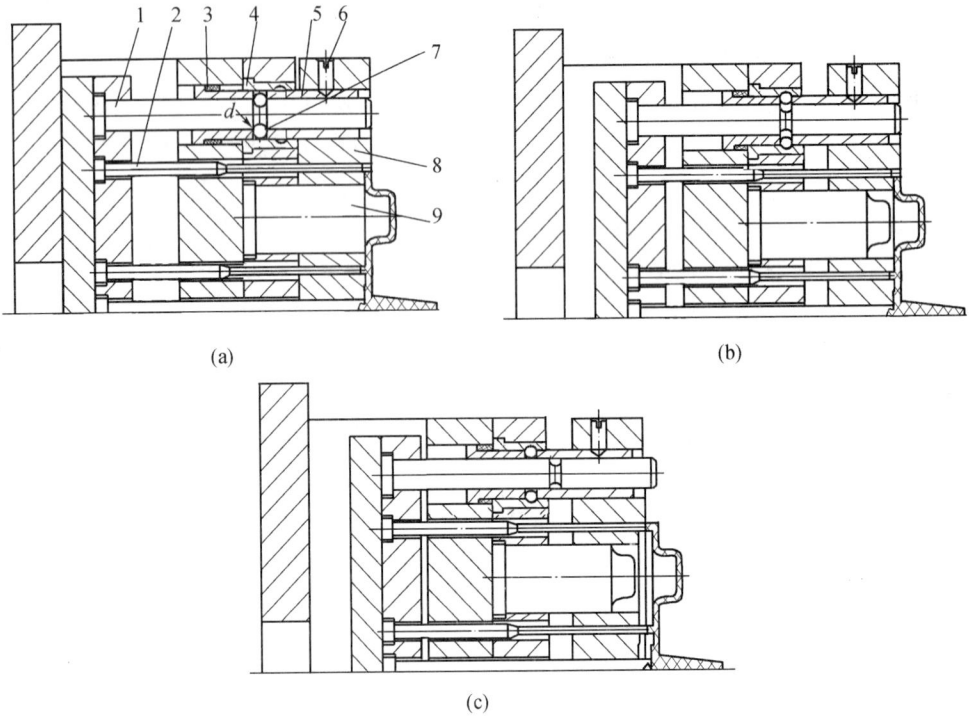

(a)　　　　　　　　　　(b)

(c)

图 4 - 95　滚珠式二次顶出机构

1—复位杆；2—顶杆；3—橡胶垫；4—衬套；5—活动衬套；6—止动螺钉；7—滚珠；8—脱模板；9—型芯。

图 4 - 96 为另一种推珠式二次顶出机构,一次脱模靠顶出系统顶动脱模板 2,使塑件脱离型芯 1,此时塑件还有一部分留于脱模板内,由顶杆 8 实现二次脱模。一次脱模时,钢球 4 卧在左右两个套筒之间,顶杆一运动,则带动右套筒及脱模板运动,实现一次脱模。当钢球移到动板 3 的凹槽处时,使右套筒不随顶杆 6 运动,则脱模板 2 停止运动,这时顶杆 8 将塑件顶出脱模板而脱落。

4.14.2.5　滑块式二次顶出机构

滑块式二次顶出机构利用斜导柱驱动滑块移动完成二次顶出过程,如图 4 - 97 所示。图 4 - 97(a) 中,在顶杆固定板上装有滑块 2,斜导柱 3 固动在支承板 4 内,型芯 7 上设置了带有弹簧自动复位的中心顶杆 6。模具推出时,推杆 9 推动脱模板 8,使塑件与型芯脱离,完成第一次顶出,如图 4 - 97(b) 所示。在顶杆固定板 1 推出时,由于斜导柱 3 的作用使滑块 2 在顶杆固定板 1 上运动,当滑块 2 的斜面与中心顶杆 6 的尾端接触后,压迫中心顶杆向前,进行第二次顶出,将塑件从脱模板 8 上推出,如图 4 - 97(c) 所示。

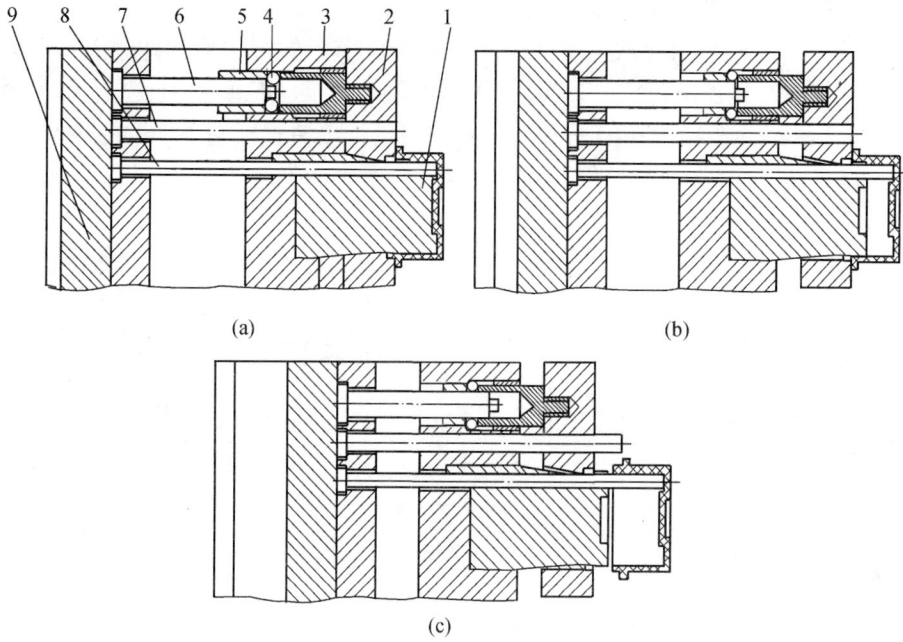

图 4 - 96 滚珠式二次顶出

1—型芯；2—脱模板；3—型芯固定板；4—滚珠；5—套筒；6—推杆；7—复位杆；8—顶杆；9—顶板。

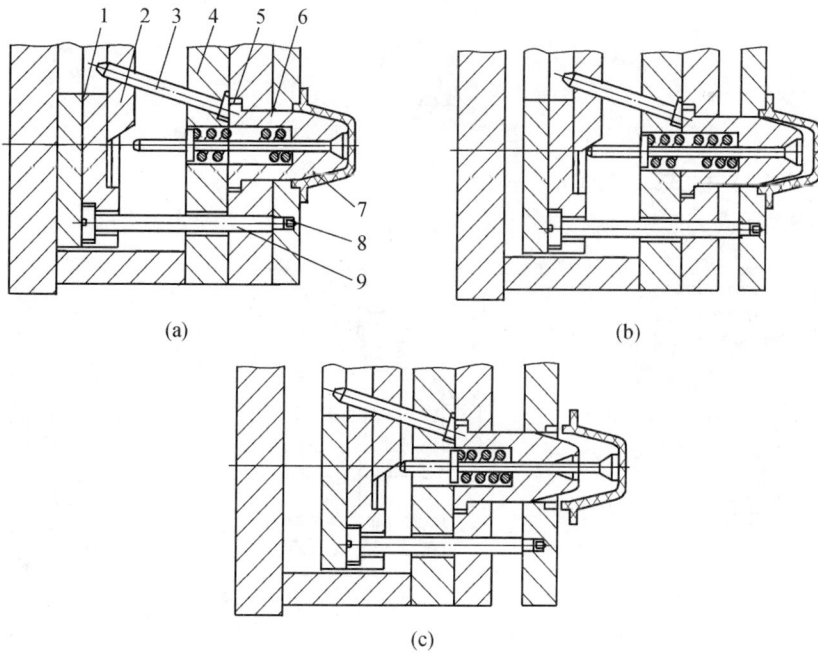

图 4 - 97 滑块式二次顶出机构

1—顶杆固定板；2—滑块；3—斜导柱；4—支承板；5—弹簧；

6—中心顶杆；7—型芯；8—脱模板；9—推杆。

133

4.14.2.6 液(气)压缸二次顶出机构

采用液(气)压缸进行二次顶出适合于顶出力比较大的大中型塑件。图4-98(a)所示为采液压缸的二次顶出机构。顶出时,先由液压缸5推动脱模板4,使塑件脱出型芯2,完成第一次顶出,如图4-98(b)所示。再由注射机推出装置推动顶杆1将塑件从动模型腔板4上推出,完成二次顶出过程,如图4-98(c)所示。

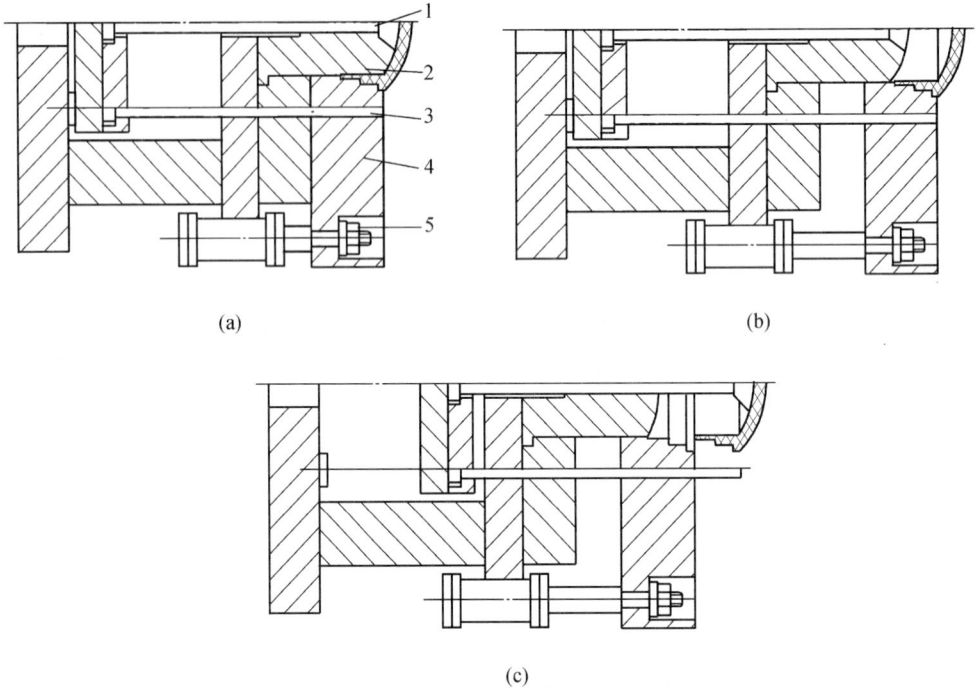

(a)   (b)

(c)

图4-98 液压缸二次顶出机构

1—顶杆;2—型芯;3—复位杆;4—脱模板;5—液压缸。

4.14.2.7 摆块拉板式二次顶出机构

图4-99所示为摆块拉板式二次顶出机构。活动摆块5固定在型芯下面的型芯固定

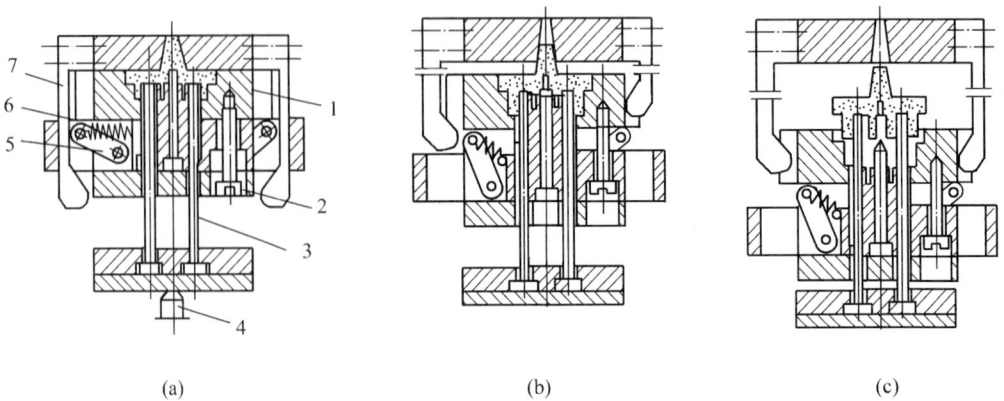

(a)   (b)   (c)

图4-99 摆块拉板式二次顶出机构

1—型腔;2—限距螺钉;3—顶杆;4—注射机顶出杆;5—活动摆块;6—弹簧;7—拉板。

板上。开模时,固定在定模上的拉板 7 的凸台带动活动摆块 5,将型腔 1 顶起,使塑件从型芯上脱下,完成第一次脱模,如图 4-99(b)所示;继续开模时,由于限距螺钉 2 的作用,型腔板停止移动,当顶出板碰到机床顶杆时,顶出板推动顶杆 3 把塑件从型腔内脱出来,完成二次脱模,如图 4-99(c)。弹簧 6 的作用是拉住活动摆块,使其始终靠紧型腔,从而不致妨碍拉板的合模动作。

4.14.2.8 延迟式二次顶出机构

图 4-100 所示为一种延迟式二次顶出机构。利用顶板 3 上的凹槽实现二次顶出。当注射机顶杆推动顶板 3 时,顶板 3 推动进料顶杆 6 将塑件顶出,同时拉断点浇口;当顶板 3 凹槽底面接触到浇道顶杆 5 时,再由浇道顶杆 5 将浇道顶出。

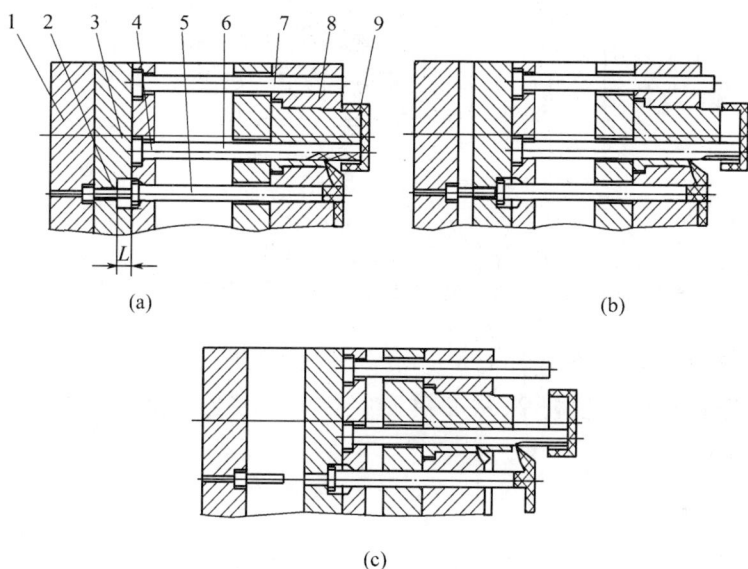

图 4-100　延迟式二次顶出-1

1—动模板;2—复位销;3—顶板;4—止转销;
5—浇道顶杆;6—进料顶杆;7—复位杆;8—型芯固定板;9—型芯。

图 4-101 所示为另一种延迟式二次顶出机构。利用顶杆 3 上的限位套 5 实现二次顶出。当注射机顶杆推动顶板 6 时,顶板 6 推动顶杆 4 将塑件顶出,同时拉断点浇口;当顶板 6 接触到限位套 5 时,顶板再推动顶杆 3 将浇道顶出。

4.14.3　双推板二次顶出机构

双推板二次顶出机构是在注射模具中设置两组推板,它们分别带动一组顶出零件实现塑件的二次顶出。

4.14.3.1　弹顶式二次顶出机构

如图 4-102(a)所示,由于塑件包紧在一组小型芯上,一次顶出其推出力过大,所以采用二次顶出机构。顶出时,注射机推出装置推动推板 7,带动推杆 4 使动模型腔板 1 移动,将塑件从型芯 3 上脱出,完成一次顶出,如图 4-102(b)所示。同时,推板 7 带动限位

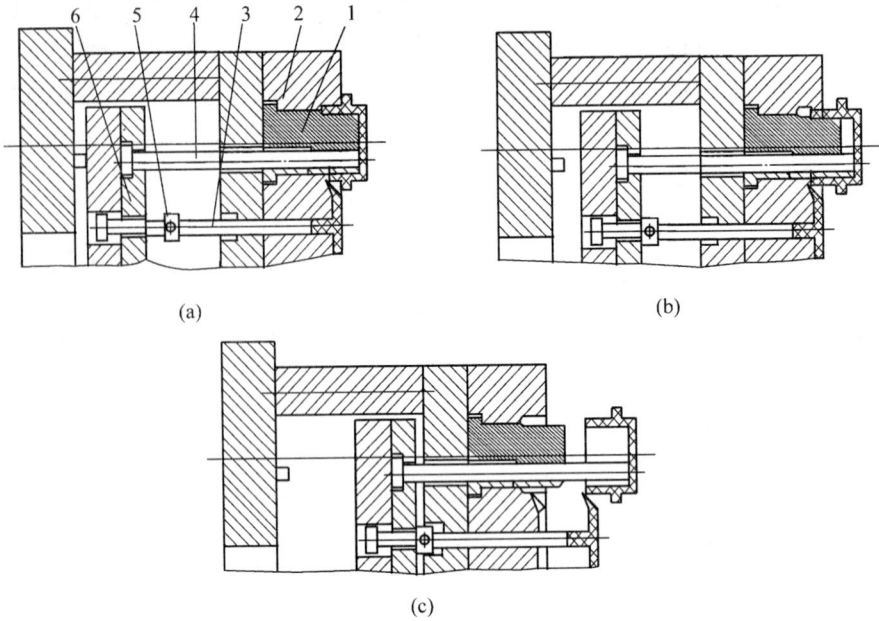

图4-101 延迟式二次顶出-2
1—型芯；2—型芯固定板；3—顶杆；4—顶杆；5—限位套；6—顶板。

螺钉5,使弹簧8被压缩,并促使推板6及顶杆2同时移动。当弹簧8被压缩到一定程度时,其弹力推动推板6及顶杆2,从动模型腔板1上将塑件顶出,完成二次顶出,如图4-102(c)所示。

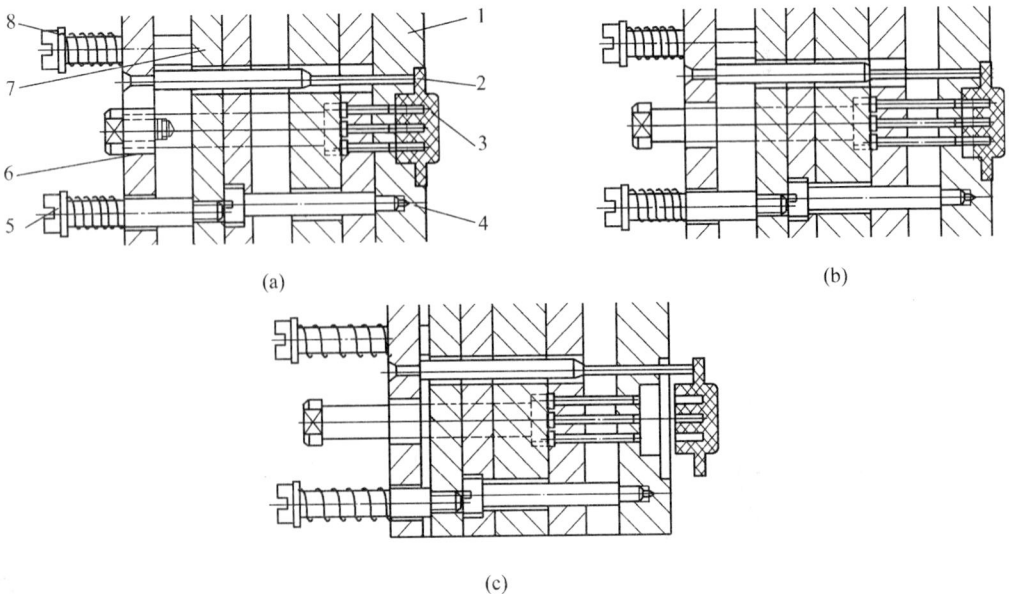

图4-102 弹顶式二次顶出机构
1—动模型腔板；2—顶杆；3—型芯；4—推杆；5—限位螺钉；6,7—推板；8—弹簧。

4.14.3.2 摆钩式二次顶出机构

摆钩式二次顶出机构如图4-103(a)所示。顶出时,注射机顶出装置推动推板7,由于摆钩5的作用,推板6也同时被带动,从而使推杆8推动动模型腔板3与顶杆2同时移动,使塑件脱离型芯1,完成第一次顶出,如图4-103(b)所示。此时,摆钩5被打开,推板6停止移动,而推板7继续移动,推动顶杆2将塑件顶出动模型腔板3,完成第二次顶出过程,如图4-103(c)所示。

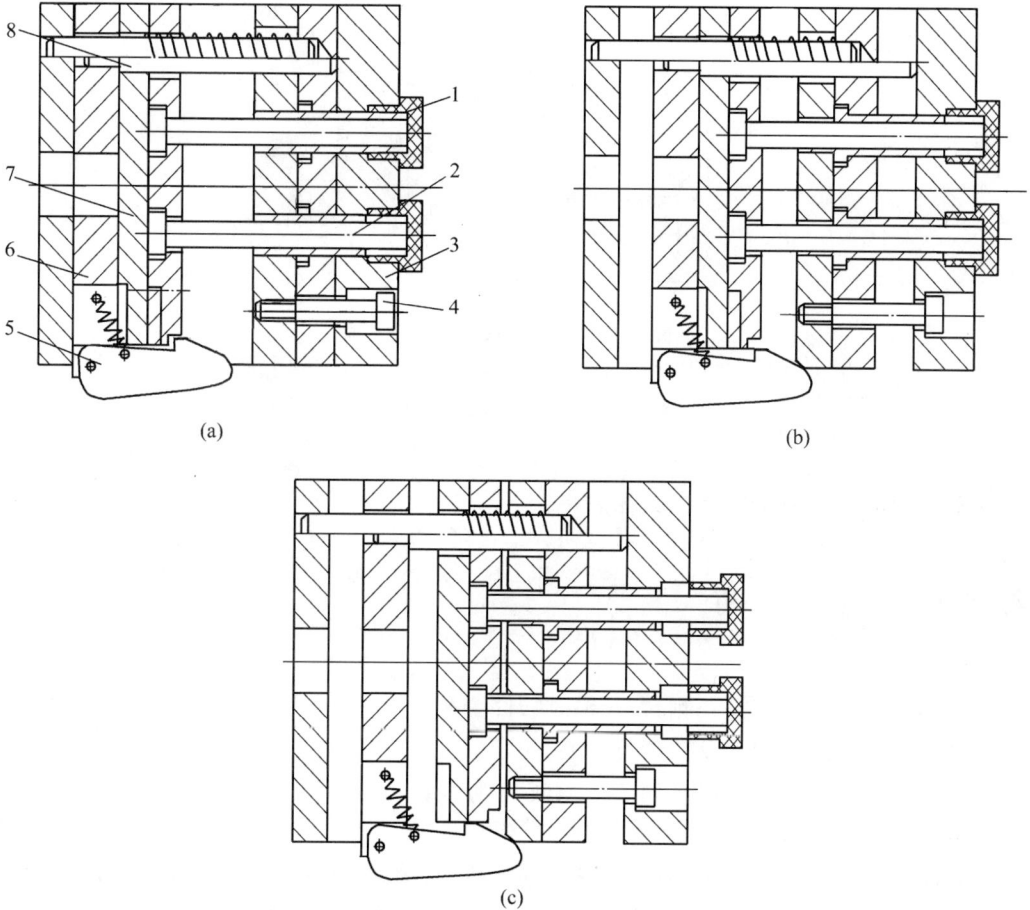

图4-103 摆钩式二次顶出机构

1—型芯;2—顶杆;3—动模型腔板;4—限位螺钉;5—摆钩;6,7—推板;8—推杆。

4.14.3.3 摆杆式二次顶出机构

摆杆式二次顶出机构如图4-104所示,摆杆6用转轴固定在和支承板固定在一起的支架7上,图4-104(a)所示为刚开模的状态。顶出时,注射机顶杆推动推板1,由于定距块3的作用,使顶杆5和推杆2一起动作将塑件从型芯10上推出,直到摆杆6与推板1相接触为止,完成第一次顶出,如图4-104(b)所示。继续推出时,推杆2继续推动动模型腔板9,而摆杆6在推板1的作用下转动,推动推板4快速运动,带动顶杆5将塑件从动模型腔板9中脱出,完成第二次顶出,如图4-104(c)所示。

137

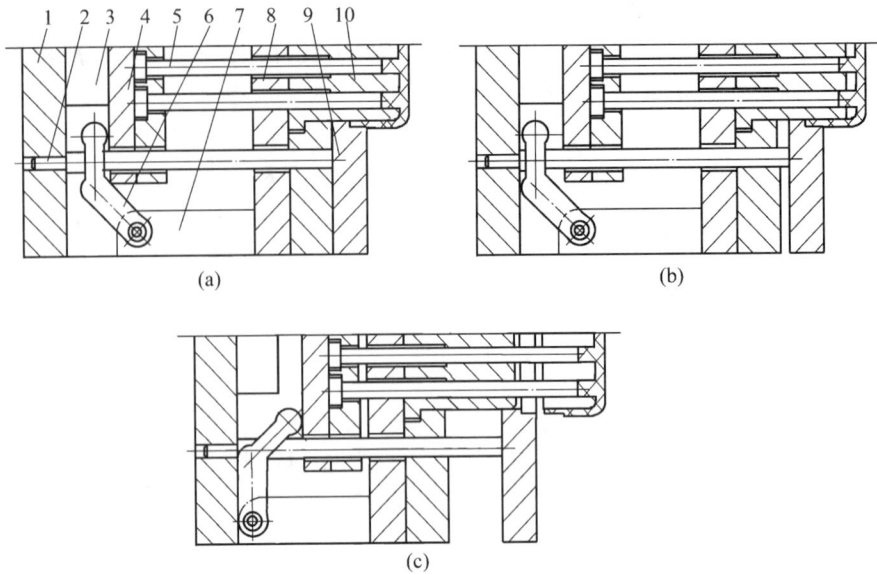

图 4-104 摆杆式二次顶出机构

1—推板；2—推杆；3—定距块；4—推板；5—顶杆；6—摆杆；
7—支架；8—支承板；9—动模型腔板；10—型芯。

4.15 特殊顶出机构

4.15.1 定模顶出机构

4.15.1.1 特点

当主型芯安装在定模一侧时,开模时塑件留在定模一侧,必须在定模一侧设置顶出装置。因注射机的顶出装置设在动模一侧,而定模一侧在开模过程中又是固定的。故只能借助开模时各模板间的相对运动产生力或其他辅助力(如弹力等)来获得定模顶出时的顶出力。

定模顶出特点如下:①可省去一整套顶出机构,简化了模具结构,降低了成本;②塑件基本不留顶出痕迹,外形美观整洁;③减小了模具的闭合高度。如高腔模具用一般顶出形式,因闭合高度过大而不能满足注射机的技术要求,而用定模顶出即可。

4.15.1.2 形式

1. 制动销式定模顶出形式

制动销式定模顶出形式如图 4-105 所示。通过制动销 7 和和导柱 9 实现定模顶出。开模时,制动销 7 在弹簧 6 的作用下锁住导柱 9,首先在 A 分型面开模,使塑件从型腔板 10 中脱出,留在型芯 8 上;当圆柱销 5 接触到拉板 3 时,制动销 7 与导柱 9 脱开,在 B 分型面开模,脱模板 4 将塑件从型芯 8 上脱下。

2. 横销式定模顶出形式

横销式式定模顶出形式如图 4-106 所示,通过横销 6 和和定模导柱 4 实现定模顶出。开模时,横销 6 在动模导柱 7 的作用锁住定模导柱 4,首先在 A 分型面开模,使塑件

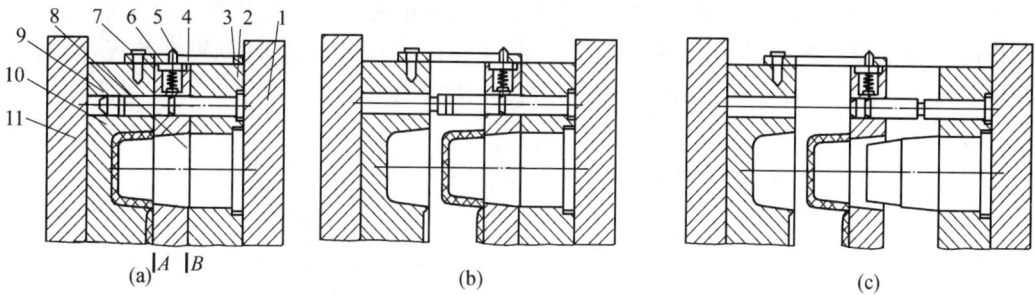

图4-105 制动销式定模顶出形式

1—定模板；2—固定板；3—拉板；4—脱模板；5—圆柱销；6—弹簧；
7—制动销；8—型芯；9—导柱；10—型腔板；11—动模板。

从型腔板8中脱出，留在型芯9上；当横销6的尾端进入到动模导柱7的凹槽时，横销6与定模导柱4脱开，在B分型面开模，脱模板5将塑件从型芯9上脱下。

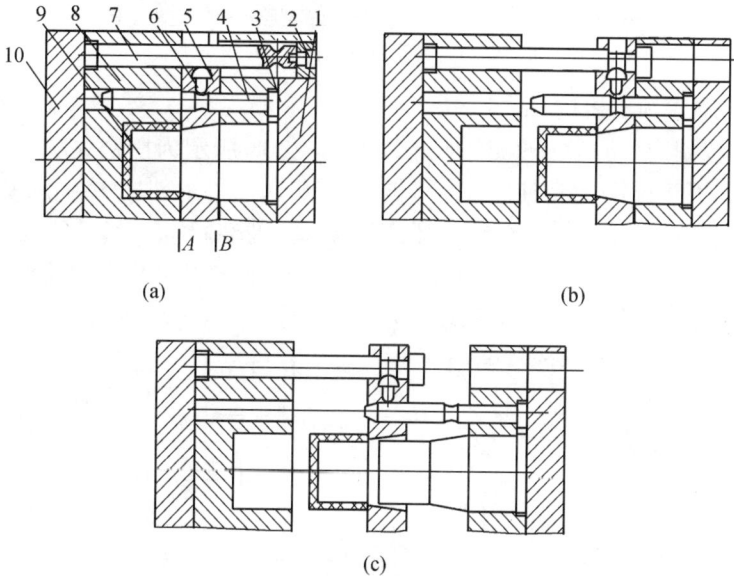

图4-106 横销式定模顶出形式

1—定模板；2—限位块；3—固定板；4—定模导柱；5—脱模板；
6—横销；7—动模导柱；8—型腔板；9—型芯；10—动模板。

4.15.2 双顶出机构

在实际生产中，有些塑件因其结构形状特殊，开模后即有可能留在动模一侧，也有可能留在定模一侧，或者塑件就滞留在定模一侧，这样使塑件的推出增加难度。为此，需采用定、动模双向顺序顶出机构。即在定模部分增加一个分型面，在开模时确保该分型面首行定距打开，让塑件先从定模部分脱出，留在动模部分；然后模具分型，动模部分的顶出机构推出塑件。

1. 弹簧式顺序顶出机构

弹簧式顺序顶出机构是采用在定模一侧设置弹簧的方法保证定、动模双向顺序顶出，如图 4-107 所示。开模时,由于弹簧 7 的作用,定模推板 5 将塑件由型芯 3 上脱出,并使塑件停留在动模一侧。模具继续打开,限位板 9 拉住圆柱销 8 后,使动模型腔板 4 与定模推板 5 分型,最后顶杆 1 将塑件从动模型腔板 4 中顶出。

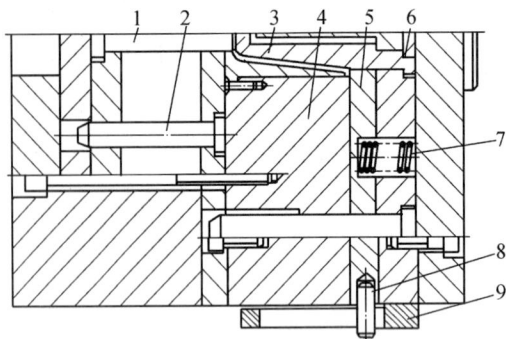

图 4-107 弹簧式顺序顶出机构

—顶杆;2—导柱;3—型芯;4—动模型腔板;5—定模推板;

6—密封垫;7—弹簧;8—圆柱销;9—限位板。

2. 摆钩式顺序顶出机构

利用摆钩控制定、动模双向顺序顶出,如图 4-108 所示为摆钩式顺序顶出机构。开模时,斜楔 2 作用于拉钩 5,迫使脱模板 3 与定模板 1 首先分型,塑件由定模型芯 10 上脱出,使塑件留在动模一侧。模具继续打开,当斜楔 2 脱离拉钩 5 后,拉钩 5 由于弹簧 4 的作用脱离开脱模板 3,镶块 7 与脱模板 3 分型,然后注射机顶出装置推动推杆 9 将塑件与镶块 7 一同顶出,在模外分开镶块 7,取出塑件,如图 4-108(b)所示。

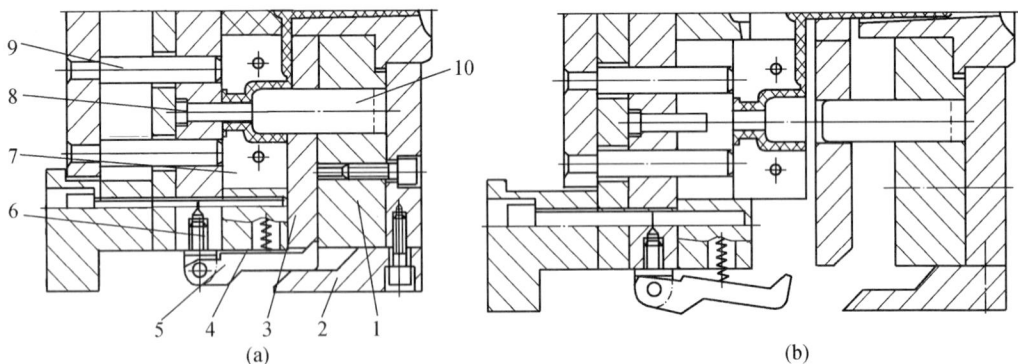

(a)   (b)

图 4-108 摆钩式顺序顶出机构

1—定模板;2—斜楔;3—脱模板;4—弹簧;5—拉钩;

6—支座;7—镶块;8—型芯;9—推杆;10—定模型芯。

3. 滚轮、挂钩式顺序顶出机构

如图 4-109 所示为滚轮、挂钩式顺利顶出机构。由于型芯 5 在定模一侧,塑件对型芯 5 的包紧力促使塑件留在定模,因此必须在定模部分设置顶出机构。开模时,塞紧块 8 对挂钩 11 起塞紧作用,所以挂钩 11 使动模型腔板 4 与脱模板 6 锁紧,脱模板 6 与定模板 7 分型,塑件从型芯 5 上脱出,由于限位拉杆 10 的作用,当脱模板 6 与定模板 7 分型到一定距离后停止。这时,挂钩 11 已与塞紧块 8 脱开,在滚轮 9 的作用下,挂钩 11 转动,与锁块 12 脱离,此时动模型腔板 4 与脱模板 6 分型,推杆 1 将塑件顶出,如图 4 – 109(b)所示。

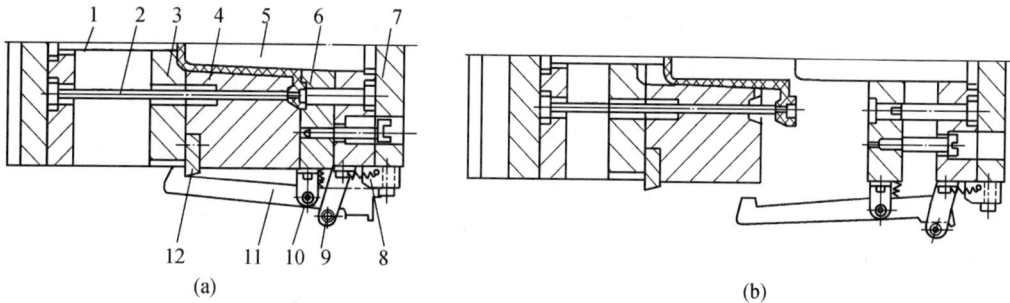

图 4 – 109 滚轮、挂钩式顺序顶出机构

1—推杆;2—小型芯;3—动模型腔板;4—动模型腔板;5—型芯;6—脱模板;
7—定模板;8—塞紧块;9—滚轮;10—限位拉杆;11—挂钩;12—锁块。

4. 滑块式顺序顶出机构

图 4 – 110 所示为滑块式定、动模双向顺序顶出机构,拉钩 2 固定在动模板 1 上,限位压块 5 固定在定模座板 6 上,如图 4 – 110(a)所示。开模时,动模部分通过拉钩 2 钩住滑块 3,因此,定模座板 6 与定模垫板 10 首先分型,塑件从定模部分脱出。分开一定距离后,滑块 3 受到限位压块 5 斜面的作用向模内移动而脱离拉钩 2,由于定距螺钉 8 的作用,定模板 9 不再继续移动,滑块 3 也由于定距销钉 4 的作用不再继续向模内滑动,此时定模部分分型结束,如图 4 – 110(b)所示。动模部分继续移动时,主分型面打开,塑件留在动模部分由顶出机构推出。闭模时,滑块 3 在弹簧 7 的作用下复位,使拉钩 2 钩住滑块 3 恢复锁紧位置。

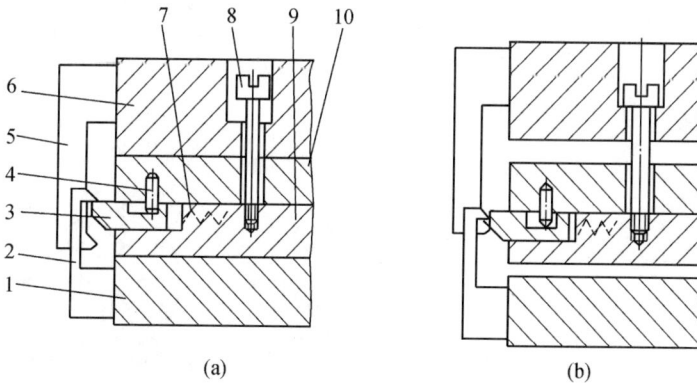

图 4 – 110 滑块式顺序顶出机构

1—动模板;2—拉钩;3—滑块;4—定距销钉;5—限位压块;
6—定模座板;7—弹簧;8—定距螺钉;9—定模板;10—定模垫板。

4.16 螺纹塑件的脱模机构

塑件上的螺纹分外螺纹和内螺纹两种。外螺纹成型比较容易,通常是由滑块来成型,成型后打开滑块,即可取出塑件,如图4-111所示。也可以采用活动型环来成型外螺纹,成型后塑件与活动型环一起从模具内取出,然后在模外旋转脱下活动型环,最后得到带外螺纹的塑件。

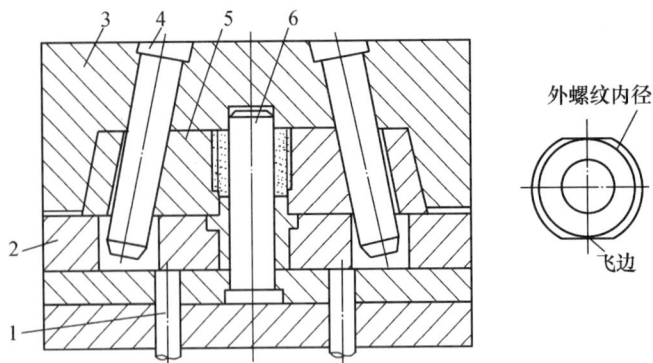

图4-111 滑块成型外螺纹
1—推杆;2—脱模板;3—定模板;4—斜导柱;5—滑块;6—型芯。

塑件上的内螺纹成型时,受到模具空间的限制,因此其脱模方式较为复杂,常见的形式有如下几种。

1. 拼块式脱螺纹机构

将螺纹成型零件做成两瓣或多瓣形式。合模时,对合成整体;开模后,随塑件的顶出,螺纹也逐渐脱模,如图4-112所示。

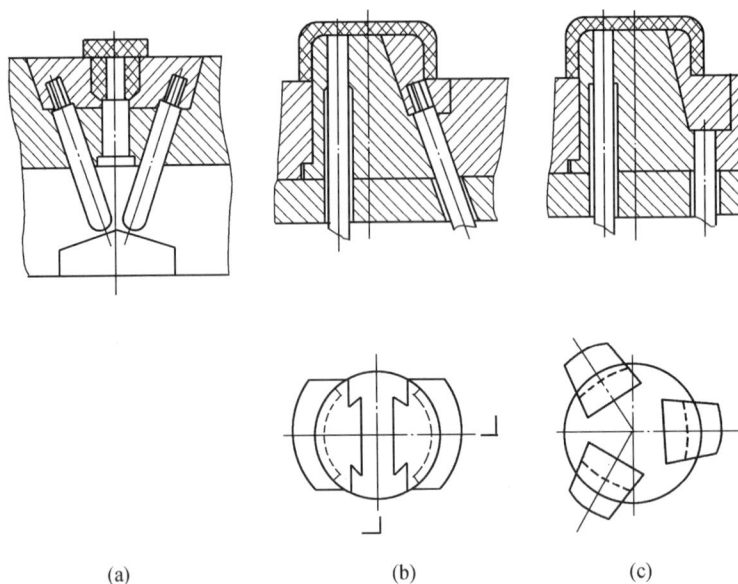

(a)   (b)   (c)

图4-112 拼块式螺纹脱模

2. 活动型芯模外脱螺纹

成型螺纹塑件时,先将活动型芯放入模内,成型后将塑件与活动型芯一起从模内取出,再旋转脱出活动型芯,得到带内螺纹的塑件。这种脱模方式结构简单,但生产效率低,操作工人劳动强度大,只适用于小批量生产。

142

3. 强制脱螺纹

图 4-113 为强制脱螺纹机构。带有内螺纹的塑件成型后包紧在螺纹型芯 1 上,推杆 3 在注射机顶出装置的作用下推动脱模板 2,强制将塑件从螺纹型芯 1 上脱出。采用强制螺纹的方法受到一定条件的限制:首先,塑件应是聚烯烃类柔性塑料;其次,螺纹应是半圆形粗牙螺纹,螺纹高度 h 小于螺纹外径 d 的 25%;再有,塑件必须有足够的厚度和弹性变形能力。

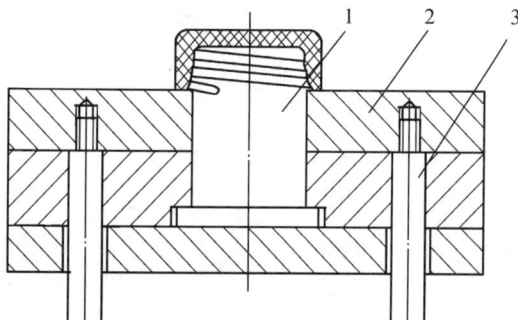

图 4-113 强制脱螺纹机构
1—螺纹型芯;2—脱模板;3—推杆。

4. 内侧抽脱螺纹

对于一些要求不高的带内螺纹的塑件,可以将内螺纹在圆周上分为三个局部段,对应在模具上制成三个内侧抽滑块成型,如图 4-114 所示。脱模时,推板 1 推动推杆 2 使脱模板 6 和 7 推出塑件,同时使螺纹滑块 10 上移,三个螺纹滑块沿主型芯 4 上的滑道向内移动,使内螺纹部分脱出。

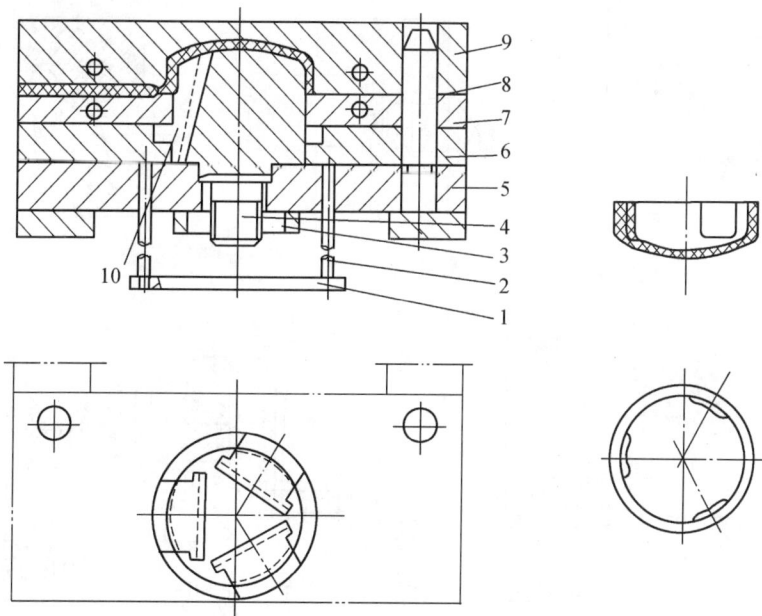

图 4-114 内侧抽脱螺纹
1—推板;2—推杆;3—锁紧螺母;4—主型芯;5—支承板;6,7—脱模板;
8—导柱;9—定模板;10—螺纹滑块。

143

5. 模内旋转脱螺纹

许多带内螺纹的塑件要采用模内旋转的方式脱出。使用旋转方式脱螺纹,塑件与螺纹型芯之间要有周向的相对转动和轴向的相对移动,因此,螺纹塑件必须有止转的结构,如图 4 - 115 所示。图 4 - 115(a)所示是在塑件外表面设置凸楞止转;图 4 - 115(b)所示是在塑件内表面设置凹槽止转;图 4 - 115(c)所示是在塑件端面上设置凸起止转。

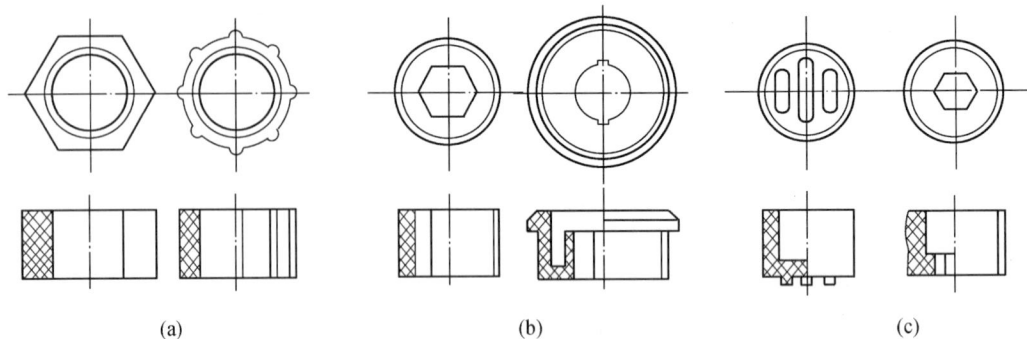

图 4 - 115　螺纹塑件的止转结构

1）手动旋转脱螺纹

图 4 - 116 为几种典型的模内手动脱螺纹形式。在图 4 - 117 所示中,模具打开后,旋转手动轴 1 通过锥齿轮 2、3 的传动,使螺纹型芯 7 按旋出方向旋转并抽出,活动拉料杆 6 也转动并后退,从主浇道中抽出。

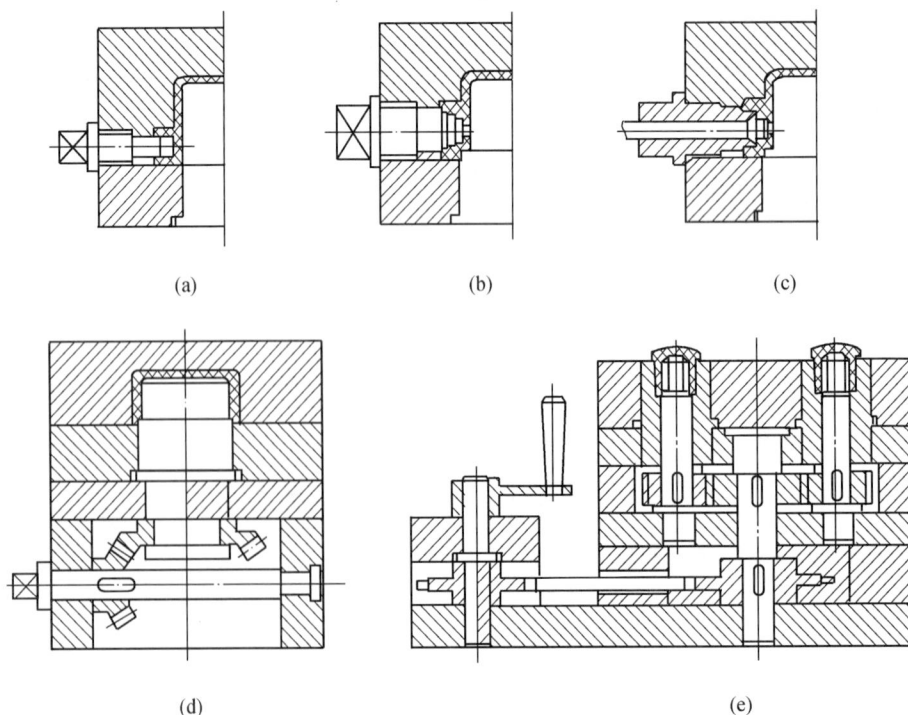

图 4 - 116　模内手动脱螺纹形式

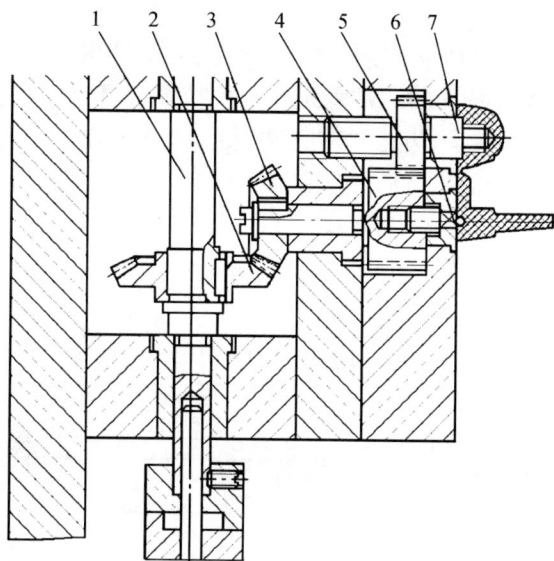

图 4 – 117　手动旋转脱螺纹

1—手动轴；2,3—锥齿轮；4,5—齿轮；6—活动拉料杆；7—螺纹型芯。

2）齿轮、齿条脱螺纹

齿轮、齿条脱螺纹机构是利用模具打开的直线运动带动齿条移动,通过齿轮、齿条将直线运动转变为型芯的旋转运动,使螺纹塑件脱出。图 4 – 118 所示为齿轮、齿条脱螺纹模具结构,开模时,齿条 1 移动,带动齿轮 2 转动,通过轴 3 及齿轮 4、5、6、7 的传动,使螺纹型芯 8 按旋出方向旋转,拉料杆 9 随之转动,从而使塑件与浇注系统凝料同时脱出。塑件与浇注系统凝料同步轴向运动,依靠浇注系统凝料防止塑件旋转,使螺纹塑件脱出。

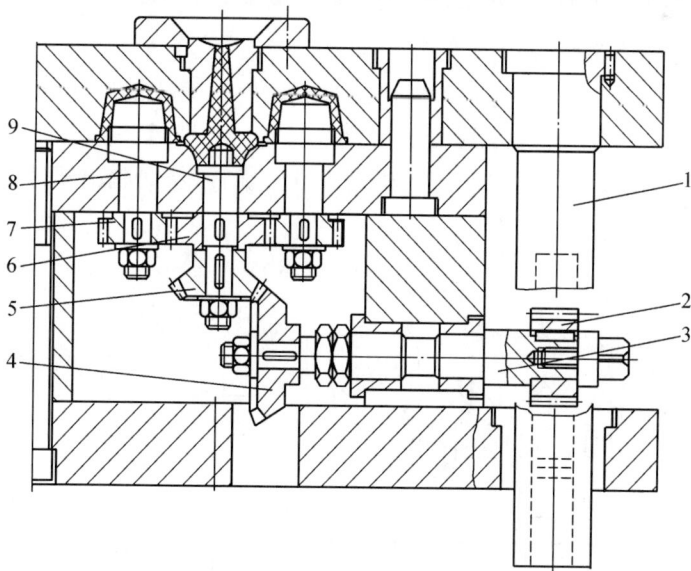

图 4 – 118　齿轮齿条脱螺纹机构

1—齿条；2—齿轮；3—轴；4、5、6、7—齿轮；8—螺纹型芯；9—拉料杆。

3）螺旋杆、链轮脱螺纹

图 4 - 119 所示为采用螺旋杆、链轮的脱螺纹机构,在开模过程中,螺旋套 2 与螺旋杆 5 做相对直线运动,因螺旋杆 5 的一端固定在定模板 6 上,所以迫使螺旋套 2 转动,从而带动链轮 1 和 8 及齿轮 9 转动,齿轮 9 使螺纹型芯 10 按旋出方向转动。螺纹型芯 10 在转动过程中沿螺纹套 11 向脱出方向移动,螺纹型芯脱出塑件后,由推杆 7 推动推板 3 及推管 4 将塑件推出。螺纹型芯 10 与螺纹套 11 的螺距相等,螺纹方向相同。

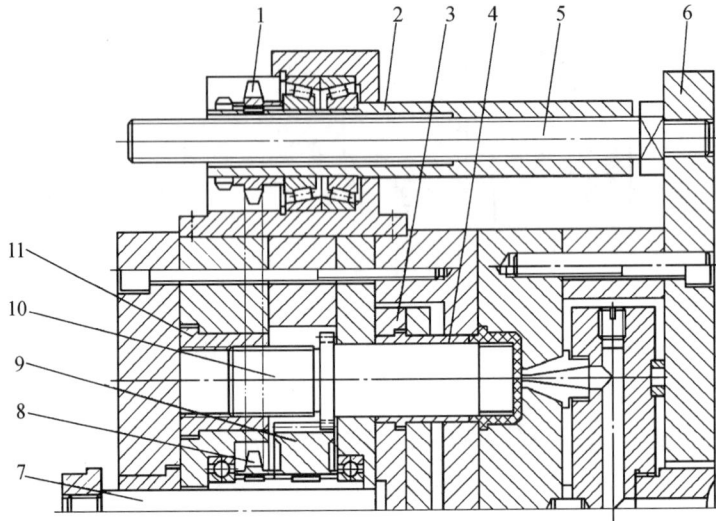

图 4 - 119　螺旋杆、链轮脱螺纹机构

1—链轮;2—螺旋套;3—推板;4—推管;5—螺旋杆;6—定模板;
7—推杆;8—链轮;9—齿轮;10—螺纹型芯;11—螺纹套。

4）液压缸(汽缸)脱螺纹

采用液压缸(汽缸)做动力源可以方便地完成模内脱螺纹工作,而且脱模位置不受模具打开位置的限制。图 4 - 120 为液压缸脱螺纹机构。开模后,液压缸 5 的活塞杆推动齿条 4,通过齿轮 1、3 的传动使螺纹型芯 2 按旋出方向旋转,从而脱出塑件。塑件依靠浇注系统凝料止转。

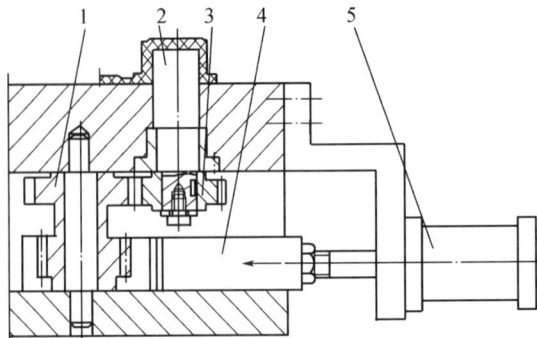

图 4 - 120　液压缸脱螺纹机构

1—齿轮;2—螺纹型芯;3—齿轮;4—齿条;5—液压缸。

4.17 复位机构

复位机构就是在模具闭合时顶出系统的各个顶出元件恢复到原来设定的位置。如顶杆、顶管、顶块等。但因其端部一般并不直接接触到定模的分型面上。常用的复位机构主要包括复位杆复位和弹簧复位。

1. 复位杆复位

复位杆制造简单,易于安装调节,动作稳定可靠,应用广泛,如图 4 – 121 所示。

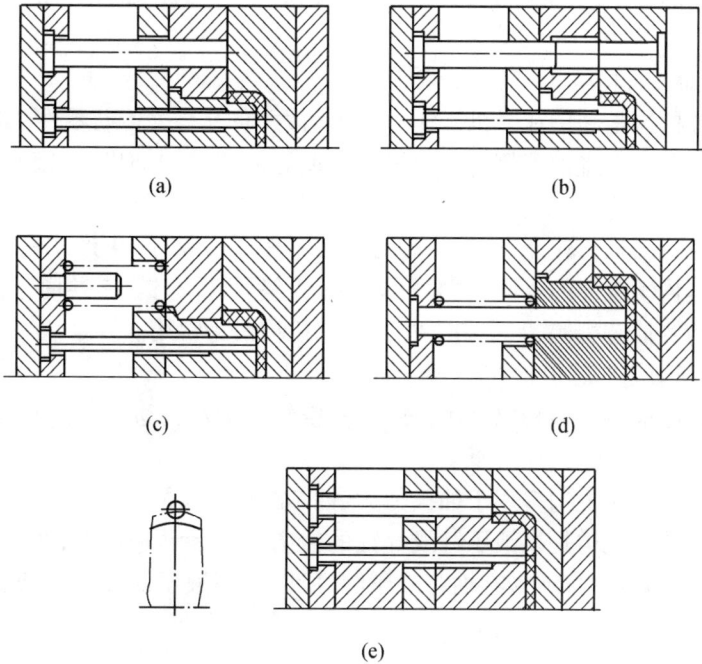

(a)   (b)

(c)   (d)

(e)

图 4 – 121 复位机构的形式

复位杆设计须知:

(1)位置对称、分布均匀,以保证复位过程中顶板的移动平衡。一般设四根,均匀分布,同顶杆固定方式。

(2)复位杆对顶杆固定板兼起导向作用,故复位杆间距、跨度尽量大,直径亦尽量大。

(3)为避免合模时与定模板发生干扰而合模不严,安装时复位杆应低于动模分型面 0.25mm。

(4)与动模的配合精度为 H7/f7,配合长度尽量大些以保证复位移动的稳定性。

(5)材料为 T10A,头部淬硬,54HRC ~ 58HRC。

2. 弹簧复位

用于结构简单的小型模具。弹簧弹力应足以使顶出机构复位。但弹簧易失效,故应尽量选长些并及时更换。

3. 顶杆兼作复位

用于顶杆间距、直径较大并设置在塑件周边的大型塑件的注射模。

4.18 注射模具的侧抽芯机构概述

4.18.1 侧抽芯机构的分类

在成型带有侧凹凸结构的塑件时,成型后凹凸的成型零件将阻碍塑件脱模,故一般将侧凹凸的成型零件做成活动的,开模时先侧向抽出,然后再顶出塑件,合模时再将侧成型零件恢复原位,完成侧型芯的抽出和复位动作的装置叫做侧抽芯机构。

根据动力来源的不同,侧抽芯机构一般可分为机动、液压(液动)或气动以及手动等三大类型。

1. 机动侧抽芯机构

机动侧抽芯机构是利用注射机开模力作为动力,通过有关传动零件(如斜导柱)使力作用于侧向成型零件而将模具侧分型或把活动型芯从塑件中抽出,合模时又靠它使侧向成型零件复位。

这类机构虽然结构比较复杂,但分型与抽芯不用手工操作,生产率高,在生产中应用最为广泛。根据传动零件的不同,这类机构可分为斜导柱、弯销、斜导槽、斜滑块和齿轮齿条等不同类型的侧抽芯机构,其中斜导柱侧抽芯机构最为常用。

2. 液压或气动侧抽芯机构

液压或气动侧抽芯机构是以液压力或压缩空气作为动力进行侧分型与抽芯,同样也靠液压力或压缩空气使活动型芯复位。

液压或气动侧抽芯机构多用于抽拔力大、抽芯距比较长的场合,例如大型管子塑件的抽芯等。这类侧抽芯机构是靠液压缸或气缸的活塞来回运动进行的,抽芯的动作比较平稳,特别是有些注射机本身就带有抽芯液压缸,所以采用液压侧分型与抽芯更为方便,但缺点是液压或气动装置成本较高。

3. 手动侧分型与抽芯机构

手动侧抽芯机构是利用人力将模具侧分型或把侧向型芯从成型塑件中抽出。这一类机构操作不方便、工人劳动强度大、生产率低,但模具的结构简单、加工制造成本低,因此常用于产品的试制、小批量生产或无法采用其他侧抽芯机构的场合。

手动侧抽芯机构的形式很多,可根据不同塑件设计不同形式的手动侧抽芯机构。手动侧抽芯可分为两类,一类是模内手动分型抽芯,另一类是模外手动分型抽芯,而模外手动分型抽芯机构实质上是带有活动镶件的模具结构。

4.18.2 抽拔力

4.18.2.1 抽拔力及其影响因素

塑件冷却收缩时,对型芯产生包紧力。塑件脱模时所需克服的力包括:①因包紧力而产生的脱模阻力;②塑件型芯间的黏附力和摩擦力;③抽芯机构本身所产生的摩擦力。

以上几种力的合力即为抽拔力。抽拔力分为初始抽拔力和相继抽拔力。前者为开始脱模的瞬间克服包紧力所需的力;后者为继续将型芯全部抽出所需的力。前者比后者大得多,故设计时以前者为准。

影响抽拔力的因素很多,程度也不相同,主要有以下几点。

（1）型芯成型部分的表面积及断面几何形状

型芯成型部分表面积越大,则抽拔力越大,所需抽拔力也越大。型芯的断面为圆形时,比矩形的包紧力小,所需的抽拔力也小。当为曲线或折线所组成的断面时,则包紧力更大,抽拔力也更大。

（2）塑料的收缩率

塑料的收缩率越大,则包紧力越大,所需的抽拔力也越大。

（3）塑料的弹性模量

在同样收缩率的情况下,硬性塑料比软性塑料所需的抽拔力要大。

（4）塑料对型芯的摩擦系数

塑料对型芯的摩擦系数与塑料性能、脱模斜度、型芯表面粗糙度及润滑条件有关。摩擦系数越大,则所需的抽拔力也越大。

（5）塑件的壁厚

包容面积相同的厚壁塑件,其冷却时比薄壁塑件所需的抽拔力大。

（6）塑件同一侧面的同时抽芯数量

当塑件在同一侧面上有两个以上的型芯,采用抽芯机构同时抽拔时,由于塑件孔距间的收缩较大,所以抽拔力也大。

4.18.2.2 抽拔力的计算

为了估算抽拔力,首先分析一下型芯的受力情况。图4-122为型芯受力分析图。

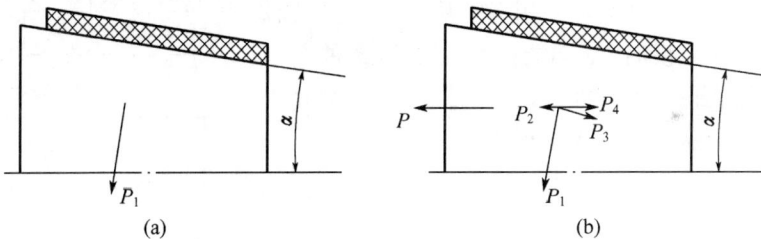

图4-122 型芯受力分析图
（a）静止时；（b）抽拔时。

式中　P——抽拔力；

P_1——塑件对型芯的包紧力；

P_2——包紧力 P_1 沿水平方向的分力；

P_3——抽拔过程中塑件对型芯的摩擦力；

P_4——摩擦力 P_3 沿水平方向的分力。

其中

$$P_2 = P_1 \sin\alpha \qquad\qquad (4-15)$$

$$P_3 = \mu P_1 \qquad\qquad (4-16)$$

$$P_4 = P_3 \cos\alpha = \mu P_1 \cos\alpha \qquad\qquad (4-17)$$

式中　μ——塑料在热状态时对钢的摩擦系数,一般 $0.15 \leqslant \mu \leqslant 0.2$；

α——侧型芯的脱模斜度或倾斜角度。

$$P = P_4 - P_2 = \mu P_1 \cos\alpha - P_1 \sin\alpha = P_1(\mu\cos\alpha - \sin\alpha) \tag{4-18}$$

由式(4-18)可以看出：P_1 大即塑料对侧型芯的包紧力大，抽拔力也就大。

P_1 可由下式估算：

$$P_1 = C \cdot h \cdot P_0 \tag{4-19}$$

式中　C——侧型芯成型部分的截面平均周长，m；

　　　h——侧型芯成型部分的高度，m；

　　　P_0——塑件对侧型芯的收缩应力（包紧力），其值与塑件的几何形状及塑料的品种、成型工艺有关。一般情况下，模内冷却的塑件，$P_0 = 0.8 \sim 1.2 \times 10^7$ Pa；模外冷却的塑件，$P_0 = 2.4 \sim 3.9 \times 10^7$ Pa。

将式(4-19)代入式(4-18)可得到抽拔力的计算公式(4-20)。

$$P = chP_0(\mu\cos\alpha - \sin\alpha) \tag{4-20}$$

4.18.3　抽芯距的计算

将侧型芯从成型位置到不妨碍塑件的脱模推出位置所移动的距离称为抽芯距，用 s 表示。

为了安全起见，侧向抽芯距离通常比塑件上的侧孔、侧凹的深度或侧向凸台的高度大 2mm~3mm，但在某些特殊的情况下，当侧型芯或侧型腔从塑料中虽已脱出，但仍阻碍塑料脱模时，就不能简单地使用这种方法确定抽芯距离。图4-123 所示是个线圈骨架的侧分型注射模，其抽芯 $s \neq s_2 + (2 \sim 3)$ mm，应是

$$s = s_1 + (2 \sim 3)\text{mm} = \sqrt{R^2 - r^2} + (2 \sim 3)\text{mm} \tag{4-21}$$

式中　s——抽芯距；

　　　s_1——为取出塑件，型芯滑块移动的最小距离；

　　　R——线圈骨架台肩半径；

　　　r——线圈半径。

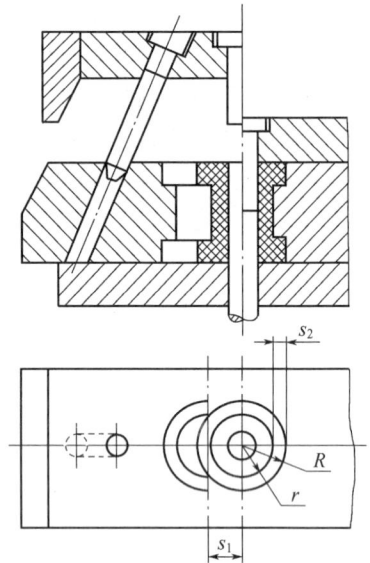

图4-123　线圈骨架的抽芯距

4.18.4　斜导柱侧抽芯机构

4.18.4.1　斜导柱侧抽芯机构的工作原理

斜导柱侧抽芯机构的工作原理如图4-124 所示。斜导柱与开模方向夹角为抽拔角，开模时，斜导柱与侧滑块的斜孔做相对运动，产生一个作用力 F_w，F_w 分解为 F 和 F_1。F 促使侧滑块向外移动，F 称抽拔力；F_1 使侧滑块向上移动。因侧滑块要装在模板的导滑槽中，驱动侧滑块向外侧移动而达侧抽目的。

这类侧抽芯机构的特点是结构紧凑、动作安全可靠、加工制造方便，是设计和制造注射模抽芯时最常用的机构。但其抽芯力和抽芯距受到模具结构的限制，一般适用于抽芯

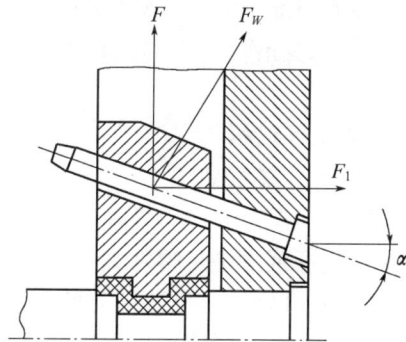

图 4 - 124　斜导柱抽芯原理

力不大及抽芯距小于 60mm ~ 80mm 的场合。

4.18.4.2　斜导柱侧抽芯机构的组成

斜导柱侧抽芯机构主要由斜导柱、侧型芯滑块、导滑槽、锁紧块和型芯滑块定距限位装置等组成,如图 4 - 125 所示。斜导柱 10 又叫斜销,它靠开模力来驱动从而产生侧向抽芯力,迫使侧型芯滑块在导滑槽内向外移动,达到侧抽芯的目的。侧型芯滑块 11 是成型塑件上侧凹或侧孔的零件,滑块与侧型芯既可做成整体式,也可做成组合式。导滑槽是维持滑块运动方向的支承零件,要求滑块在导滑槽内运动平稳,无上下窜动和卡紧现象。使型芯滑块在抽芯后保持最终位置的限位装置由限位挡块 5、滑块拉杆 8、螺母 6 和弹簧 7

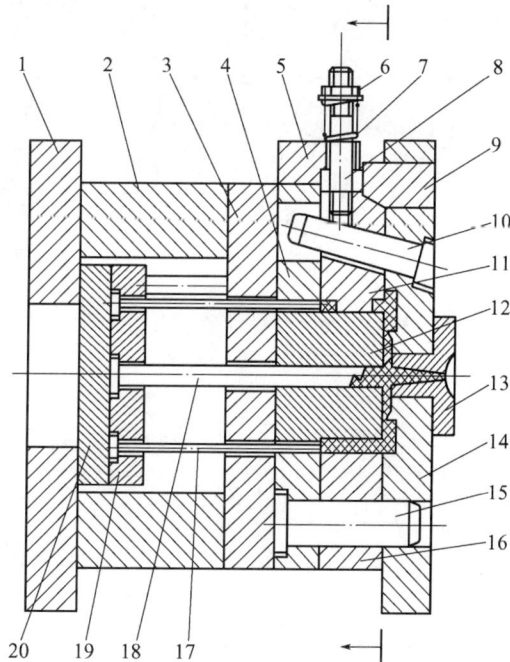

图 4 - 125　斜导柱侧抽芯机构

1—动模板;2—垫块;3—垫板;4—型芯固定板;5—挡块;6—螺母;7—弹簧;
8—滑块拉杆;9—压紧块;10—斜导柱;11—侧型芯滑块;12—型芯;13—浇口套;
14—定模板;15—导柱;16—型腔板;17—推杆;18—拉料杆;19—推杆固定板;20—推板。

组成,它可以保证闭模时斜导柱能很准确地插入滑块的斜孔,使滑块复位。压紧块 9 是闭模装置,其作用是在注射成型时,承受滑块传来的侧推力,以免滑块产生位移或使斜导柱因受力过大产生弯曲变形。

4.18.4.3　斜导柱侧抽芯机构的工作过程

斜导柱侧抽芯机构注射模的工作过程如图 4 - 125 所示。图 4 - 125 中的塑件有一侧通孔,开模时,动模部分向后移动,开模力通过斜导柱 10 驱动侧型芯滑块 11,迫使其在型芯固定板 4 的导滑槽内向外滑动,直至滑块与塑件完全脱开,完成侧向抽芯动作。这时塑件包在型芯 12 上随动模继续后移,直到注射机顶杆与模具推板接触,推出机构开始工作,推杆将塑件从型芯上推出。合模时,复位杆使推出机构复位,斜导柱使侧型芯滑块向内移动复位,最后由锁紧块锁紧。

4.18.4.4　斜导柱的设计

1. 斜导柱的结构形式

斜导柱的基本形式如图 4 - 126 所示。斜导柱固定部分与模板的配合精度为 H7/m6 的过渡配合。斜导柱与侧滑块孔之间的配合不能过紧,应有单边 0.2mm ~ 0.3mm 的间隙,原因有二:①斜导柱与侧滑块孔中滑动时有较大的侧向分力,故相互之间的运动摩擦力较大;②若配合精度高,则开模瞬间主、侧分型面几乎同时分型,而此时楔块还在锁紧作用,会引起侧抽芯的运动干扰。

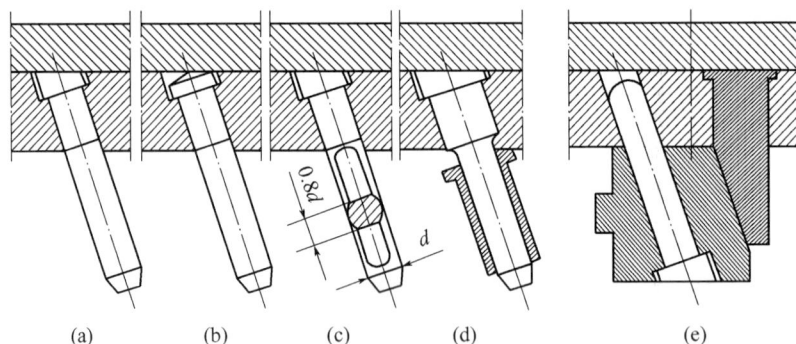

图 4 - 126　斜导柱的基本形式

2. 斜导柱倾斜角确定

斜导柱轴向与开模方向的夹角称为斜导柱的倾斜角 α,如图 4 - 127 所示,它是决定斜导柱抽芯机构工作效果的重要参数。α 的大小对斜导柱的有效工作长度、抽芯距和受力状况等起着决定性的影响。

由图可知

$$L = \frac{s}{\sin\alpha} \qquad\qquad (4 - 22)$$

$$H = s\cot\alpha \qquad\qquad (4 - 23)$$

式中　L——斜导柱的工作长度;

　　　s——抽芯距;

　　　α——斜导柱的倾斜角;

H——与抽芯距对应的开模距。

图 4 - 128 所示是斜导柱抽芯时的受力图。

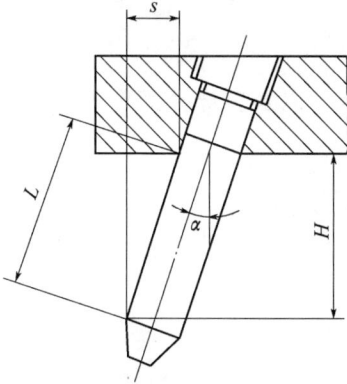

图 4 - 127　斜导柱抽芯长度与抽芯距关系

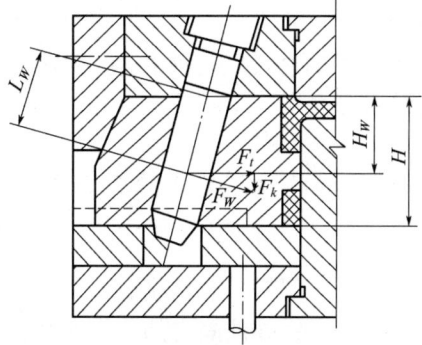

图 4 - 128　斜导柱抽芯时的受力图

由图可得出开模力

$$F_W = \frac{F_t}{\cos\alpha} \qquad\qquad (4 - 24)$$

$$F_k = F_t\tan\alpha \qquad\qquad (4 - 25)$$

式中　F_W——侧抽芯时斜导柱所受的弯曲力;

　　　F_t——侧抽芯时的脱模力,其大小等于抽芯力;

　　　F_k——侧抽芯时所需的开模力。

由式可知:α 增大,L 和 H 减小,有利于减小模具尺寸。但 F_W 和 F_k 增大,则影响斜导柱和模具的强度和刚度;反之,α 减小,斜导柱和模具受力减小,但要在获得相同抽芯距的情况下,斜导柱的长度就要增长,开模距就要变大,因此模具尺寸会增大。综合两方面考虑,经过实际的计算推导,α 取 22°33′ 比较理想,一般在设计时 $\alpha < 25°$,最常用为 12° < α < 22°。

3. 斜导柱的长度计算

斜导柱的长度计算如图 4 - 129 所示,其工作长度与抽芯距有关。

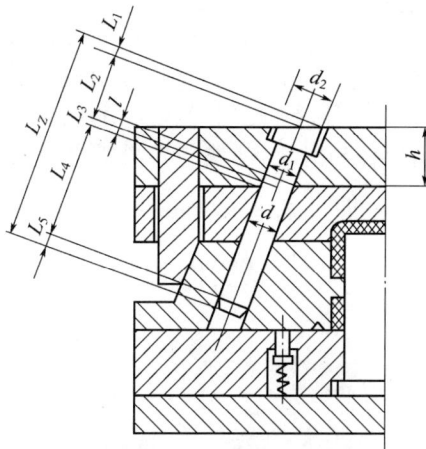

图 4 - 129　斜导柱的长度计算

153

当滑块向动模一侧或向定模一侧倾斜 β 角度后,斜导柱的工作长度 L(或称有效长度)为:

$$L = s \frac{\cos\beta}{\sin\alpha} \qquad (4-26)$$

斜导柱的总长度与抽芯距、斜导柱的直径和倾斜角以及斜导柱固定板厚度等有关。斜导柱的总长为

$$L_Z = L_1 + L_2 + L_3 + L_4 + L_5 = \frac{d_2}{2}\tan\alpha + \frac{h}{\cos\alpha} + \frac{d}{2}\tan\alpha + \frac{s}{\sin\alpha} + (5-10)\text{mm}$$

$$\qquad (4-27)$$

式中　L_Z——斜导柱总长度;

　　　d_2——斜导柱固定部分大端直径;

　　　h——斜导柱固定板厚

　　　d——斜导柱工作部分直径;

　　　s——抽芯距。

4.18.4.5　斜导柱的受力分析与直径计算

1. 斜导柱的受力分析

斜导柱在抽芯过程中受到弯曲力 F_W 的作用,如图 4-130 所示。为了便于分析,先

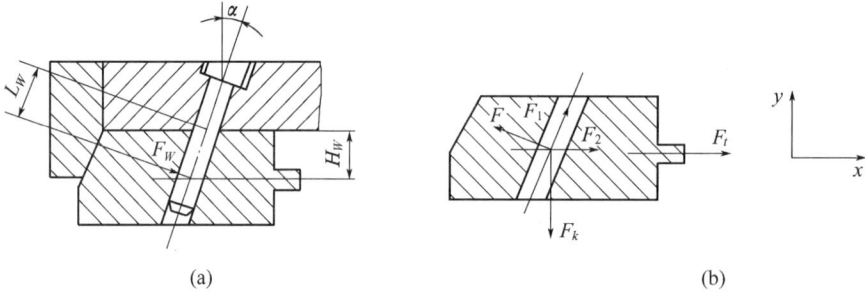

图 4-130　斜导柱受力分析

(a) 斜导柱的受力情况;(b) 滑块受力图。

分析滑块的受力情况。在图中:F_t 是抽芯力 F_c 的反作用力,其大小与 F_c 相等、方向相反;F_k 是开模力,它通过导滑槽施加于滑块;F 是斜导柱通过斜导孔施加于滑块的正压力,其大小与斜导柱所受的弯曲力 F_W 相等;F_1 是斜导柱与滑块间的摩擦力,F_2 是滑块与导滑槽间的摩擦力。另外,假定斜导柱与滑块、滑块与导滑槽之间的摩擦系数均为 μ。

$$\sum F_x = 0 \quad 即 \quad F_t + F_1\sin\alpha + F_2 - F\cos\alpha = 0 \qquad (4-28)$$

$$\sum F_y = 0 \quad 即 \quad F\sin\alpha + \cos\alpha - F_4 = 0 \qquad (4-29)$$

式中　$F_1 = \mu F$;

　　　$F_2 = \mu F_k$

由以上方程解得

$$F = \frac{F_t}{\sin\alpha + \mu\cos\alpha} \times \frac{\tan\alpha + \mu}{1 - 2\mu\cot\alpha - \mu^2} \qquad (4-30)$$

154

由于摩擦力和其他力相比较一般很小,常常可略去不计($\mu = 0$),这样上式为

$$F = \frac{F_t}{\cos\alpha} \tag{4-31}$$

即

$$F = \frac{F_c}{\cos\alpha} \tag{4-32}$$

2. 斜导柱的直径计算

斜导柱的直径主要受弯曲力的影响,根据图4-130所示,受的弯矩为

$$M_W = F_W L_W \tag{4-33}$$

式中　M_W——斜导柱所受弯矩;

　　　　L_W——斜导柱弯曲力臂。

由材料力学可知

$$M_W = [\sigma_W] W \tag{4-34}$$

式中　$[\sigma_W]$——斜导柱所用材料的许用弯曲应力;

　　　　W——抗弯截面系数。

斜导柱的截面一般为圆形,其抗弯截面系数为

$$W = \frac{\pi}{32} d^3 \approx 0.1 d^3 \tag{4-35}$$

所以斜导柱的直径为

$$d = \left[\frac{F_W L_W}{0.1 [\sigma_W]} \right]^{\frac{1}{3}} \tag{4-36}$$

$$d = \left[\frac{F_W L_W}{0.1 [\sigma]} \right]^{\frac{1}{3}} = \left[\frac{10 F_t L_W}{[\sigma] \cos\alpha} \right]^{\frac{1}{3}} = \left[\frac{10 F_c H_W}{[\sigma] \cos^2\alpha} \right]^{\frac{1}{3}} \tag{4-37}$$

式中　H_W——侧型芯滑块受的脱模力作用线与斜导柱中心线的交点到斜导柱固定板的
　　　　　　距离,它并不等于滑块高的一半。

由于计算比较复杂,有时为了方便,也可以用查表方法确定斜导柱的直径。先按抽芯力 F_t 和斜导柱倾斜角 α 在4-5中查出最大弯曲力 F_W,然后根据 F_W 和 H_W 以及 α 在表 4-6查出斜导柱直径 d。

表4-5　最大弯曲力与抽芯力和斜导柱倾斜角

最大弯曲力	斜导柱倾斜角 $\alpha/(°)$					
	8	10	12	15	18	20
	抽芯力 F_t/kN					
1.00	0.99	0.98	0.97	0.96	0.95	0.94
2.00	1.98	1.97	1.95	1.93	1.90	1.88
3.00	2.97	2.95	2.93	2.89	2.85	2.82
4.00	3.96	3.94	3.91	3.86	3.80	3.76

最大弯曲力	斜导柱倾斜角 α/(°)					
	8	10	12	15	18	20
	抽芯力 F_t/kN					
5.00	4.95	4.92	4.89	4.82	4.75	4.70
6.00	5.94	5.91	5.86	5.70	5.70	5.64
7.00	6.93	6.89	6.84	6.75	6.65	6.58
8.00	7.92	7.88	7.82	7.72	7.60	7.52
9.00	8.91	8.86	8.80	8.68	8.55	8.46
10.00	6.90	6.85	6.78	6.65	6.50	6.40
11.00	10.89	10.83	10.75	10.61	10.45	10.34
12.00	11.88	11.82	11.73	11.58	11.40	11.28
13.00	12.87	12.80	12.71	12.54	12.35	12.22
14.00	13.86	13.79	13.69	13.51	13.30	13.16
15.00	14.85	14.77	14.67	14.47	14.25	14.10
16.00	15.84	15.76	15.64	15.44	15.20	15.04
17.00	16.83	16.74	16.62	16.40	16.15	15.93
18.00	17.82	17.73	17.60	17.37	17.10	17.80
19.00	18.81	18.71	18.58	18.33	18.05	2.82
20.00	16.80	16.70	16.56	16.30	16.00	18.80
21.00	20.79	20.68	20.53	20.26	16.95	16.74
22.00	21.78	21.67	21.51	21.23	20.90	20.68
23.00	22.77	22.65	22.49	22.19	21.85	21.62
24.00	23.76	23.64	23.47	23.16	22.80	22.56
25.00	24.75	24.62	24.45	24.12	23.75	23.50
26.00	25.74	25.61	25.42	25.09	24.70	24.44
27.00	26.73	26.59	26.40	26.05	25.65	25.38
28.00	27.72	27.58	27.38	27.02	26.60	26.32
29.00	28.71	28.56	28.36	27.98	27.55	27.26
30.00	26.70	26.65	26.34	28.95	28.50	28.20
31.00	30.69	30.53	30.31	26.91	26.45	26.14
32.00	31.68	31.52	31.29	30.88	30.40	30.08
33.00	32.67	32.50	32.27	31.84	31.35	31.02
34.00	33.66	33.498	33.25	32.81	32.30	31.96
35.00	34.65	34.47	34.23	33.77	33.25	32.00
36.00	35.64	35.46	35.20	34.74	34.20	33.81
37.00	36.63	36.44	36.18	35.70	35.15	34.78
38.00	37.62	37.43	37.16	36.67	36.10	35.72
39.00	38.61	38.41	38.14	37.63	37.05	36.66
40.00	36.60	36.40	36.12	38.60	38.00	37.60

表 4-6　斜导柱倾角、高度 H_W、最大弯曲力、斜导柱直径之间的关系

斜导柱倾斜角 α(°)	H_W/mm	最大弯曲力/kN 斜导柱直径/mm																												
		1	2	3	4	5	6	7	8	9	10	11	12	13	14	15	16	17	18	19	20	21	22	23	24	25	26	27	28	29	30
8	10	8	10	10	12	12	14	14	14	15	15	16	16	18	18	18	18	20	20	20	20	20	20	20	20	22	22	22	22	22	22
	15	8	10	12	14	14	15	16	16	18	18	18	20	20	20	20	20	22	22	22	22	24	24	24	24	24	24	24	25	25	25
	20	10	12	14	14	15	16	18	18	20	20	20	20	22	22	22	24	24	24	24	24	25	25	25	26	26	26	28	28	28	28
	25	10	12	14	15	18	18	18	20	20	22	22	22	24	24	24	24	25	25	26	26	26	28	28	28	28	28	30	30	30	30
	30	10	14	15	16	18	18	20	20	22	22	24	24	24	24	25	24	26	28	28	30	28	28	30	30	30	30	32	32	32	32
	35	12	14	16	18	18	20	20	20	22	24	24	25	25	26	25	26	28	28	30	30	30	30	30	32	32	32	32	34	34	34
	40	12	14	16	18	20	20	22	24	24	24	25	26	26	28	28	28	30	30	30	30	32	32	32	32	34	34	34	34	34	35
10	10	8	10	12	12	12	14	14	14	15	15	16	18	18	18	18	18	18	20	20	20	20	20	20	20	22	22	22	22	22	22
	15	10	12	12	14	14	15	16	16	18	18	18	20	20	20	20	22	22	22	22	22	22	24	24	24	24	24	24	24	25	25
	20	10	12	14	14	15	16	18	18	20	20	20	22	22	22	22	24	24	24	24	24	25	25	25	26	26	28	28	28	28	28
	25	10	12	14	15	18	18	18	20	20	22	22	22	24	24	24	25	25	25	26	28	28	28	28	28	28	28	30	30	30	30
	30	12	14	15	16	18	20	20	22	22	22	24	24	24	25	25	26	26	28	28	30	30	30	30	30	30	30	32	32	32	32
	35	12	14	16	18	18	20	20	22	22	24	24	25	25	26	26	28	28	30	30	30	32	32	32	32	32	32	34	34	34	34
	40	12	14	18	18	20	22	22	24	24	24	26	26	28	28	28	28	30	30	30	30	32	32	32	32	34	34	34	34	34	36
12	10	8	10	12	12	12	14	14	14	15	16	16	16	18	18	18	18	18	20	20	20	20	20	20	20	22	22	22	22	22	22
	15	8	12	12	14	14	15	16	16	18	18	18	20	20	20	20	22	22	22	22	22	22	24	24	24	24	24	24	24	25	25
	20	10	12	14	14	16	16	18	18	20	20	20	22	22	22	22	24	24	24	24	26	26	26	26	26	26	26	28	28	28	28
	25	10	12	14	16	18	20	20	20	20	22	22	22	24	25	25	25	25	25	26	28	28	30	30	28	28	28	30	30	30	30
	30	12	14	15	16	18	20	22	22	22	22	24	24	24	25	28	28	28	28	30	30	30	30	30	30	30	30	32	32	32	32
	35	12	14	16	18	20	22	22	22	24	24	24	25	25	25	28	30	28	28	30	32	32	32	32	32	32	32	32	34	34	34
	40	12	14	16	18	20	22	22	24	24	24	25	26	26	28	28	30	30	30	30	32	32	32	32	32	34	34	34	34	34	35

（续）

最大弯曲力/kN 斜导柱直径/mm

斜导柱倾斜角 α(°)	H_W/mm	1	2	3	4	5	6	7	8	9	10	11	12	13	14	15	16	17	18	19	20	21	22	23	24	25	26	27	28	29	30
15	10	8	10	12	12	12	14	14	14	15	16	16	16	18	18	18	18	18	20	20	20	20	20	20	20	22	22	22	22	22	22
	15	10	12	12	14	14	15	16	16	18	18	20	20	20	20	20	22	22	22	22	22	24	24	24	24	24	24	25	25	25	25
	20	10	12	14	14	16	16	18	18	20	20	20	22	22	22	22	24	24	24	24	24	25	25	26	26	26	28	28	28	28	28
	25	10	12	14	16	18	18	20	20	20	22	22	22	24	24	24	24	25	25	26	26	28	28	28	28	28	30	30	30	30	30
	30	12	14	15	16	18	20	20	22	22	22	24	24	24	25	25	26	26	28	28	28	28	30	30	30	30	30	32	32	32	32
	35	12	14	16	18	20	20	22	22	24	24	24	24	25	26	28	28	28	28	28	30	30	30	32	32	32	32	32	34	34	34
	40	12	15	16	18	20	22	22	24	24	24	25	26	28	28	28	28	30	30	30	32	32	32	32	34	34	34	34	34	35	36
18	10	8	10	12	12	14	14	14	16	15	16	16	18	18	18	18	18	20	20	20	20	20	20	20	20	22	22	22	22	22	22
	15	10	12	12	14	14	14	16	18	18	18	18	20	20	20	20	22	22	22	22	22	24	24	24	24	24	24	25	25	25	25
	20	10	12	14	14	16	16	18	18	20	20	20	22	22	22	22	24	24	24	24	25	25	25	26	26	26	28	28	28	28	28
	25	10	12	14	16	18	18	20	20	20	22	22	22	24	24	24	24	25	26	26	26	26	28	28	28	28	30	30	30	30	30
	30	12	14	15	18	18	20	20	22	22	22	24	24	24	25	25	26	26	28	28	28	28	30	30	30	30	32	32	32	32	32
	35	12	14	16	18	20	20	22	24	24	24	24	24	26	26	28	28	28	28	30	30	30	30	32	32	32	32	34	34	34	34
	40	12	15	18	18	20	22	22	24	24	25	25	26	28	28	28	30	30	30	30	32	32	32	32	34	34	34	34	34	34	35
20	10	8	10	12	12	14	14	14	14	15	16	16	18	18	18	18	18	20	20	20	20	20	20	20	20	22	22	22	22	22	22
	15	10	12	12	14	14	15	16	18	18	18	18	20	20	20	20	22	22	22	22	22	24	24	24	24	24	25	25	25	25	25
	20	10	12	14	14	16	16	18	18	20	20	20	22	22	22	22	24	24	24	24	25	25	25	26	26	28	28	28	28	28	28
	25	10	12	14	16	18	18	20	20	20	22	22	22	24	24	24	25	25	26	26	26	26	28	28	28	30	30	30	30	30	30
	30	12	14	15	18	18	20	20	22	22	22	24	24	24	25	26	28	28	28	28	30	30	30	30	32	32	32	32	32	32	32
	35	12	14	16	18	20	20	22	24	24	24	24	24	26	26	28	28	28	30	30	30	30	32	32	32	34	34	34	34	34	34
	40	12	14	18	18	20	22	22	24	24	25	25	26	28	28	28	30	30	30	30	32	32	32	32	34	34	34	34	34	35	35

4.18.4.6 侧型芯机构的设计

包括侧滑芯、导滑槽、定位装置、锁紧装置等几部分。

1. 侧型芯与侧滑座的连接形式

侧型芯包括成型型芯和侧滑座两部分。连接形式如图4-131所示。图4-131(a)为整体式,用于小型模具,型芯结构简单、加工方便。图4-131(b)、图4-131(c)和图4-131(d)为分体式,将成型型芯镶嵌在侧滑座上。型芯直径较大时,用贯通的圆柱销从其中间穿过;直径较小时,用骑墙销,中心在侧型芯外部,销的1/3在芯上;尾部通孔顶出时用,侧型芯损坏时,先将横销钻掉再从尾部顶出。同一部位侧型芯较多时:型芯镶嵌在固定板上,固定板与侧滑节座配合并用螺柱和圆柱销固定,如图4-131(e)所示。图4-131(f)为侧型芯为薄片时的固定方式。

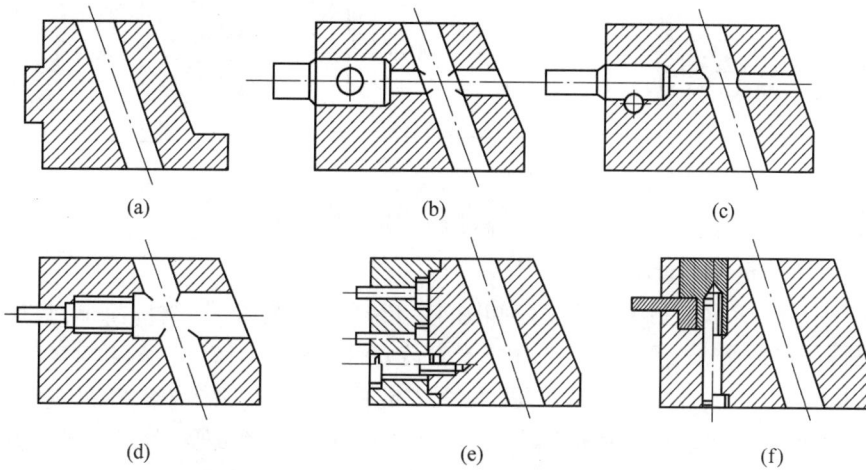

图4-131 侧型芯与滑座的连接形式

2. 侧滑座的导滑形式

为保证侧型芯平稳移动,无上下窜动和卡死现象,可靠地抽出或复位,侧滑座应与导滑槽配合良好。侧滑座的宽度和导滑槽厚度配合均为基孔制的间隙配合H7/f7。导滑槽设在模板上,采用T形槽的结构。侧滑座的导滑形式有整体式和镶嵌式两种。一般多采用整体式。

(1)整体式:如图4-132所示。此种结构简单紧凑,广泛用于小型模具;用于侧滑块很宽时,可在侧滑座底部中间部位安装一导向条形镶块。嵌块结构简单,便于修复、更换;导滑槽设在滑座中部,用于侧滑座较高的情况。

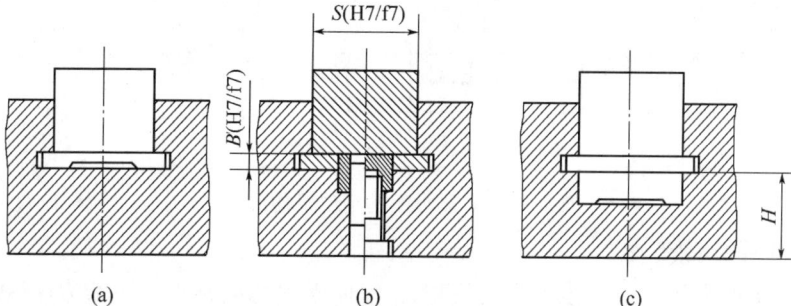

图4-132 侧滑座整体式导滑结构

159

（2）镶拼式：将侧滑座或导滑槽由镶拼形式组成。如图 4-133（a）~图 4-133（e）所示。

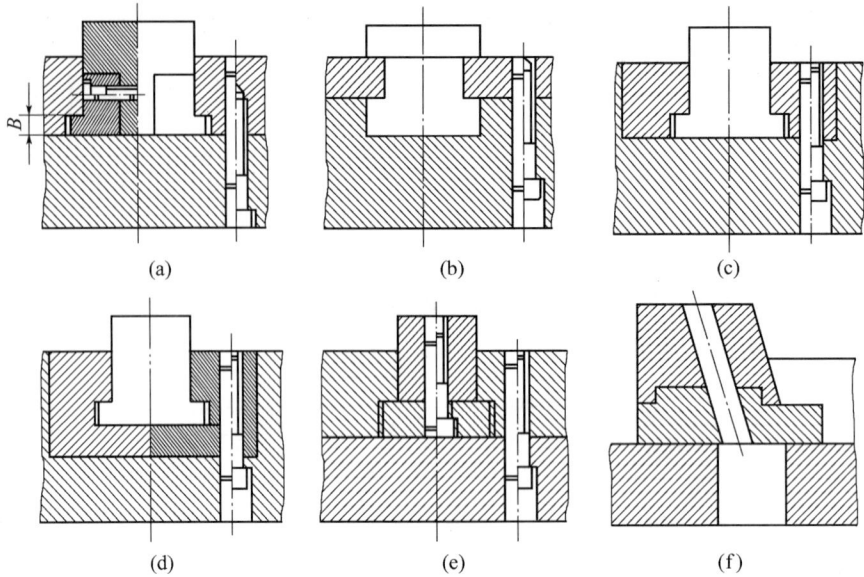

（a）　　　　　　　（b）　　　　　　　（c）

（d）　　　　　　　（e）　　　　　　　（f）

图 4-133　侧滑座拼镶式导滑结构

3. 侧滑座的定位装置

如图 4-134 所示。图 4-134（a）和图 4-134（b）为挡板式，结构简单，只用于侧型芯安在模具下方的情况，装配图上应标明模具安装方向。图 4-134（c）、图 4-134（d）、图 4-134（e）以及图 4-134（f）为弹顶销定位，装置安装在模体内部，结构紧凑，外观整洁，但弹簧力有限且易失效，故常与其他机构配合使用，如尾部加设挡板等，多用于水平方向侧抽芯的小型模具上。图 4-134（g）为限位杆，应用广泛，在模具任意方向均可采用，运动平稳，定位可靠，但模体尺寸加大。

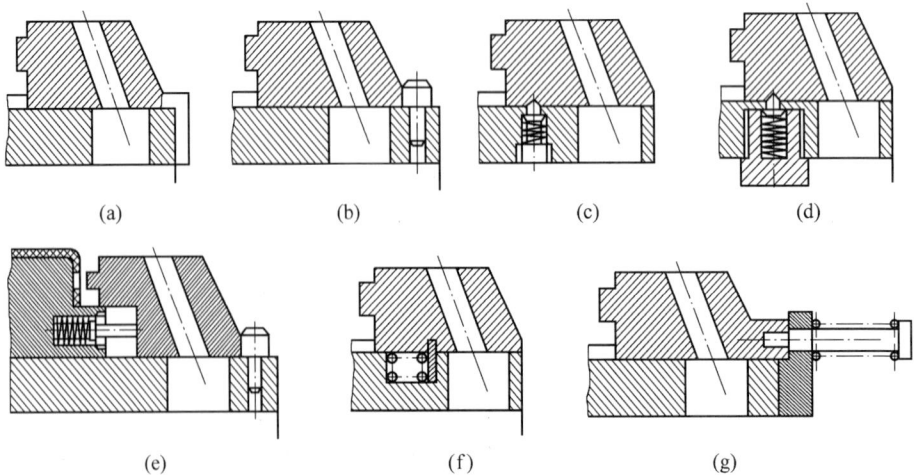

（a）　　　　（b）　　　　（c）　　　　（d）

（e）　　　　　　（f）　　　　　　（g）

图 4-134　侧滑座的定位机构形式

4. 侧滑座的锁紧装置

作用：保证侧型芯准确复位；承受注射压力对侧型芯的冲击。其结构形式如图 4-135 所示。

160

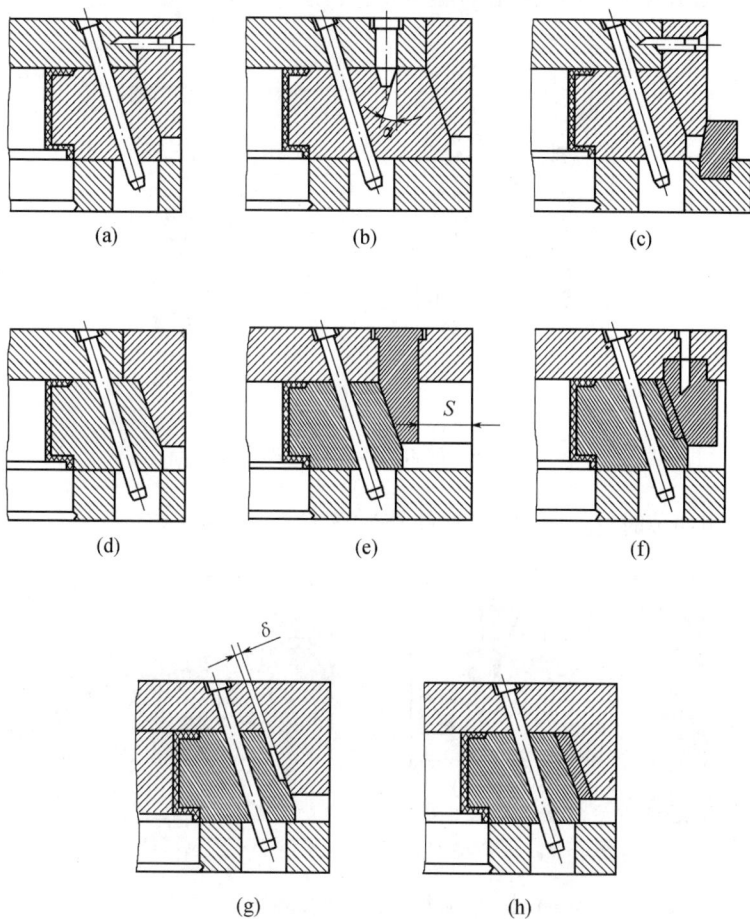

图 4 - 135　侧滑座的锁紧装置形式

4.18.5　设计斜导柱侧抽芯时应注意的问题

（1）型芯较高时,斜导柱受力点的上移引起侧型芯移动时发生歪扭翘曲而运动不畅,易卡滞。可通过如下措施解决:降低斜导柱伸入侧型芯斜孔的高度 H 或增加侧型芯长度 L,如图 4 - 136 所示。

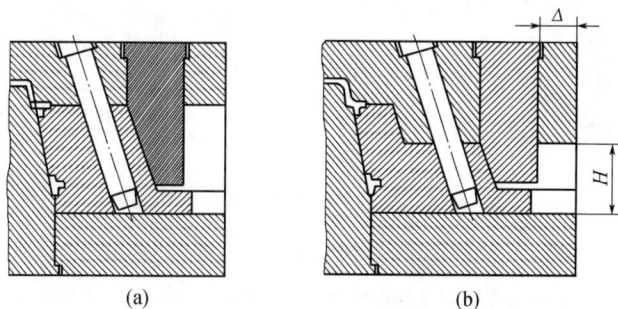

图 4 - 136　侧滑座太高时的解决措施

（2）选择侧分型面时要考虑可能出现的塑件毛边应与开模方向一致，如图4－137所示。

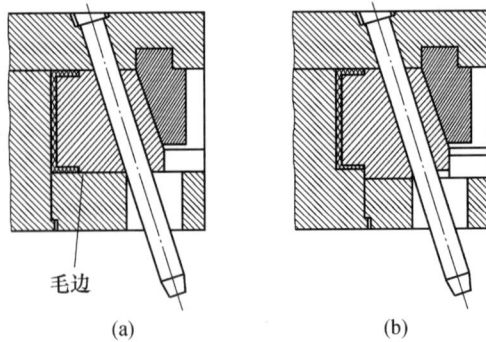

图4－137　侧抽芯应注意塑件毛边方向

（3）设计侧抽芯时，应考虑保持塑件外观整洁。如图4－138所示。

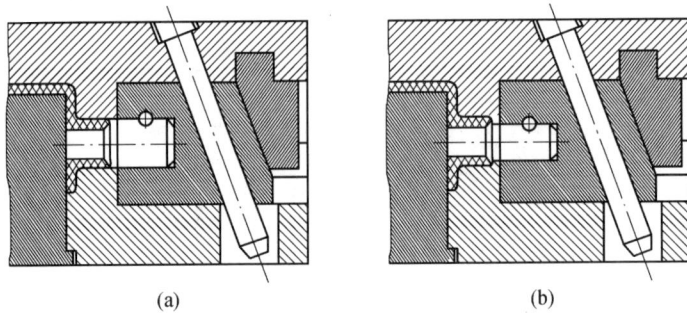

图4－138　侧抽芯时应考虑保持塑件外观整洁

（4）斜导柱与侧型芯斜孔配合时还须保证与滑动面垂直，以保证斜导柱驱动侧滑块的移动轨迹与侧滑槽导向一致，使其移动顺畅，如图4－139所示。

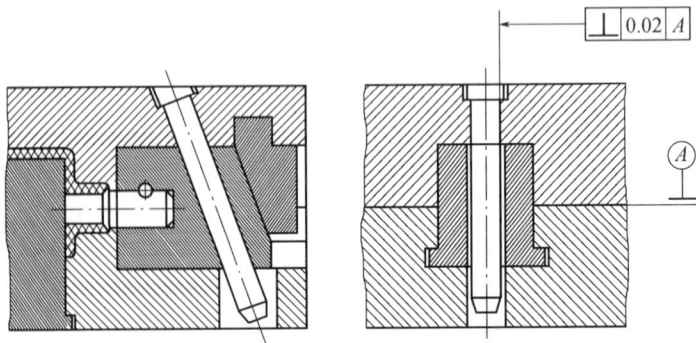

图4－139　斜导柱的垂直精度

（5）一个侧抽芯系统尽量只设一个斜导柱，且设在抽拔力的压力中心处。如果必须设两个以上斜导柱时，应在斜导柱与侧型芯斜孔的配合精度上保证各斜导柱动作协调一致，避免相互干扰和牵制而引起憋劲和歪扭现象。

（6）干涉现象：防止顶出机构在复位前与侧型芯干扰，尽量避免顶杆和活动的侧型芯的水平投影相重合；或使顶杆的顶出行程小于侧型芯抽出部分的最低面，否则要设顶出系统先复位机构。

（7）侧型芯设在定模一侧时，主分型面分型前还须先抽出侧型芯，这时还须采用定距分型机构，以保证主分型面分型时，塑件能完整地留在动模型芯上。

（8）斜导柱的着力点应在侧滑座的抽芯力中心。

4.18.6　先复位机构

4.18.6.1　顶杆的干涉现象及解决办法

所谓干涉现象是指滑块的复位先于推杆的复位致使活动侧型芯与推杆相碰撞，造成活动侧型芯或推杆损坏的事故。侧向型芯与推杆发生干涉的可能性出现在两者在垂直于开模方向平面上的投影发生重合的条件下，如图 4 – 140 所示。

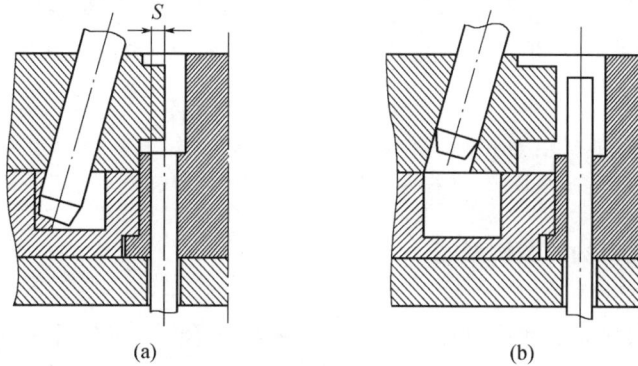

(a)　　　　　　　　　(b)

图 4 – 140　顶杆的干涉现象

图 4 – 140 处于合模状态时，若侧型芯的水平投影与顶杆有一重合区 S，则合模时在该区域内型芯有与顶杆发生干涉现象，产生碰撞可能。这时必须设置顶出系统的先复位机构。

图 4 – 141（a）所示为开模侧抽芯后推杆推出塑件的情况。图 4 – 141（b）是合模复位时，复位杆使推杆复位、斜导柱使侧型芯复位而侧型芯与推杆不发生干涉的临界状态；图 4 – 141（c）是合模复位完毕的状态。从图 4 – 141 中可知，在不发生干涉的临界状态下，侧型芯已复位 s'，还需复位的长度为 $s - s' = s_c$，而推杆需复位的长度为 h_c，如果完全复位，应该为

$$h_c = s_c \cot\alpha \tag{4 – 38}$$

即

$$h_c \tan\alpha = s_c \tag{4 – 39}$$

在完全不发生干涉的情况下，需要在临界状态时侧型芯与推杆还有一段微小的距离 Δ，因此不发生干涉的条件为

$$h_c = s_c \cot\alpha + \Delta \tag{4 – 40}$$

或者

163

$$h_c\tan\alpha > s_c \tag{4-41}$$

式中　h_c——在完全合模状态下推杆端面到侧型芯的最近距离;

s_c——在垂直于开模方向的平面上,侧型芯与推杆投影重合的长度;

Δ——在完全不干涉的情况下,推杆复位到 h_c 位置时,侧型芯沿复位方向距离推杆侧面的最小距离,一般取 $\Delta = 0.5$mm。

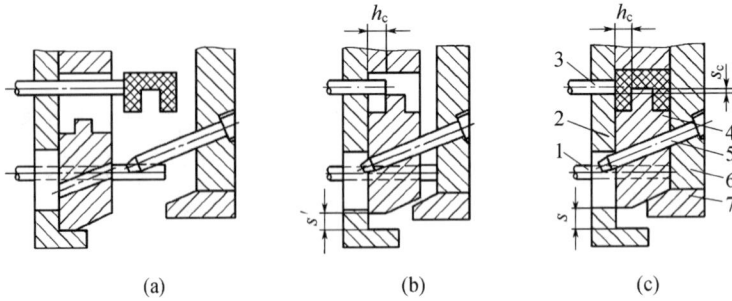

图 4 - 141　不发生干涉的条件

(a) 开模推出状态;(b) 合模过程中不发生干涉的临界状态;(c) 合模复位完毕状态。

1—复位杆;2—动模板;3—推杆;4—侧型芯滑块;5—斜导柱;6—定模板;7—压紧块。

4.18.6.2　先复位机构的结构形式

1. 弹簧式先复位机构

弹簧先复位机构是利用弹簧的弹力使推出机构在合模之前进行复位,弹簧安装在推杆固定板和动模垫板之间,如图 4 - 142 所示。图 4 - 142(a) 中弹簧安装在复位杆上;图 4 - 142(b) 中弹簧安装在另外设置的簧柱上;图 4 - 142(c) 中弹簧安装在推杆上。一般情况设置 4 根弹簧,并且尽量均匀分布在推杆固定板的四周,以便让推杆固定板受到均匀的弹力而使推杆顺利复位。

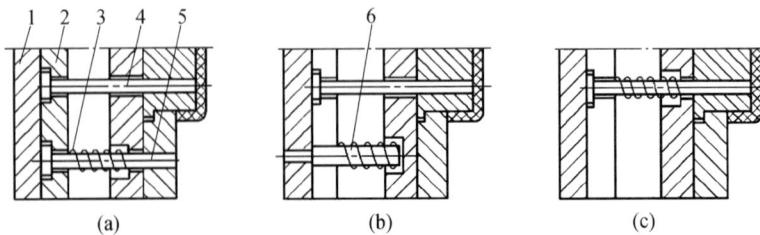

图 4 - 142　弹簧式先复位机构

1—推板;2—推板固定板;3—弹簧;4—推杆;5—复位杆;6—弹簧柱。

开模推出塑件时,塑件包在凸模上一起随动模部分后退,当推板与注射机上的顶杆接触后,动模部分继续后退,推出机构相对静止而开始脱模,弹簧被进一步压缩。一旦开始合模,注射机顶杆与模具推板脱离接触,在弹簧回复力的作用下推杆迅速复位,因此在斜导柱还未驱动侧型芯滑块复位时,推杆便复位结束,因此避免了与侧型芯的干涉。

164

弹簧先复位机构具有结构简单、安装方便等优点,但弹簧的力量较小,而且容易疲劳失效,可靠性差。一般用于在模具闭合开始时,通过机械结构件使顶出系统提前复位。

2. 楔杆三角滑块式先复位机构

楔杆三角滑块式先复位机构如图4-143所示。合模时,固定在定模板上的楔杆1与三角滑块4的接触先于斜导柱2与侧型芯滑块3的接触,在楔杆作用下,三角滑块在推管固定板6的导滑槽内向下移动的同时迫使推管固定板向左移动,使推管先于侧型芯滑块的复位,从而避免两者发生干涉。

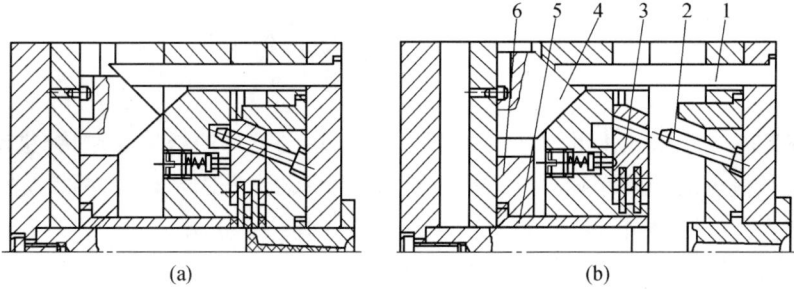

图4-143 楔杆三角滑块式先复位机构
(a) 合模状态;(b) 楔杆接触三角滑块时初始状态。
1—楔杆;2—斜导柱;3—侧型芯滑块;4—三角滑块;5—推管;6—推管固定板。

3. 楔杆摆杆式先复位机构

楔杆摆杆式先复位机构如图4-144所示,它与楔杆三角滑块式复位机构相似,所不同的是摆杆代替了三角滑块。合模时,固定在定模板的楔杆1推动摆杆4上的滚轮,迫使摆杆绕着固定于动模垫板上的转轴做逆时针方向旋转,同时它又推动推杆固定板5向左移动,使推杆2的复位先于侧型芯滑块的复位,避免侧型芯与推杆发生干涉。为了防止滚轮与推板6的磨损,在推板6上常常镶有淬过火的垫板。

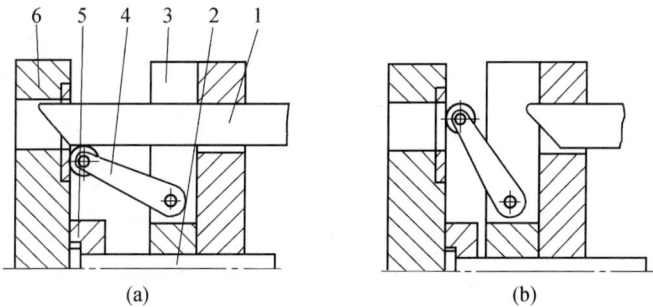

图4-144 楔杆摆杆式先复位机构
(a) 合模状态;(b) 开模状态。
1—楔杆;2—推杆;3—支承板;4—摆杆;5—推杆固定板;6—推板。

图4-145所示为楔杆双摆杆式先复位机构,其工作原理与楔杆摆杆式先复位机构相似,这里不再详述。

4. 楔杆滑块摆杆式先复位机构

楔杆滑块摆杆式先复位机构如图4-146所示。合模时,固定在定模板上的楔杆4的

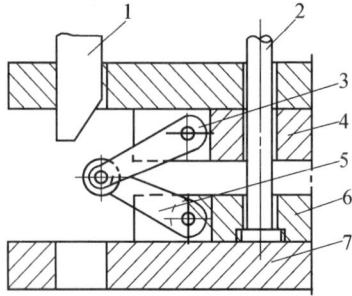

图 4 - 145　楔杆双摆杆式先复位机构

1—楔杆；2—推杆；3—摆杆；4—支承板；5—摆杆；6—推杆固定板；7—推板。

斜面推动安装在支承板 3 内的滑块 5 向下滑动，滑块的下移使滑销 6 左移，推动摆杆 2 绕其固定于支承板上的转轴作顺时针方向旋转，从而带动推杆固定板 1 左移，完成推杆 7 的先复位动作。开模时，楔杆脱离滑块，滑块在弹簧 8 作用下上升，同时，摆杆在本身的重力作用下回摆，推动滑销右移，从而挡住滑块继续上升。

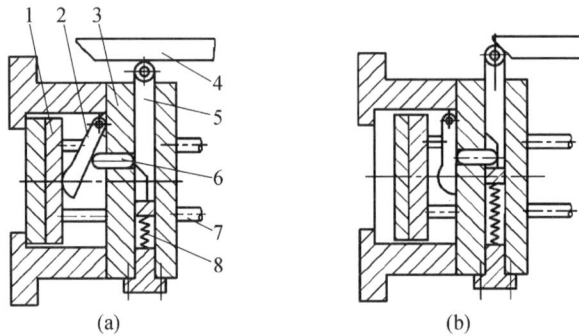

图 4 - 146　楔杆滑块摆杆式先复位机构

（a）合模状态；（b）合模时楔杆接触滑块的初始状态。

1—推杆固定板；2—摆杆；3—支承板；4—楔杆；5—滑块；6—滑销；7—推杆；8—弹簧。

5. 连杆式先复位机构

连杆式先复位机构如图 4 - 147 所示，图中连杆 4 以固定在动模板 10 上的圆柱销 5

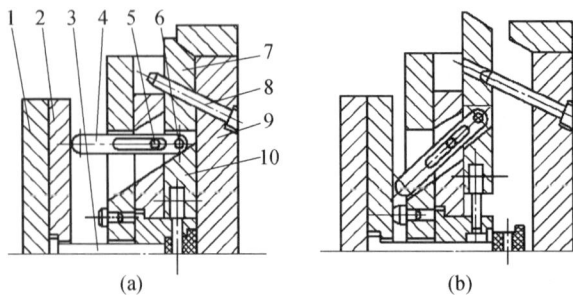

图 4 - 147　连杆式先复位机构

（a）合模状态；（b）斜导柱接触滑块初始状态。

1—推板；2—推杆固定板；3—推杆；4—连杆；5—圆柱销；

6—转销；7—侧型芯滑块；8—斜导柱；9—定模板；10—动模板。

166

为支点,一端用转销 6 安装在侧型芯滑块 7 上,另一端与推杆固定板 2 接触。合模时,斜导柱 8 一旦开始驱动侧型芯滑块 7 复位,则连杆 4 必须发生绕圆柱销 5 做顺时针方向的旋转,迫使推杆固定板 2 带动推杆 3 迅速复位,从而避免侧型芯与推杆发生干涉。

6. 弹套式先复位机构

弹套式先复位机构如图 4 – 148 所示。开模时,顶板 9 推动顶杆 7 将塑件顶出如图 4 – 148(a) 所示;合模时,弹性套 8 与弹簧的作用一样,首先将顶板 9 弹回原位如图 4 – 148(b) 所示,然后斜导柱 1 再驱动侧型芯 4 复位如图 4 – 148(c) 所示。

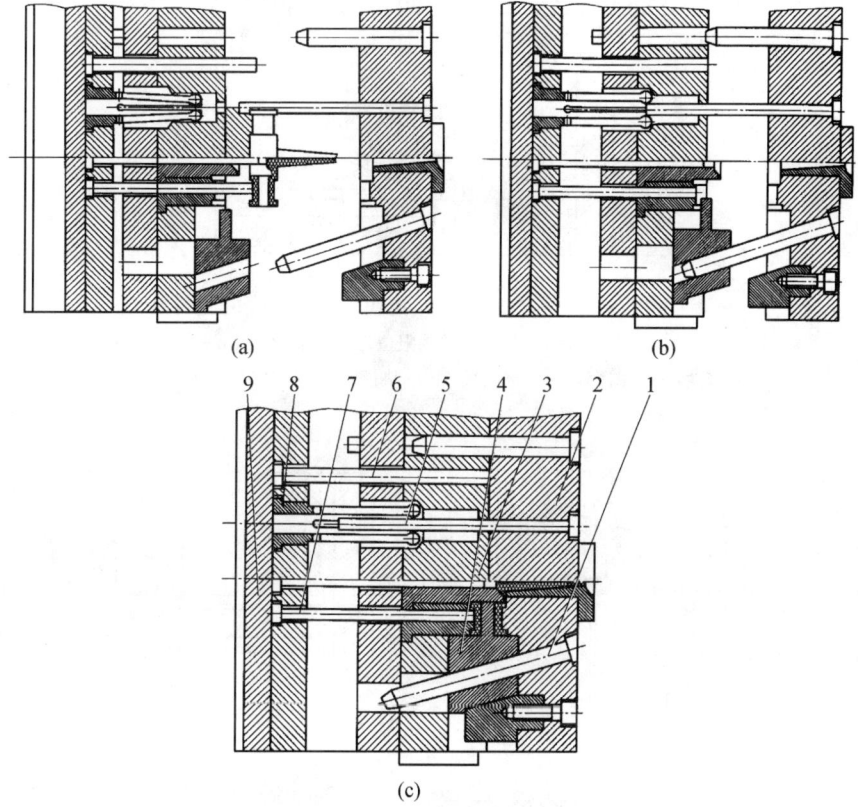

(a)　　　　　　　　　　　(b)

(c)

图 4 – 148　弹套式先复位机构

(a) 开模状态;(b) 先复位状态;(c) 合模状态。

1—斜导柱;2—定模板;3—型腔板;4—侧型芯;5—推杆;6—复位杆;7—顶杆;8—弹性套;9—顶板。

4.18.7　斜导柱侧抽芯机构的分类

1. 斜导柱安装在定模、滑块安装在动模

该结构是斜导柱侧向分型抽芯机构的模具中应用最广泛的形式。它既可用于结构比较简单的注射模,也可用于结构比较复杂的双分型面注射模。模具设计人员在接到设计具有侧抽芯塑件的模具任务时,首先应考虑使用这种形式,如图 4 – 149 所示就是属于应用于双分型面模具的形式。

2. 侧型芯斜导柱均在动模

通过顶出机构实现实现斜导柱与滑块的运动,图 4 – 150 所示为此形式。

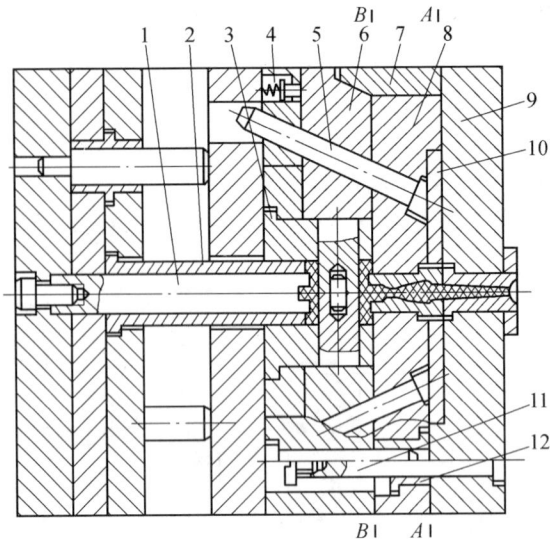

图 4 - 149 斜导柱安装在定模、滑块安装在动模的注射模

1—型芯；2—推管；3—动模镶件；4—弹簧限位钉；5—斜导柱；6—侧型芯滑块；

7—压紧块；8—中间板；9—定模板；10—垫板；11—拉杆导柱；12—导套。

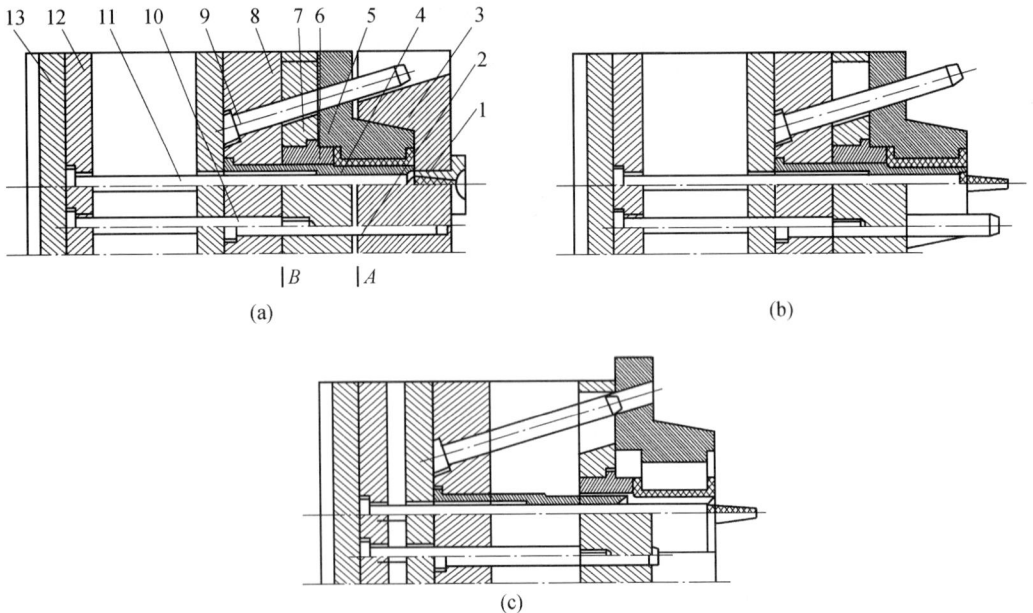

图 4 - 150 侧型芯斜导柱均在动模的注射模

1—浇口套；2—导柱；3—定模；4—主型芯；5—侧型芯；6—定位套；7—脱模板；8—动模固定板；

9—斜导柱；10—推杆；11—顶杆；12—顶杆固定板；13—顶杆垫板。

3. 侧型芯在定模，斜导柱在动模

开模时，塑件可能留在定模一边，由于定模不便安装顶出机构。因此多用于不必设顶出机构的塑件上，图 4 - 151 所示为此形式。

168

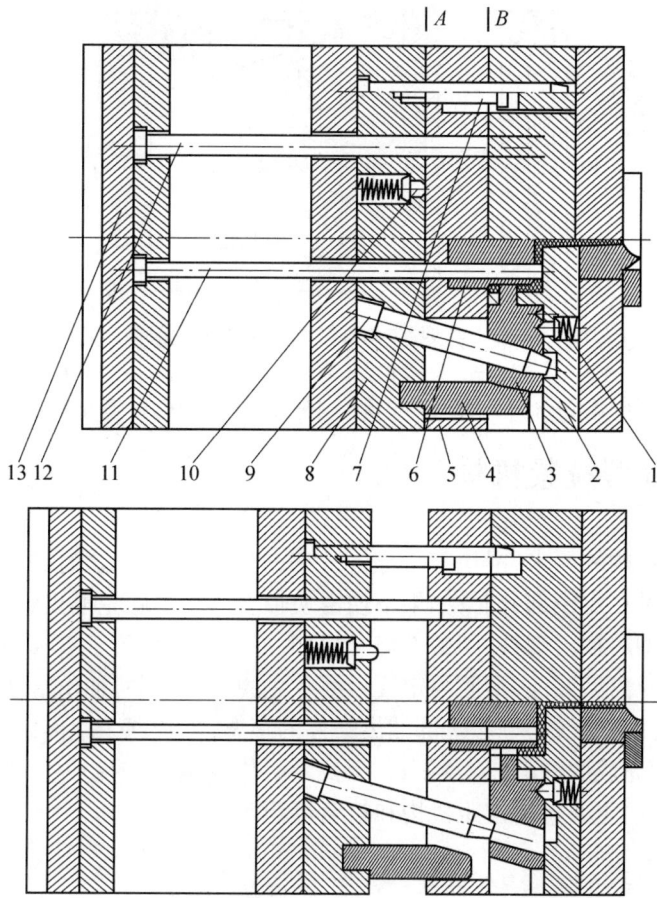

图 4 – 151　侧型芯在定模,斜导柱在动模的注射模

1—定位销;2—型腔板;3—侧型芯;4—楔块;5—型芯固定板;6—主型芯;7—限位杆;
8—中间板;9—斜导柱;10—弹顶销;11—顶杆;12—复位杆;13—顶板。

4. 侧型芯、斜导柱均在定模(图 4 – 152)

这种结构形式将斜导柱与滑块同装在定模一边,为了完成抽芯动作,将定模板与型腔板做成能分开一定距离的两部分。开模时,定模板与型腔板首先分型完成抽芯动作。

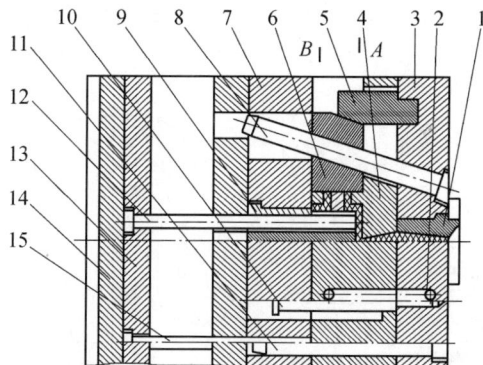

图 4 – 152　侧型芯、斜导柱均在定模的注射模

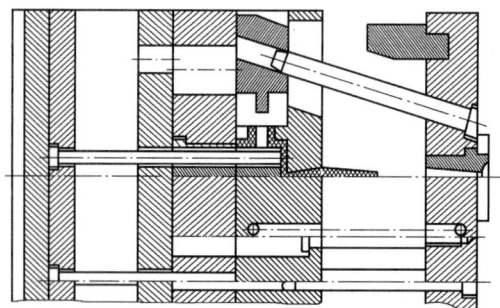

图 4-152 侧型芯、斜导柱均在定模的注射模(续)

1—浇口套；2—弹簧；3—定模板；4—型腔板；5—压紧块；6—侧型芯；7—中间板；8—斜导柱；
9—主型芯；10—限位杆；11—导柱；12—顶杆；13—顶杆固定板；14—顶杆垫板；15—复位杆。

4.19 定距分型拉紧机构

有时因塑件结构的要求,滑块与斜导柱都需设在定模部分,这时需对模具结构提出新的要求。当滑块设在定模部分时,如果不使滑块带着活动型芯先抽出塑件,直到动定模分开时才带着活动型芯抽出塑件,则塑件势必损坏,或者塑件将留于定模而难以取出。因此在动模带着塑件脱离型腔前,型腔与定模板要首先脱开,并同时抽出活动型芯。脱开的距离必须大于斜导柱能使活动型芯全部抽出塑件的距离,待到这个距离后,动模带着塑件方能脱出型腔,从而完成脱件动作。定距分型拉紧机构就是用来完成上述定模部分先分型的行之有效的装置,主要包括定距机构和拉紧机构两部分。

4.19.1 定距方式

定距分型机构的定距方式如图 4-153 所示。

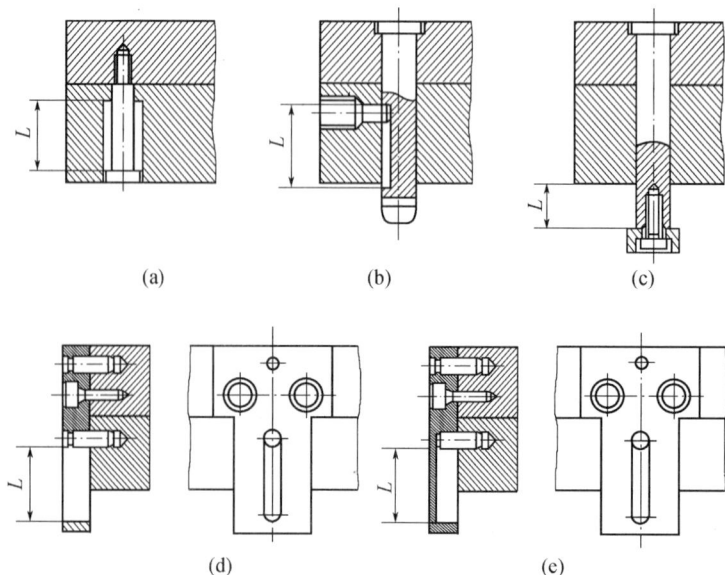

(a)　　　　　　　　(b)　　　　　　　　(c)

(d)　　　　　　　　(e)

图 4-153 定距分型机构的定距方式

170

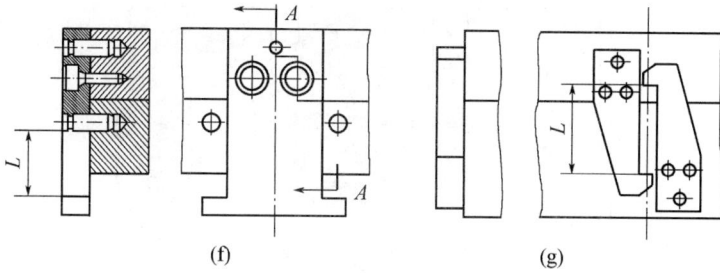

(f)   (g)

图 4 - 153   定距分型机构的定距方式(续)

4.19.2   定距分型拉紧机构的基本形式

4.19.2.1   弹簧螺钉定距分型机构

弹簧螺钉定距分型机构如图 4 - 154 所示。模内装有弹簧 4 和定距螺钉 5,开模时,在弹簧 4 的作用下使分型面 A 首先平稳分开,当型腔移动至定距螺钉 5 起限制作用时,型腔 6 停止移动,此时动模继续移动,分型面 B 分开。

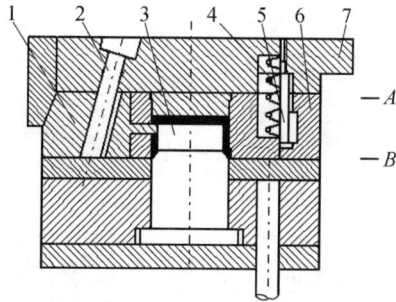

图 4 - 154   弹簧螺钉定距分型机构

1—滑块;2—斜导柱;3—主型芯;4—弹簧;5—定距螺钉;6—型腔板;7—定模板。

4.19.2.2   拉钩式顺序定距分型机构

图 4 - 155 所示为典型的拉钩式顺序定距分型机构。模内装有拉钩 2,顶销 4 和弹簧 6,开模时,由于拉钩紧紧钩住定模型腔板 3,使模具从 A 分型面首先打开,当拉杆 7 的头部顶到顶销 4 时,顶销 4 将拉钩 2 向外顶出,使拉钩 2 脱离定模,模具从 B 分型面处打开。

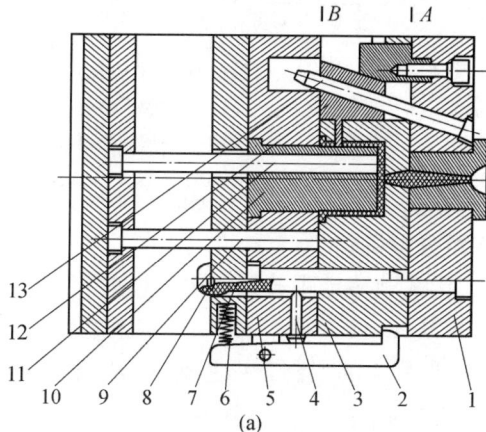

(a)

图 4 - 155   拉钩式顺序定距分型机构

(b)

(c)

(d)

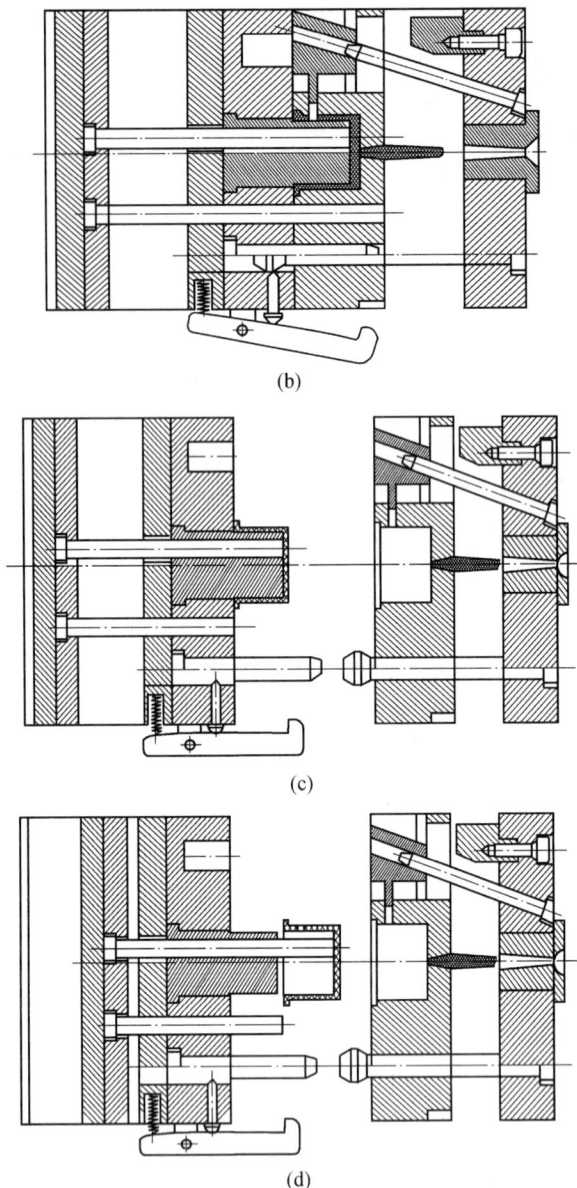

图 4 - 155 拉钩式顺序定距分型机构(续)

(a) 合模状态；(b) 完成抽芯状态；(c) 塑件脱出型腔；(d)顶出塑件。

1—定模板；2—拉钩；3—定模型腔板；4—顶销；5—型芯固定板；6—弹簧；7—拉杆；

8—楔块；9—复位杆；10—主型芯；11—顶杆；12—侧型芯；13—斜导柱。

4.19.2.3 摆钩式顺序定距分型机构

图 4 - 156 为典型的摆钩式顺序定距分型机构。模内装有拉紧装置,由压杆 1,弹簧 3 和摆钩 7 组成。开模时首先从 $A-A$ 面分型,开到一定距离后,摆钩 7 在压杆 1 的作用下,产生摆动而脱钩,定模在限位杆 4 的限制下停止运动,从而 $B-B$ 面分型。

4.19.2.4 滑块式定距分型机构

滑块式定距分型机构,如图 4 - 157 所示。开模时,首先在 A 分型面分型,斜导柱 2 驱动滑块将侧型芯 3 抽出,如图 4 - 157(a)所示,同时拉杆 4 带动楔块 7 将滑块 6 由型芯固定板 14 中推出,如图 4 - 157(b)所示;继续开模时,拉杆 4 与定模型腔板 15 相接触,B 分型面开始分模,塑件和浇道从定模型腔板 15 中脱出,如图 4 - 157(c)所示;再继续开模时,注射机顶杆推动顶板和顶杆 9 将塑件从型芯 10 上脱出,如图 4 - 157(d)所示。

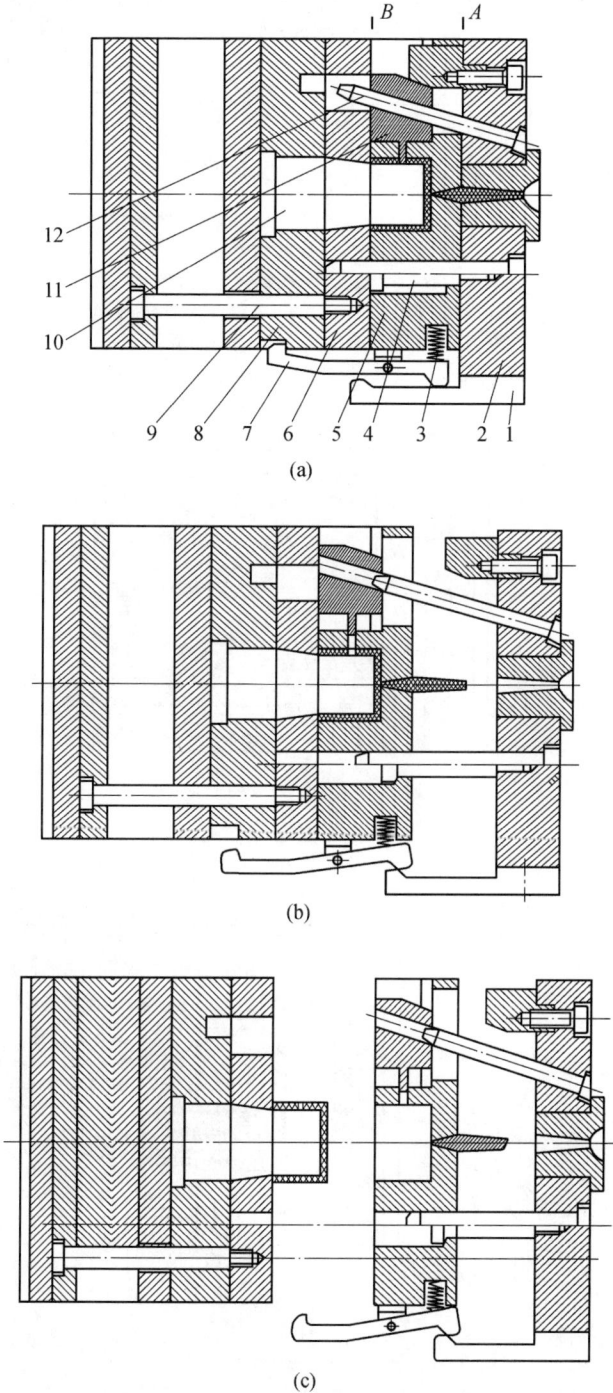

(a)

(b)

(c)

图 4 - 156 摆钩式序定距分型机构

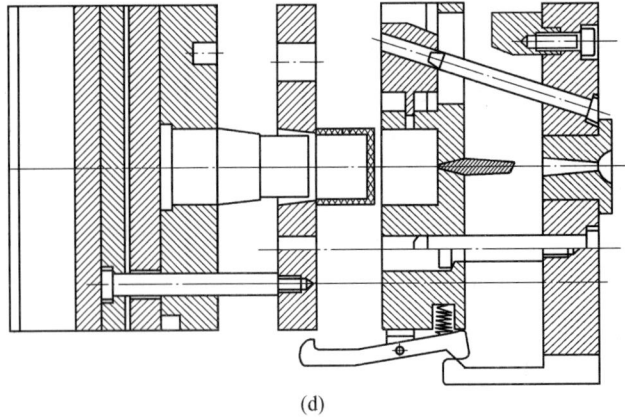

(d)

图 4-156 摆钩式序定距分型机构(续)

（a）合模状态；（b）完成抽芯状态；（c）塑件脱出型腔；（d）顶出塑件。
—压杆；2—定模板；3—弹簧；4—限位杆；5—定模型腔板；6—脱模板；
摆钩；8—型芯固定板；9—推杆；10—主型芯；11—侧型芯；12—斜导柱。

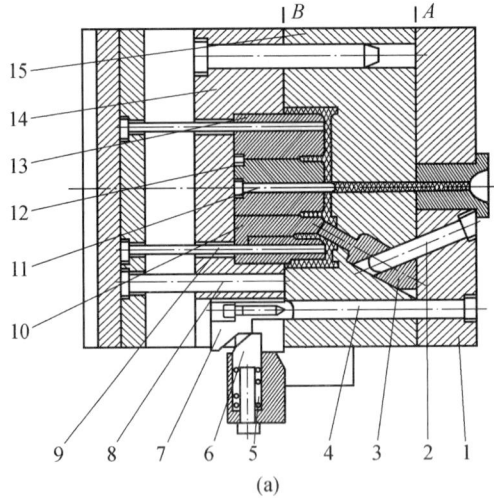

(a)

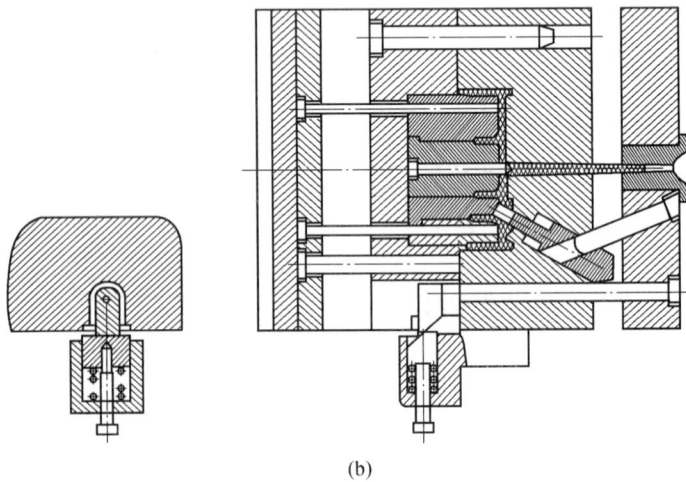

(b)

图 4-157 滑块式定距分型机构

174

(c)

(d)

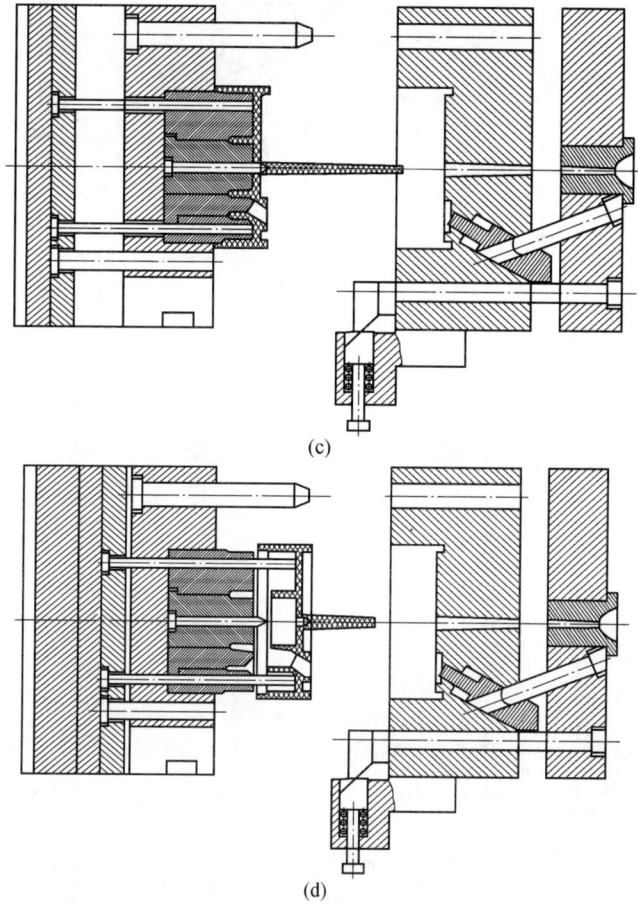

图 4 - 157 滑块式定距分型机构(续)

(a) 合模状态;(b) 完成侧抽芯状态;(c) 塑件脱出型腔;(d) 顶出塑件。

1—定模板;2—斜导柱;3—侧型芯;4—拉杆;5—弹簧;6—滑块;7—楔块;
8—复位杆;9—顶杆;10,11,12—型芯;13—型芯;14—型芯固定板;15—定模型腔板。

4.19.2.5 暗销式定距分型机构

暗销式定距分型机构如图 4 - 158 所示。开模时,A 分型面首先分模,斜导柱 4 驱动

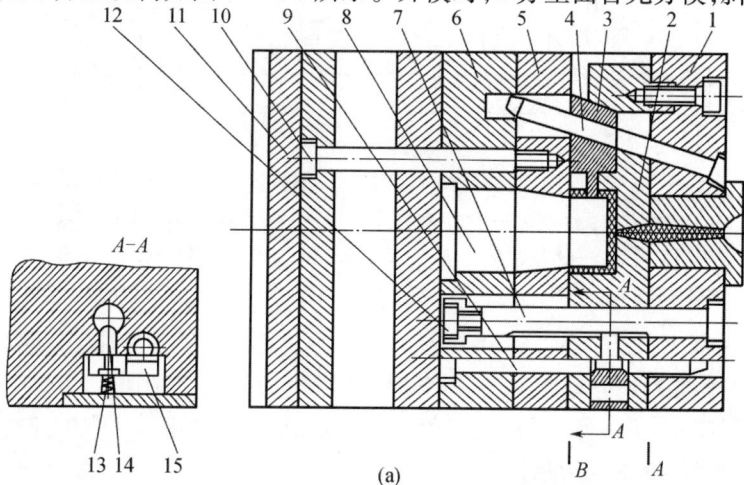

(a)

图 4 - 158 暗销式定距分型机构

(b)

(c)

(d)

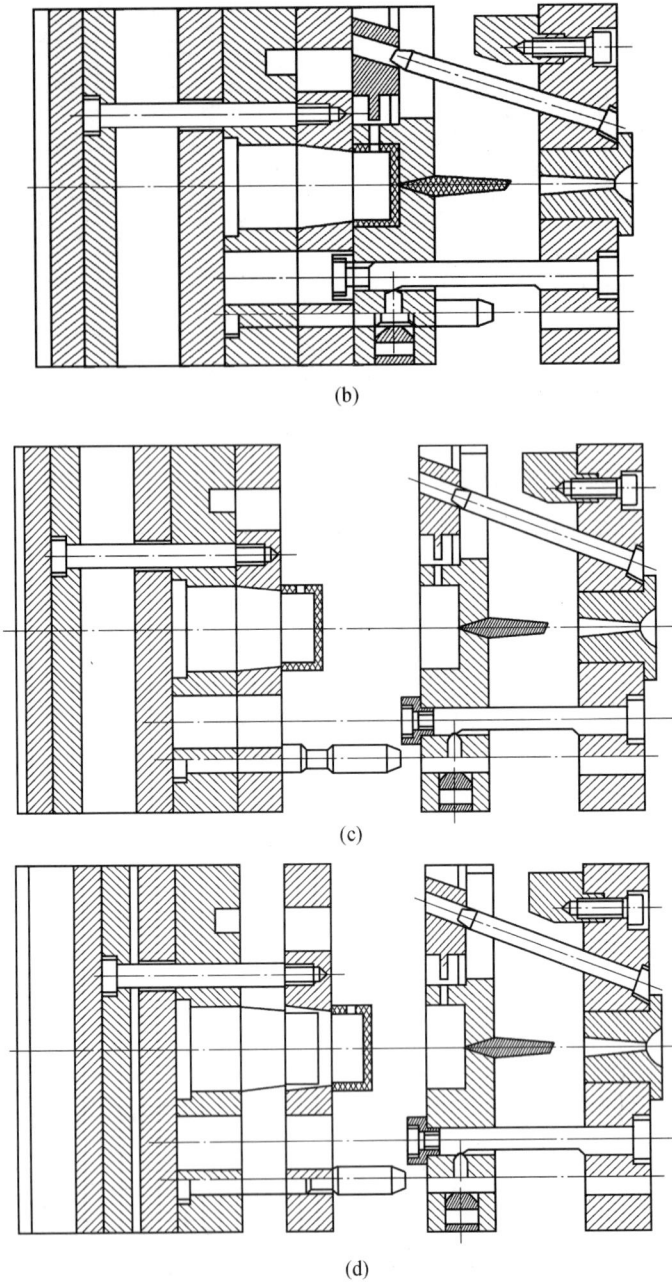

图 4 - 158   暗销式定距分型机构(续)

(a)合模状态;(b)完成侧抽芯状态;(c)塑件脱出型腔;(d)顶出塑件。

1—定模板;2—定模型腔板;3—侧型芯;4—斜导柱;5—脱模板;6—型芯固定板;7—定模导柱;8—主型芯;
9—动模导柱;10—推杆;11—顶板;12—挡垫;13—弹簧;14—弹顶销;15—暗销。

滑块将侧型芯 3 抽出,如图 4 - 158(b)所示,同时主浇道由浇口套中脱出;继续开模时,暗销 15 锁住定模导柱 7,B 分型面开始分模塑件从定模型腔板 2 中脱出,同时拉断点浇口,如图 4 - 158(c)所示;再继续开模时,注射机顶杆推动顶板 11 和推杆 10 将塑件从从主型芯 8 上脱下,如图 4 - 158(d)所示。

4.20 弯销抽芯机构

弯销侧抽芯机构的工作原理和斜导柱侧抽芯机构相似,所不同的是在结构上以矩形截面的弯销代替了斜导柱。因此,弯销侧抽芯机构仍然离不开滑块的导滑、注射时侧型芯的锁紧和侧抽芯结束时滑块的定位这三大设计要素。

4.20.1 弯销与斜导柱侧抽芯机构的性能比较

(1)侧抽芯时,弯销与侧滑块只有平面接触,故摩擦阻力较小,自锁的危险性降低,从而可使抽拔角大些(15°~30°),缩短了弯销的有效工作长度,降低了模具闭合高度。

(2)在相同的设计空间,弯销的抗弯截面模量大于斜导柱,即可承受较大得弯曲力。

(3)在抽拔力和抽芯距都很大时,可将弯销作成变角形式(前小后大)。

(4)当抽拔力很大而侧滑块狭窄,斜导柱无法安装时,采用侧面窄、受力面宽的弯销。

(5)弯销侧抽芯的矩形斜孔加工较难。

4.20.2 弯销分型抽芯结构的基本形式

图4-159所示是弯销侧抽芯的典型结构。图4-159(a)所示为弯销安装在模内的侧抽芯机构。合模时,由压紧块3或挡块1将侧型芯滑块5通过弯销4锁紧;侧抽芯时,侧型芯滑块5在弯销4的驱动下在型腔板6的导滑槽侧抽芯,抽芯结束,侧型芯滑块由弹簧、顶销装置定位。图4-159(b)的抽芯原理与图4-159(a)基本相同,只是弯销安装在模外。

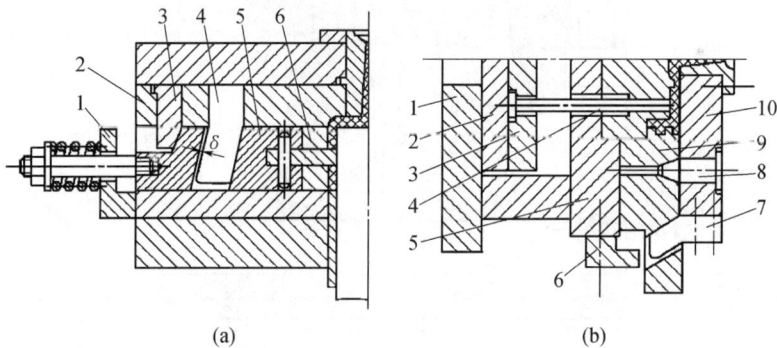

图4-159 弯销侧抽芯机构结构
(a)弯销安装在模内的侧抽芯机构; (b)弯销安装在模外的侧抽芯机构结构。
1—挡块;2—定模板;3—压紧块; 1—动模板;2—推板;3—推杆固定板;4—推杆
4—弯销;5—侧型芯滑块;6—型腔板。 5—动模;6—挡块;7—弯销;8—制动销;
9—侧型芯滑块;10—定模板。

弯销的基本形式如图4-160所示。弯销为矩形截面,能够承受较大的弯矩。由于弯销及其导滑槽的加工都比较困难,所以可以在弯销中部开设一个滑槽,同时在滑块上安装一个圆柱形滑销与滑槽相配,开模后弯销可以通过滑槽带动滑块运动,从而可以在滑块上省去加工弯销导滑孔的工作。

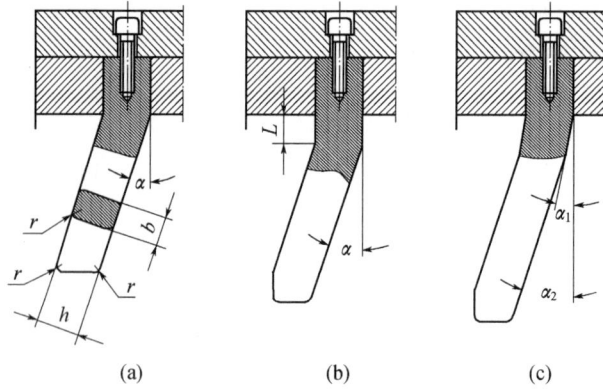

图 4-160 弯销的基本形式

4.20.3 弯销抽芯机构应用实例

4.20.3.1 三通管弯销抽芯注射模

图 4-161 所示为三通管弯销抽芯注射模。开模时通过 3 和 11 两个弯销的作用将两侧型芯抽出,然后再通过注射机顶出装置将塑件从主型芯上脱下。

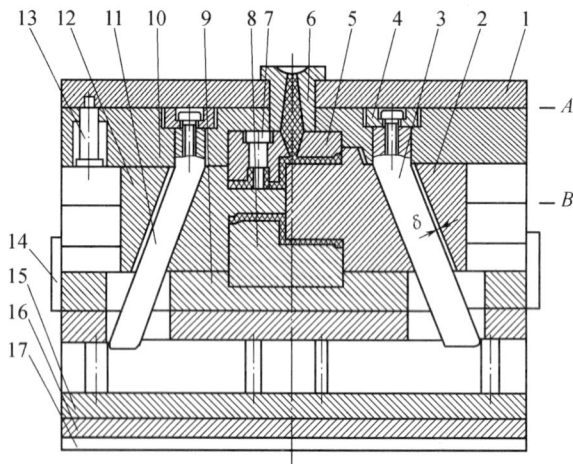

图 4-161 三通管弯销抽芯注射模

1—定模板;2—侧型芯;3—弯销;4—弯销固定板;5—型腔;6—浇口套;
7—小型芯;8—型腔;9—中间板;10—型腔固定板;11—弯销;12—侧型芯;
13—限位钉;14—导滑槽;15—顶杆固定板;16—推板;17—垫板。

4.20.3.2 滑板式弯销内抽芯注射模

图 4-162 所示为滑板式弯销内抽芯注射模。开模时,B 分型面首先开模,弯销 9 驱动侧型芯 2 完成抽芯动作,如图 4-162(b)所示;再继续开模时,压钩 8 推动滑板 14,使拉钩 3 脱离滑板 14,A 分型面开始分模,塑件从定模板 1 中脱出,如图 4-162(c)所示;再继续开模时,定出机推动顶杆 11 将塑件从主型芯 4 上脱出。

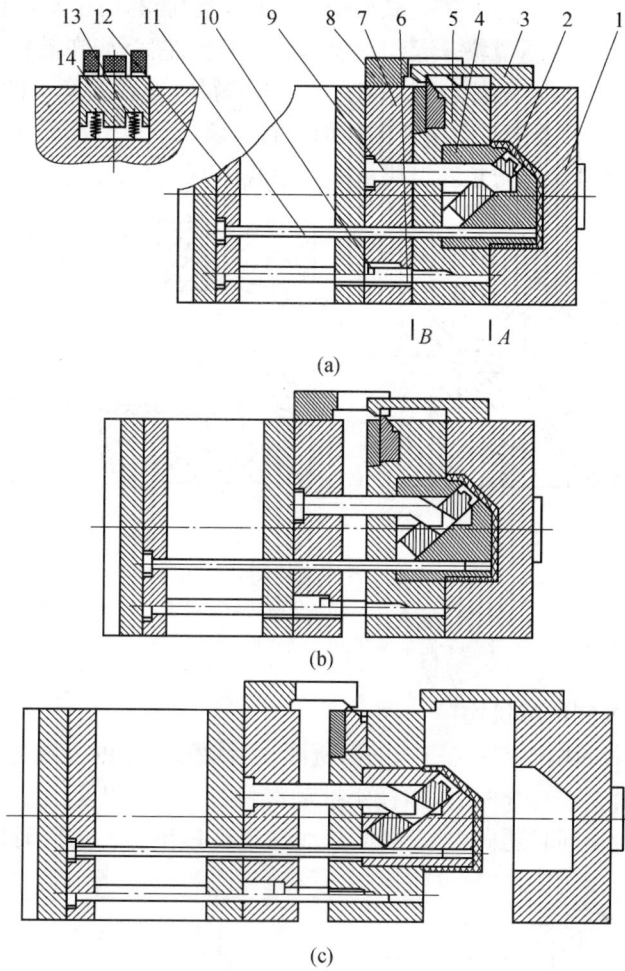

图 4 - 162　滑板式弯销内抽芯注射模

（a）合模状态；（b）完成内抽芯状态；（c）塑件脱出型腔。

1—定模板；2—侧型芯；3—拉钩；4—主型芯；5—动模；6—复位杆；7—固定板；

8—压钩；9—弯销；10—限位杆；11—顶杆；12—顶板；13—弹簧；14—滑板。

4.21　斜滑块侧抽芯机构

4.21.1　斜滑块侧抽芯机构的工作原理及其类型

　　当塑件的侧凹较浅，所需的抽芯距不大，但由于侧凹的成型面积较大而需较大的抽芯力时，可采用斜滑块机构进行侧分型与抽芯。斜滑块侧分型与抽芯机构（也简称斜滑块侧抽芯机构）的工作原理是利用推出机构的推力驱动斜滑块斜向运动，在塑件被推出脱模的同时由斜滑块完成侧分型与抽芯动作。通常，斜滑块侧抽芯机构要比斜导柱侧抽芯机构简单得多，一般可分为外侧抽芯和内侧抽芯两种。

4.21.1.1　斜滑块外侧抽芯机构

　　图 4 - 163 为斜滑块外侧分型的示例图，该塑件为线圈骨架，外侧常有深度浅但面积

179

大的侧凹,斜滑块设计成对开式(瓣合式)凹模镶块,即型腔有两个斜滑块组成。开模后,塑件包在动模型芯5上和斜滑块一起随动模部分一起向左移动,在推杆3的作用下,斜滑块2相对向右运动的同时向两侧分型,分型的动作靠斜滑块在模套1的导滑槽内进行斜向运动来实现,导滑槽的方向与斜滑块的斜面平行。斜滑块侧分型的同时,塑件从动模型芯5上脱出。限位螺钉6是防止斜滑块从模套中脱出而设置的。

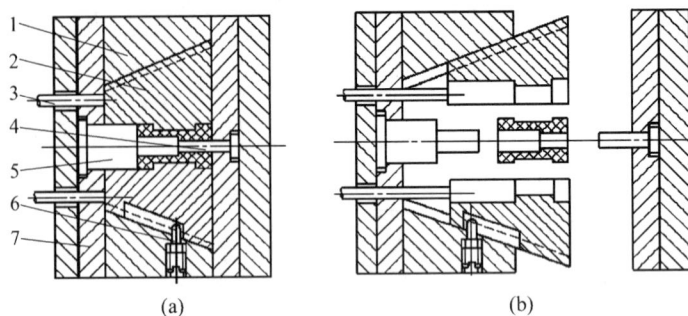

图4-163 斜滑块外侧分型机构
(a)合模状态;(b)分型后推出状态。
1—模套;2—斜滑块;3—推杆;4—定模型芯;5—动模型芯;6—限位螺钉;7—动模型芯固定板。

4.21.1.2 斜滑块内侧抽芯机构

图4-164是斜滑块内侧抽芯机构的示例图。滑块型芯2的上端为侧向型芯,它安装在型芯固定板3的斜孔中,开模后,推杆4推动滑块型芯2向上运动,由于型芯固定板3上的斜孔作用,斜滑块同时还向内侧移动,从而在推杆推出塑件的同时,滑块型芯完成内侧抽芯的动作。

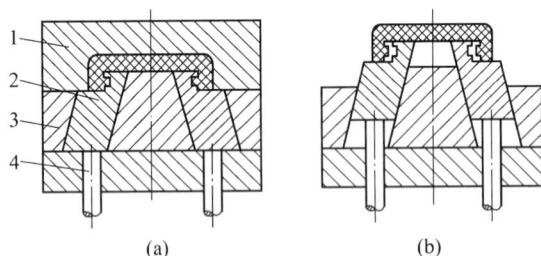

图4-164 斜滑块内侧分型抽芯机构
(a)合模状态;(b)抽芯推出状态。
1—型腔;2—滑块型芯;3—型芯固定板;4—推杆。

4.21.2 斜滑块的导滑形式

斜滑块的导滑形式如图4-165所示。按导滑部分的形状可分为燕尾槽导滑、T形槽导滑、楔块导滑及斜导柱导滑等。按结构形式可分为整体式和镶拼式。整体式如图4-165(a)、图4-165(b)所示,特点是结构紧凑,模体面积小,加工工艺复杂,配合精度要求很高;导柱导滑如图4-165(c)、图4-165(d)所示,特点是结构简单,加工方便,质量易保证。镶拼式如图4-165(e)、图4-165(f)所示,特点是导向零件分拆加工,效率高,省工时,可做淬硬处理,配合精度和耐磨性提高,寿命提高。

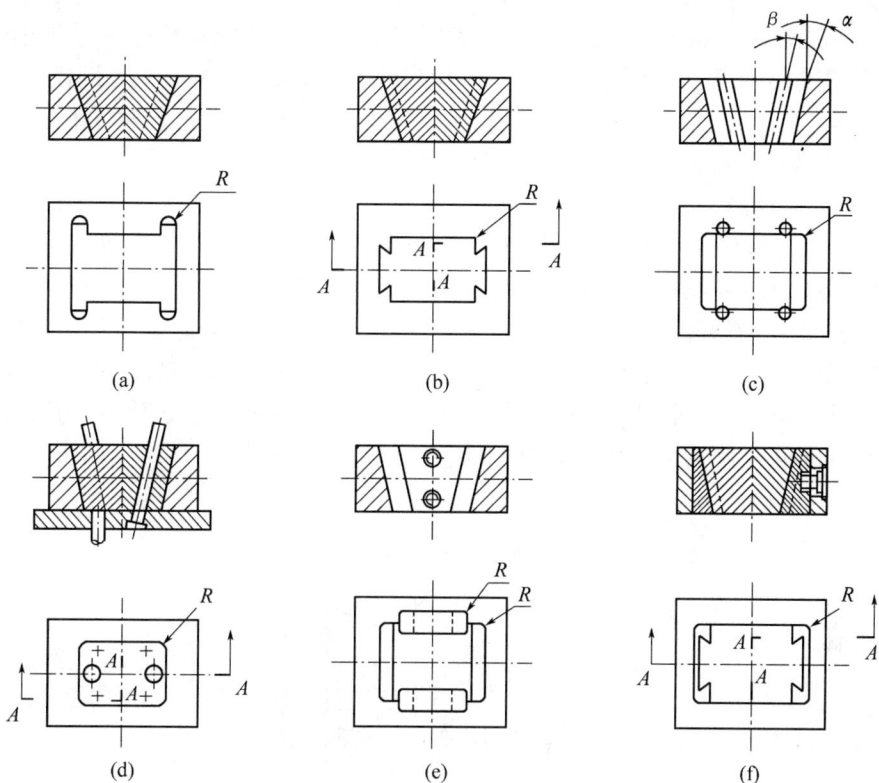

图 4 - 165　斜滑块的导滑形式

4.21.3　滑块抽芯结构设计要点

4.21.3.1　正确选择主型芯位置

主型芯位置选择恰当与否直接关系到塑件能否顺利脱模。例如，图 4 - 166(a)中将

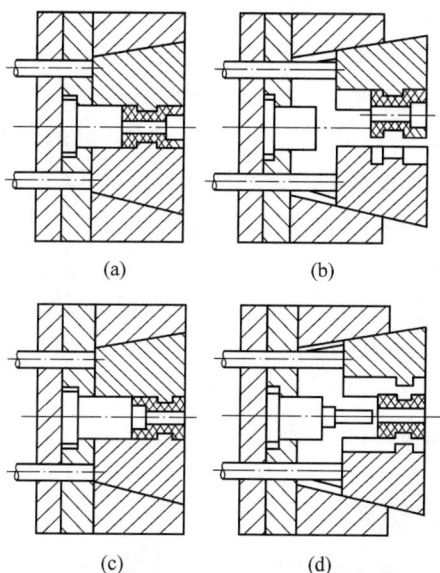

图 4 - 166　主型芯位置的选择

主型芯设置在定模一侧,开模后,主型芯立即从塑件中抽出,然后斜滑块才能分型,所以塑件很容易在斜滑块上黏附于某处收缩值较大的部位,因此不能顺利从斜滑块中脱出,如图 4 - 166(b)所示。如果将主型芯位置设于动模,如图 4 - 166(c)所示,则在脱模过程中,塑件虽与主型芯松动,但侧分型时对塑件仍有限制侧向移动的作用,所以塑件不会黏附在斜滑块上,因此脱模比较顺利,如图 4 - 166(d)所示。

4.21.3.2　开模时斜滑块的止动

斜滑块通常设置在动模部分,并要求塑件对动模部分的包紧力大于对定模部分的包紧力。但有时因为塑件的特殊结构,定模部分的包紧力大于动模部分或者不相上下,此时,如果没有止动装置,则斜滑块在开模动作刚刚开始时便有可能与动模产生相对运动,导致塑件损坏或滞留在定模而无法取出。为了避免这种现象发生,可设置弹簧顶销止动装置,如图 4 - 167 所示。开模后,弹簧顶销 6 紧压斜滑块 4 防止其与动模分离,使定模型芯 5 先从塑件中抽出,继续开模时,塑件留在动模上,然后由推杆 1 推动侧滑块侧分型并推出塑件。

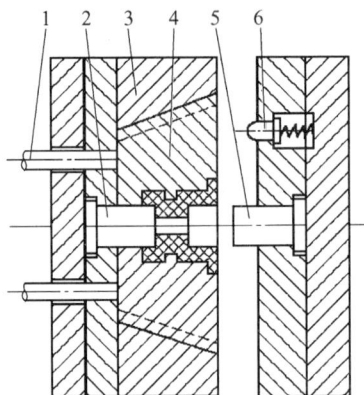

图 4 - 167　弹簧顶销制动装置

1—推杆;2—动模型芯;3—模套;4—斜滑块;5—定模型芯;6—弹簧顶销。

4.21.3.3　斜滑块的倾斜角和推出行程

由于斜滑块的强度较高,斜滑块的倾斜角可比斜导柱的倾斜角大一些,一般在 ≤30° 内选取。在同一副模具中,如果塑件各处的侧凹深浅不同,所需的斜滑块推出行程也不相同,为了解决这一问题,使斜滑块运动保持一致,可将各处的斜滑块设计成不同的倾斜角。斜滑块推出模套的行程,立式模具不大于斜滑块高度的 1/2,卧式模具不大于斜滑块高度的 1/3,如果必须使用更大的推出距离,可使用加长斜滑块导向的方法。

4.21.3.4　斜滑块的装配要求

为了保证斜滑块在合模时其拼合面密合,避免注射成型时产生飞边,斜滑块装配后必须使其底面离模套有 0.2mm ~ 0.5mm 的间隙,上面高出模套 0.4mm ~ 0.6mm(应比底面的间隙略大一些为好),这样做还有利于修模,当斜滑块与导滑槽之间有磨损之后,再通过修磨斜滑块下端面,可继续保持其密合性。

4.22　顶出式侧抽芯机构

顶出式侧抽芯机构是斜滑块抽芯机构的发展形式,其导滑部分是在模板或型芯上直接开斜孔,制作简单,用于塑件内侧局部抽芯。

1. 摆杆式侧抽芯机构

摆杆式侧抽芯机构如图 4 - 168 所示。顶出过程中,通过侧型芯摆杆 5 上的凸起使侧型芯摆杆 5 绕心轴 6 转动,实现内侧抽芯。

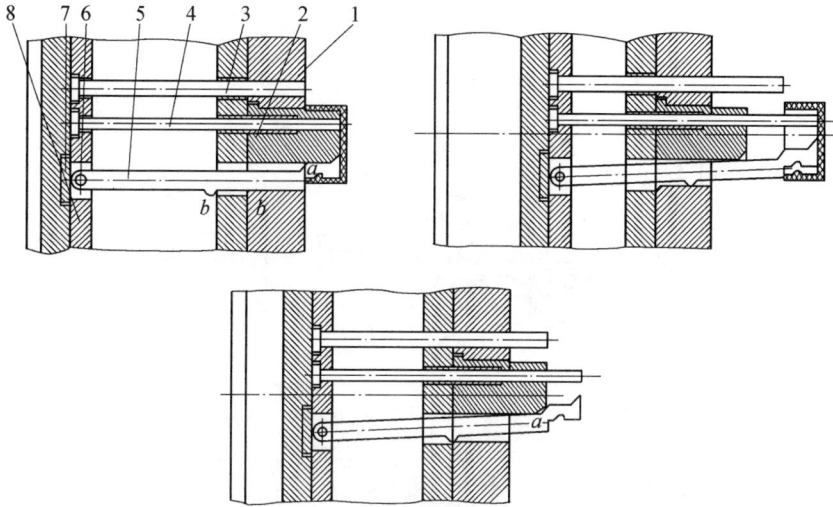

图 4 - 168　摆杆式侧抽芯机构

1—型芯固定板;2—主型芯;3—复位杆;4—顶杆;5—侧型芯摆杆;6—心轴;7—摆杆座;8—顶板。

2. 滚轮式斜推杆外侧抽芯

滚轮式斜推杆外侧抽芯如图 4 - 169 所示。顶出过程中,滚轮 9 在顶板 10 上转动,斜推杆 7 绕轮轴 8 转动,将型芯抽出。

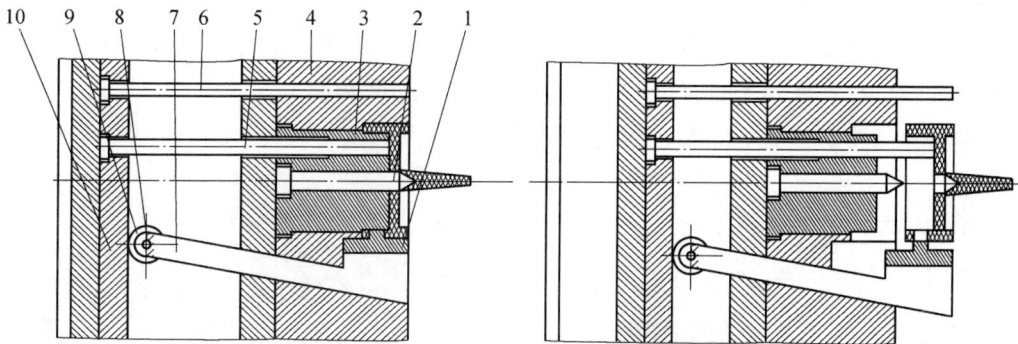

图 4 - 169　滚轮式斜推杆外侧抽芯

1—侧型芯;2—型芯;3—主型芯;4—型芯固定板;5—顶杆;6—复位杆;

7—斜推杆;8—轮轴;9—滚轮;10—顶板。

3. 顶出式斜导板抽芯机构

顶出式斜导板抽芯机构如图 4 - 170 所示。顶出过程中,带有内凹的斜滑板 2 与塑件一起顶出,并同时在主型芯 5 的斜面上滑动,实现内侧抽芯。

183

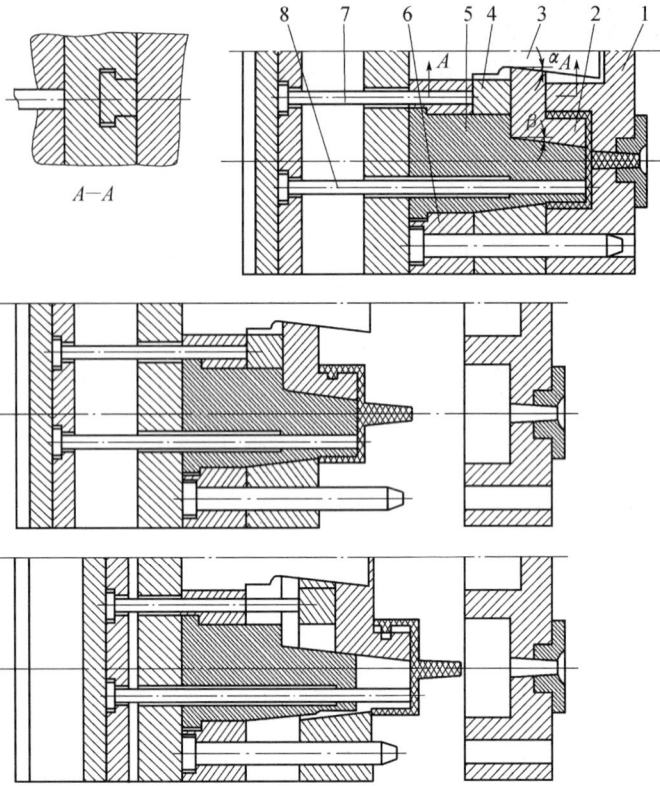

图 4 - 170 顶出式斜导板抽芯机构

1—定模板；2—斜滑板；3—斜导柱；4—脱模板；5—主型芯；6—型芯固定板；7—顶杆；8—顶杆。

4. 长距离内侧抽芯模

长距离内侧抽芯模如图 4 - 171 所示。顶出过程中，斜滑块 2 在斜导柱 3 上运动，斜导柱 3 对斜滑块 2 具有导向的作用，保证长距离型芯的准确抽出。

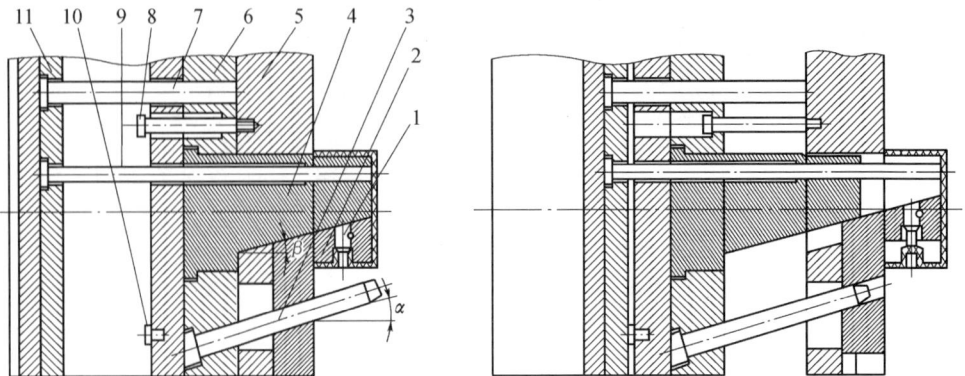

图 4 - 171 长距离内侧抽芯模

1—侧型芯；2—斜滑块；3—斜导柱；4—主型芯；5—脱模板；
6—型芯固定板；7—顶杆；8—限位杆；9—顶杆；10—限位垫；11—顶板。

4.23 弹簧侧抽芯机构

弹簧侧抽芯结构是以弹簧的弹力作为抽拔力的侧抽芯机构。特点是造模成本低,运转周期短,弹簧易疲劳失效,用于抽拔力不大的场合。

1. 弹簧内抽芯

弹簧内抽芯如图 4 - 172 所示。开模时,在弹簧 2 的作用下,将内型芯 5 抽出,合模时,通过压紧块 7 将内型芯复位。

2. 动模弹簧抽芯

动模弹簧抽芯如图 4 - 173 所示。开模时,通过弹簧 5 的作用将侧型芯 6 脱出,合模时,通过定板 7 使侧型芯 6 复位。

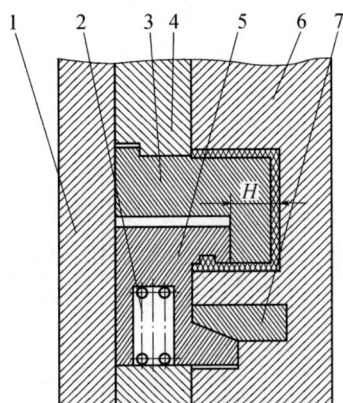

图 4 - 172 弹簧内抽芯

1—垫板;2—弹簧;3—主型芯;
4—型芯固定板;5—内型芯;6—定模板;7—压紧块。

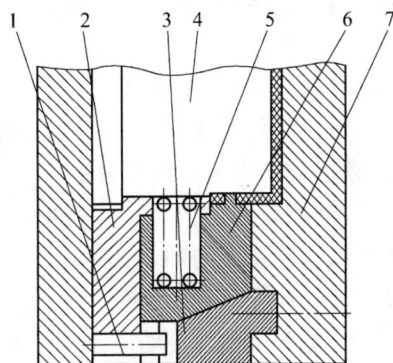

图 4 - 173 动模弹簧抽芯

1—挡销;2—型芯固定板;3—楔块;
4—型芯;5—弹簧;6—侧型芯;7—定模板。

3. 定模弹簧外抽芯模具

定模弹簧外抽芯模具如图 4 - 174 所示。开模时,在弹簧和斜导柱 3 的作用下实现侧抽。

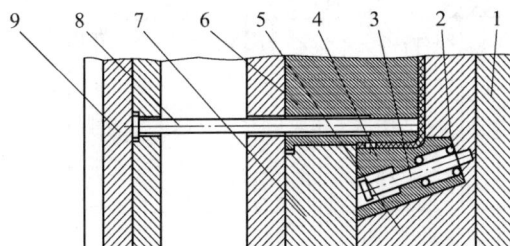

(a)

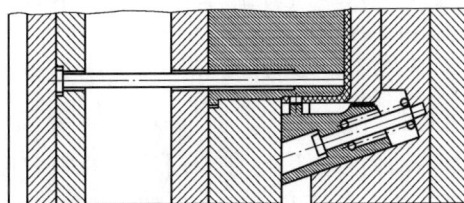

(b)

图 4 - 174 定模弹簧外侧抽芯

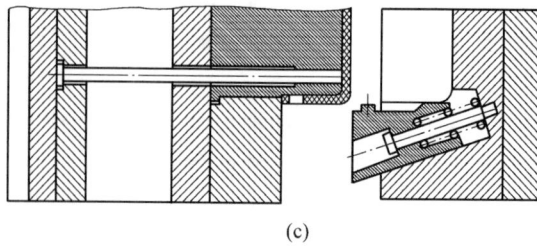

(c)

图4-174 定模弹簧外侧抽芯(续)

(a)合模状态;(b)侧抽芯状态;(c)顶出状态。

1—定模板;2—弹簧;3—斜导柱;4—侧型芯;5—型腔板;6—主型芯;7—型芯固定板;8—顶杆;9—顶板。

4.24 齿轮条侧抽芯机构

齿轮齿条侧抽芯机构是利用传动齿条带动与齿条型芯相啮合的齿轮进行侧抽芯的机构。与斜导柱、斜滑块等侧抽芯机构相比,齿轮齿条侧抽芯机构可获得较大的抽芯力和抽芯距。根据传动齿条固定位置的不同,齿轮齿条侧抽芯机构可分为传动齿条固定于定模一侧及传动齿条固定于动模一侧两类。这种机构不仅可以进行正侧方向和斜侧方向的抽芯,还可以作圆弧方向抽芯和螺纹抽芯。

1. 传动齿条固定在定模一侧

图4-175所示为传动齿条固定在定模上的侧抽芯机构。塑件上的斜孔由齿条型芯2成型。开模时,固定在型腔板3上的导柱齿条5通过齿轮4带动齿条型芯2实现抽芯动作。开模至最终位置时,导柱齿条5与齿轮4脱开。为了保证型芯的准确复位,型芯的最终脱离位置必须定位。弹簧销8使齿轮4始终保持在导柱齿条5的最后脱离位置。

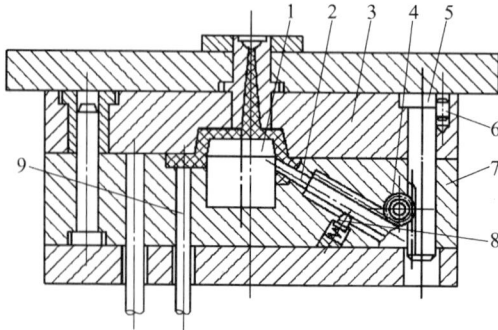

图4-175 传动齿条固定在定模一侧的结构

1—型芯;2—齿条型芯;3—型腔板;4—齿轮;5—导柱齿条;

6—销子;7—型芯固定板;8—弹簧销;9—顶杆。

2. 传动齿条固定在动模一侧的结构

如图4-176所示。传动齿条1固定在专门设计的固定板3上,开模时,动模部分向左移动,塑件包在齿条型芯7上从型腔中脱出后随动模部分一起向左移动,主流道凝料在拉料杆作用下与塑件连在一起向左移动。当传动齿条推板2与注射机上的顶杆接触时,传动齿条 1 静止不动,动模部分继续后退,造成了齿轮 6 作逆时针方向的转动,从而使与齿轮啮合的齿条型芯 7 作斜侧方向抽芯。当抽芯完毕,传动齿条固定板 3 与推板 4 接触,并且推动推板 4 使顶杆 5 将塑件推出。合模时,传动齿条复位杆 8 使传动齿条 1 复位。在这里,传动齿条复位杆 8 在注射时还起到压紧块的作用。

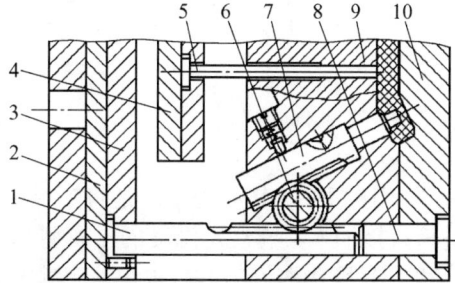

图 4-176 传动齿条固定在动模一侧的结构

1—传动齿条;2—传动齿条推板;3—固定板;4—推板;5—顶杆;
6—齿轮;7—齿条型芯;8—复位杆;9—型腔板;10—定模板。

第5章 塑料压制模具设计

5.1 概述

压制模具主要用于成型热固性塑件。其成型方法是将塑料原料(粉状、粒状、片状、碎屑状、纤维状等各种形态的原料)直接加入具有规定温度的压模型腔和加料室,然后以一定的速度将模具闭合。塑料在加热和加压下熔融流动,并且很快地充满整个型腔,在物理及化学的作用下固化定型,得到所需形状及尺寸的塑件,并在达到最佳性能时,即可开启模具取出塑件。

压制模具用于成型热塑性塑件时,将热塑性塑料加入模具型腔后,逐渐加热、加压使之转化成黏流态并充满整个型腔,然后冷却,使塑件硬化再将其顶出。由于模具需交替地加热与冷却,故生产周期长、效率低,且劳动强度较大。

压制成型的方法虽已古老,但因其工艺成熟可靠,并积累有丰富的经验,适宜成型大型塑件,且塑件的收缩率较小,变形小,各向性能比较均匀。因此,目前即使热固性塑料已有用注射的方法来进行生产的情况下,也不能将其淘汰。

除多层模,一般压制成型效率低,特别是厚壁塑件生产周期更长。另外,自动化程度低、劳动强度大、厚壁塑件和带有深孔、形状复杂的塑件难于模塑,且常因溢边厚度的不同而影响塑件高度尺寸的准确性等等,这都是压制成型的不足之处。压制模具由型腔、加料室、导向机构、侧向分型抽芯机构、脱模机构和加热系统等组成。

5.2 压制成型工艺的确定

5.2.1 压制成型工艺

压制成型模具主要成型热固性塑料制品,其成型工艺过程如下:

(1)配料。热固性塑料原料由合成树脂、填料、固化剂、固化促进剂、润滑剂、色料按一定配比制成。

(2)加料。将塑料直接加入高温的压模型腔或加料室。

(3)以一定的速度将模具闭合,塑料在热和压力的作用下熔融流动,并且很快地充满整个型腔。

(4)减压放气,再加压。

(5)固化。树脂与固化剂作用发生交联反应,生成不熔融且不溶解的体型化合物,塑料固化,成为具有一定形状的制品。

(6)脱模。当制品完全定型并且具有最佳的性能时,即开启模具取出制品。

5.2.2 成型压力

压制成型压力是指模压时迫使塑料充满型腔并进行固化而需要的压机对塑料所施加

的压力,简称成型压力。压力大小可按下式计算:

$$p = \frac{P_b \pi D^2}{4A} \quad\quad (5-1)$$

式中　p——成型压力(MPa),一般为15MPa~30MPa;

　　　P_b——压力机工作液压缸表上压力(MPa);

　　　D——压力机主缸活塞直径(m);

　　　A——塑件与型芯接触部分在分型面上投影面积(m^2)。

影响成型压力的因素很多,如塑料的品种、物料的形态、制品的形状尺寸、预热情况、成型温度、硬化速度以及压缩率等。一般情况下,塑料的流动性越小、形状结构越复杂、成型深度越大、成型温度越低、固化速度和压缩比越大,所需的成型压力越大。

成型压力对塑件密度及其性能有很大影响。成型压力大时,有利于提高塑料流动性及充满型腔,并能使交联固化速度加快,且塑件密度和力学性能都比较高。缺陷是消耗能量多,过大的成型压力还会降低模具寿命;成型压力小,塑件则容易产生气孔。

5.2.3　成型温度

压制成型温度是指压制成型时所需的模具温度。它是热固性塑料流动、充模并最后固化成型的主要影响因素,并决定成型过程中聚合物交联反应的速度,从而影响塑件的最终件能。

确定模具温度时需要考虑多方面因素,既不能过高也不能过低。如果模具温度取得过高,将会促使交联反应过早发生且反应速度也同时加快,这样虽有利于缩短制品所需的固化时间,有利于降低成型压力,但物料在模内的充模时间也相应变短,易发生无模困难的现象。另外,过高的模具温度还会导致制品表面暗淡、无光泽,甚至使制品发生膨胀、变形、开裂等缺陷。同时,如果模具温度过低,则会出现固化时间长,固化速度慢,以及需要较大成型压力等问题。

5.2.4　模压时间

模压时间是指模具从闭合到开启所需要的时间,也就是塑料充满型腔到固化成为塑件,在模腔内停留的时间。模压时间与塑料的种类、塑件的形状、压制成型工艺(温度、压力)以及操作步骤(是否排气、预热、预压)等有关。经过预热、预压的塑料的模压时间比不经过预热、预压的塑料的模压时间要短;成型压力大的模压时间短;成型温度越高,塑料固化速度越快,模压时间也就越短,反之亦然。

尽管如此,我们却不能一味地用升高模具温度的方法来提高生产率。实践证明温度过高或过低,模压时间过长或过短,制品质量都不高,只能在保证质量的前提下缩短模压时间。

5.3　压制模具分类

5.3.1　按其是否装固在液压机上分类

5.3.1.1　移动式模具

属于机外装卸的模具。一般情况下,模具的分模、装料、闭合及成型后塑件由模具内取出等均在机外进行,模具本身不带加热装置且不装固在机床上,故通称移动式模具。这种模具适用于成型内部具有很多嵌件、螺纹孔及旁侧孔的塑件,也适用于新产品试制以及采用固定式模具加料不方便等情况。

移动式模具结构简单、制造周期短、造价低。设计时应考虑模具尺寸和质量都不宜过大。

5.3.1.2 固定式模具

属机内装卸的模具。它装固在机床上,且本身带有加热装置,整个生产过程即分模、装料、闭合、成型及成型后顶出塑件等均在机床上进行,故通称固定式模具。固定式模具使用方便、生产效率高、劳动强度小、模具使用寿命长,适于产量大、尺寸大的塑件生产。其缺点是模具结构复杂、造价高、安装嵌件不方便。

5.3.1.3 半固定式模具

半固定式压制模开合模在机内进行,一般将上模固定在压机上,下模可沿导轨移动,用定位块定位,合模时靠导向机构定位。也可按需要采用下模固定的形式,工作时则移出上模,用手工取件或卸模架取件。该结构便于放嵌件和加料,用于小批量生产减小劳动强度。

5.3.2 按模具加料室的形式分类

5.3.2.1 溢式压制模

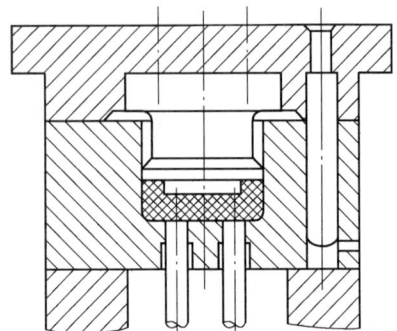

溢式压制模又称敞开式压制模,如图 5-1 所示。这种模具无加料室,型腔即可加料,型腔的高度基本上就是塑件的高度。型腔闭合面形成水平方向的环形挤压边,以减薄塑件飞边。压塑时多余的塑料极易沿着挤压边溢出,使塑料具有水平方向的毛边。模具的凸模与凹模无配合部分,完全靠导柱定位,仅在最后闭合后凸模与凹模才完全密合。

压缩时压机的压力不能全部传给塑料。模具闭合较快,会造成溢料量的增加,既造成原料的浪费,又降低了塑件密度,强度不高。溢式模具结构简单,造价低廉、耐用(凸凹模间无摩擦),塑件易取出,通常可用压缩空气吹出塑件。它对加料量的精度要求不高,加料量一般稍大于塑件质量的 5%~9% 即可。常用预压型坯进行压缩成型,适用于压缩成型厚度不大、尺寸小且形状简单的塑件。

5.3.2.2 不溢式压制模

不溢式压制模又称封闭式压制模,如图 5-2 所示。这种模具有加料室,其断面形状与型腔完全相同,加料室是型腔上部的延续。不溢式压制模没有挤压边,但凸模与凹模有高度不大的间隙配合,一般每边间隙值约 0.075mm 左右,压制时多余的塑料沿着配合间隙溢出,使塑件形成垂直方向的毛边。模具闭合后,凸模与凹模即形成完全密闭的型腔,压制时压机的压力几乎能完全传给塑料。

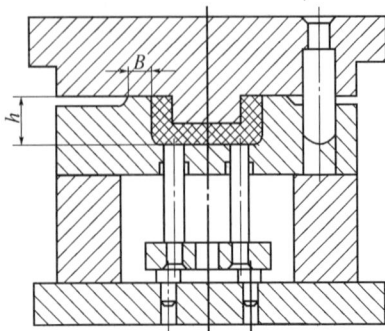

图 5-1 溢式压制模　　　　　　图 5-2 不溢式压制模

不溢式压制模的特点：

（1）塑件承受压力大，故密实性好，强度高。

（2）不溢式压制模由于塑料的溢出量极少，因此加料量的多少直接影响着塑件的高度尺寸，每模加料都必须准确称量，所以塑件高度尺寸不易保证。对于流动性好、容易按体积计量的塑料一般不采用不溢式压制模。

（3）凸模与加料室侧壁摩擦，不可避免地会擦伤加料室侧壁，同时，加料室的截面尺寸与型腔截面相同，在顶出时带有划痕的加料室会损伤塑件外表面。

（4）不溢式压制模必须设置推出装置，否则塑件很难取出。

（5）不溢式压制模一般不应设计成多腔模，因为加料不均衡就会造成各型腔压力不等，而引起一些制件欠压。

不溢式压制模适用于成型形状复杂、壁薄和深形塑件，也适用于成型流动性特别小、单位比压高和比体积大的塑料。例如用它成型棉布、玻璃布或长纤维填充的塑料制件效果好，这不仅是因为这些塑料流动性差，要求单位压力高的原因，重要是因为不溢式压制模没有挤压面，所得的飞边不但极薄，而且飞边在塑件上呈垂直分布，去除比较容易，可以用平磨等方法去除。相反，若采用溢式压制模成型，当布片或纤维填料进入挤压面时，不易被模具夹断而妨碍模具闭合，造成飞边增厚和塑件尺寸不准，去除困难。

5.3.2.3 半溢式压制模

又称为半封闭式压制模，如图5－3所示。这种模具具有加料室，但其断面尺寸大于型腔尺寸。凸模与加料室呈间隙配合，加料室与型腔的分界处有一环形挤压面，其宽度约4mm～5mm。挤压边可限制凸模的下压行程，并保证塑件的水平方向毛边很薄。

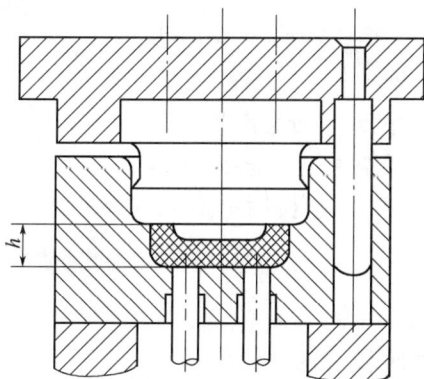

图5－3　半溢式压制模

半溢式压制模的特点：

（1）模具使用寿命较长。因加料室的断面尺寸比型腔大，故在顶出时塑件表面不受损伤。

（2）塑料的加料量不必严格控制，因为多余的塑料可通过配合间隙或在凸模上开设的溢料槽排出。

（3）塑件的密度和强度较高，塑件径向尺寸和高度尺寸的精度也容易保证。

（4）简化加工工艺。当塑件外形复杂时，若用不溢式压制模必须造成凸模与加料室的制造困难，而采用半溢式压制模则可将凸模与加料室周边配合面简化。

（5）半溢式压制模由于有挤压边缘，在操作时要随时注意清除落在挤压边缘上的废料，以免边缘过早地损坏和破裂。

由于半溢式压制模兼有溢式压制模和不溢式压制模的特点，因而被广泛用来成型流动性较好的塑料及形状比较复杂、带有小型嵌件的塑件，且适用于各种压制场合。

5.4 压模与压机的关系

压机是压制成型的主要设备，压制模设计者必须熟悉压机的主要技术性能，特别是压机的最大工作能力和装模部分有关尺寸等，否则模具无法安装在压机上或塑件不能取出。模具所要求的压制能力与压机本身的能力应相符合，若压制能力不足，则生产不出合格塑件，反之又会造成设备生产能力的浪费。

5.4.1 成型压力的校核

成型压力是指塑料压塑成型时所需的压力。它与塑件几何形状、水平投影面积、成型工艺等因素有关，成型压力必须满足

$$F_M \leqslant KF_P \tag{5-2}$$

式中　F_M——用模具成型塑件所需的成型总压力，N；

　　　F_P——压机的公称压力，N；

　　　K——修正系数，一般取 0.75～0.90，视压机新旧程度而定。

模具成型塑件时所需总压力

$$F_M = 10^6 nAp \tag{5-3}$$

式中　n——型腔数目；

　　　A——每一型腔加料室的水平投影面积，m^2；

　　　p——塑料压缩成型时所需的单位压力，MPa。

当确定压机后，可确定型腔的数目，从式（5-2）和式（5-3）中可得

$$n \leqslant \frac{KF_P}{AP} \tag{5-4}$$

5.4.2 开模力和脱模力的校核

5.4.2.1 开模力的计算
开模力可按下式计算：

$$F_K = K_1 F_M \tag{5-5}$$

式中　F_K——开模力，N；

　　　K_1——系数，塑件形状简单、配合环（凸模与凹模相配合部分）不高时，取 0.1；配合环较高时，取 0.15；形状复杂配合环较高时，取 0.2。

用机器力开模，因 $F_P \geqslant F_M$，所以 F_K 是足够大的，不需要校核。

5.4.2.2 脱模力的计算
脱模力是将塑件从模具中顶出的力，必须满足

$$F_d > F_t \qquad\qquad (5-6)$$

式中　F_d——压机的顶出力，N；

　　　F_t——塑件从模具内脱出所需的力，N。

　　脱模力的计算公式如下：

$$F_t = 10^6 A_c P_j \qquad\qquad (5-7)$$

式中　A_c——塑件侧面积之和，m^2；

　　　P_j——塑件与金属的结合力，MPa。如表 5-1 所列。

表 5-1　塑件与金属的结合力
MPa

塑　料　性　质	P_j
含木纤维和矿物填料的塑料	0.49
玻璃纤维塑料	1.47

5.4.3　压制模高度和开模行程的校核

　　若要使模具正常工作，就必须使模具的闭合高度和开模行程与液压机上下工作台面之间的最大和最小开距以及活动压板的工作行程相适应，即

$$h_{\min} \leqslant h \leqslant h_{\max} \qquad\qquad (5-8)$$
$$h = h_1 + h_2 \qquad\qquad (5-9)$$

式中　$h_{\min}$——压机上下模板之间的最小距离，mm；

　　　$h_{\max}$——压机上下模板之间的最大距离，mm；

　　　h——合模高度，mm；

　　　h_1——凹模的高度，mm，如图 5-4 所示；

　　　h_2——凸模台肩高度，mm，如图 5-4 所示。

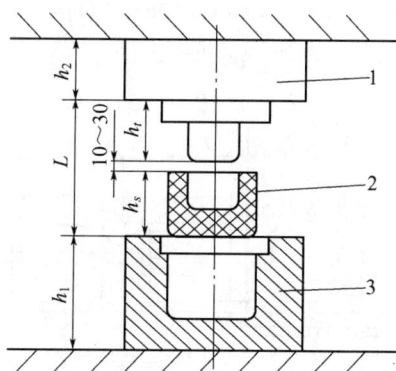

图 5-4　模具高度和开模行程
1—凸模；2—塑件；3—凹模。

　　如果 $h < h_{\min}$，上下模不能闭合，压机无法工作，这时在上下压板间必须加垫板，以保证 $h_{\min} \leqslant h +$ 垫板厚度。

除满足 $h_{max} > h$ 外,还要求 h_{max} 大于模具的闭合高度加开模行程之和,如图 5-4 所示,以保证顺利脱模。即

$$h_{max} \geq h + L \qquad (5-10)$$
$$L = h_s + h_t + (10 \sim 30) \qquad (5-11)$$

故

$$h_{max} \geq h + h_s + h_t + (10 \sim 30) \qquad (5-12)$$

式中　h_s——塑件高度,mm;

　　　h_t——凸模高度,mm;

　　　L——模具最小开模距,mm。

5.4.4　压机工作台面尺寸与模具的固定

压机有上下两块压模固定板,称为上压板(或动梁)和下压板(或工作台)。模具宽度应小于液压机立柱或框架之间的距离,从而使模具能顺利通过。模具的最大外形尺寸不宜超过台面尺寸,否则便无法安装固定模具。

液压机的上下两个压板多开有相互平行或沿对角线交叉的 T 形槽。模具的上下模可直接用四个螺钉分别固定在上压板和工作台上。压模脚上的固定螺钉孔(或长槽、缺口)应与台面上的 T 形槽位置相符合。模具也可用压板螺钉压紧固定,此时模脚尺寸比较自由,只需设计出宽 15mm～30mm 的凸缘台阶即可。

5.4.5　压机顶出机构的校核

固定式压模一般均利用压机工作台面下的顶出机构(机械式或液压式)驱动模具脱模机构进行工作,因此压机的顶出机构与模具的脱模两者的尺寸应相适应,即模具所需的脱模行程必须小于压机顶出机构的最大工作行程。其中,模具需用的脱模行程 L_d 一般应保证塑件脱模时高出凹模型腔 10mm～15mm,以便将塑件取出。图 5-5 所示即为塑件高度与压机顶出行程的尺寸关系图。顶出距离必须满足

$$L_d = h_s + h_3 + (10 \sim 15)mm \leq L_p \qquad (5-13)$$

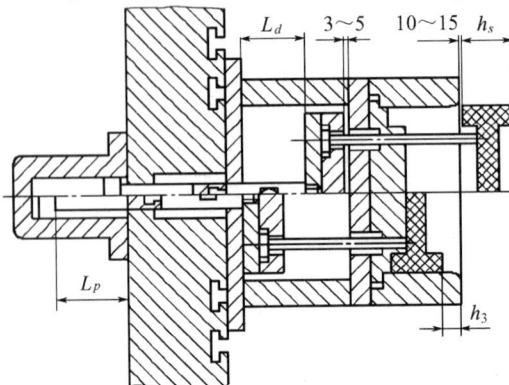

图 5-5　塑件高度与压机顶出行程尺寸关系图

5.5 压制模的典型结构及组成

5.5.1 典型的压制模结构

压制模主要用于成型热固性塑件。典型的压制模结构如图5-6所示,它可分为固定于压机上压板的上模和固定于压机下压板的下模两大部分。

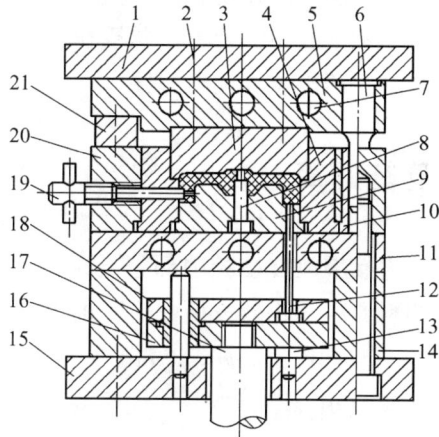

图5-6 压制模结构

1—上模座板;2—螺钉;3—上凸模;4—加料室(凹模);5—加热板;6—导柱;7—加热孔;8—型芯;9—下凸模;10—导套;11—加热板;12—顶杆;13—支承钉;14—垫块;15—下模座板;16—推板;17—连接杆;18—顶杆固定板;19—侧型芯;20—型腔固定板;21—承压块。

压制模具由以下几部分组成:

(1)型腔。型腔是直接成型塑件的部位,加料时与加料室一同起装料的作用,图5-6中的模具型腔由上凸模3、下凸模9、型芯8和凹模4等构成。

(2)加料室。加料室位于图5-6中指凹模4的上半部,为凹模端面尺寸扩大的部分。由于塑料原料与塑件相比具有较大的比体积,塑件成型前单靠型腔往往无法容纳全部原料,因此在型腔之上设有一段加料腔。

(3)导向机构。导向机构由图5-6中布置在模具上周边的四根导柱6和导套10组成。导向机构用来保证上下模合模的对中性。为了保证推出机构上下运动平稳,该模具在下模座板15上设有二根推板导柱,在推板上还设有推板导套。

(4)侧向分型抽芯机构。在成型带有侧向凹凸或侧孔的塑件时,模具必须设有各种侧分型抽芯机构,塑件方能抽出。图5-6中的塑件有一侧孔,在推出之前用手动丝杠(侧型芯19)抽出侧型芯。

(5)脱模机构。固定式压制模在模具上必须有脱模机构(推出机构),图5-6中的脱模机构由推板16、顶杆固定板18、顶杆12等零件组成。

(6)加热系统。热固性塑料压缩成型需在较高的温度下进行,因此模具必须加热。

常见的加热方式有电加热、蒸汽加热、煤气或天然气加热等,但以电加热最为普遍。在图 5-6中,加热板5、11分别对上凸模、下凸模和凹模进行加热,加热板圆孔中插入电加热棒。在压制热塑性塑料时,在型腔周围开设温度控制通道。在塑化和定型阶段,分别通入蒸汽进行加热或通入冷却水进行冷却。

5.5.2 压制模的工作原理

压制模的工作原理如图5-6所示。开模后,将配好的塑料原料倒入凹模4上端的加料室,上下模闭合使装于加料室和型腔中的塑料受热受压,成为熔融态充满整个型腔,当塑件固化成型后,上下模打开利用顶出装置顶出塑件。

5.6 加料室的设计及其计算

溢式模具无加料室,塑料直接堆放在型腔中部。不溢式及半溢式模具在型腔以上有一段加料室,其容积应等于塑料原料体积减去型腔的容积,塑料原料体积可按下式计算:

$$V = m\nu = V_p \rho \nu \tag{5-14}$$

式中　V——每次加入塑料原料体积,cm^3;

　　　m——塑件质量,包括溢料和毛边,g;

　　　ν——压塑料比体积(cm^3/g),如表5-2;

　　　V_p——塑件体积(包括溢料边),cm^3;

　　　ρ——塑件密度,g/cm^3。

表5-2　各种压制塑料的比体积

塑 料 种 类		比体积/(cm^3/g)
酚醛塑料	以木粉为填料的热塑性塑料(粉料)	1.8~2.2
	以木粉为填料的热固性塑料(粉料)	2.2~3.2
氨基塑料	粉料	2.5~3.0
碎布塑料	片状料	3.0~6.0

图5-7为加料室高度的计算图。加料室断面尺寸(水平投影)可根据模具类型确定,不溢式压模加料断面尺寸与型腔断面尺寸相等,而其变异形式则应稍大于型腔断面尺寸。半溢式压模加料室断面尺寸应等于型腔断面加上挤压面,加料室断面尺寸决定后,即可算出加料室高度。

图5-7(a)所示为下模在型腔中有凸起的情况,加料室高度可通过下式计算:

$$H = \frac{V + V_1}{A} + (0.5 \sim 1) \tag{5-15}$$

式中　H——加料室高度,cm;

　　　V——塑料粉体积,cm^3;

　　　V_1——下凸模凸出部分的体积,cm^3;

A——加料室的断面积，cm^2。

0.5cm ~ 1cm 为不装塑料的导向部分，由于有这部分过剩空间，可避免在闭模过程中塑料粉飞出。

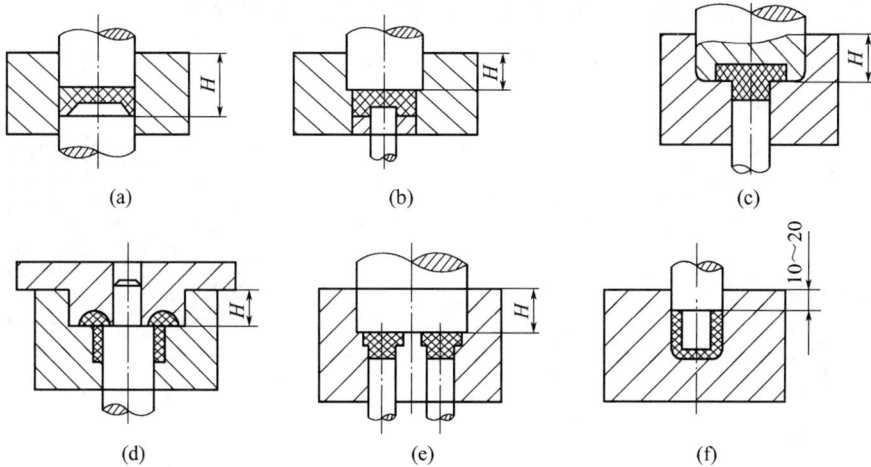

图 5 - 7　加料室高度的计算图

图 5 - 7(f)所示为压塑壁薄且高的杯形塑件。由于型腔体积大，塑料粉体积较小，塑件原料装入后其体积尚不能达到塑件高度，这时型腔(包括加料室)总高度可采用塑件高度加上 10mm ~ 20mm，即

$$H = h + (1.0 \sim 2.0) \qquad (5 - 16)$$

式中　h——塑件高度，cm。

图 5 - 7(b)、图 5 - 7(c)、图 5 - 7(d)及图 5 - 7(e)为半溢式压模，其中图 5 - 7(b)为塑件在加料室(挤压边)以下成型的形式。

图 5 - 7(c)所示为塑件一部分形状在挤压边以上成型的形式，图 5 - 7(b)、图 5 - 7(c)两种形式加料室高度为

$$H = \frac{V - V_0}{A} + (0.5 \sim 1) \qquad (5 - 17)$$

式中　V_0——挤压边以下型腔的体积，cm^3。

图 5 - 7(d)所示为带中心导柱的半溢式压模，其加料室高度为

$$H = \frac{V + V_1 - V_0}{A} + (0.5 \sim 1) \qquad (5 - 18)$$

式中　V_1——在加料室高度内导向柱占据的体积，cm^3。

图 5 - 7(e)所示为多型腔压模，其加料室高度为

$$H = \frac{V - nV_{0\pi}}{A} \qquad (5 - 19)$$

式中　$V_{0\pi}$——挤压边以下单个型腔能容纳塑料的体积，cm^3；

n——在共用加料室内压制的塑件数。

对于压缩比特别大的以碎布为填料或以纤维为填料的塑料制件,为降低加料室高度,可采用分次加料的办法,即第一次部分加料后进行压制后再进行第二次加料,再压制,一直到加足为止,也可以采用预压锭加料,这时加料室高度可酌情降低。

例1 计算图5-8所示加料室高度H,材料为酚醛粉状塑料,塑件密度$\rho = 1.4\text{g/cm}^3$。

由式(5-7)知:

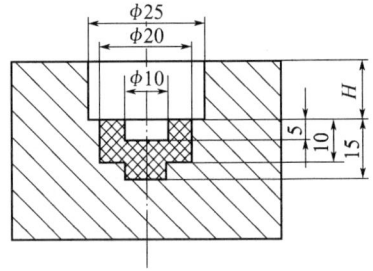

图5-8 例1图

$$H = \frac{V - V_0}{A} + (0.5 \sim 1)$$

则挤压边以下型腔的体积

$$V_0 = \frac{\pi}{4} \times 1^2 \times (1.5 - 1) + \frac{\pi}{4} \times 2^2 \times 1 = \frac{9}{8}\pi$$

塑件的体积

$$V_p = \frac{\pi}{4} \times 1^2 \times (1.5 - 1) + \frac{\pi}{4} \times 2^2 \times 1 - \frac{\pi}{4} \times 1^2 \times 0.5 = \frac{\pi}{4} \times 2^2 \times 1 = \pi$$

塑料粉的体积

$$V = m\nu = V_p \rho\nu = V_p \times 1.4 \times 2.2 = 3V_p = 9.43$$

加料室的面积

$$A = \frac{\pi}{4} \times 2.5^2 = 4.9$$

加料室高度

$$H = \frac{V - V_0}{A} + (0.5 \sim 1) = \frac{9.43 - \frac{9}{8}\pi}{4.9} + (0.5 \sim 1) = 1.2 + 0.8 = 2\text{cm}$$

5.7 压制模具实例

图5-9为基座压制模。

工作原理:该模具为手动式半溢式压模,模具由装在机床上下工作台上的加热板来加热。模具内部设有3根顶杆12,通过压机对上下卸模架施加压力完成分型和推出制品动作。

如图5-9所示,开模时将上模开启,安放活动螺纹型芯13后,加料,合模,将模具放入压机中。压制成型结束后,将上、下卸模架和模具装在一起,用压机施压,模具沿Ⅰ—Ⅰ面和Ⅱ—Ⅱ面分型,同时下卸模架上的推杆推动模具顶杆12,制品连同螺纹型芯13脱出凹模,人工将螺纹型芯旋下即可获得制品。

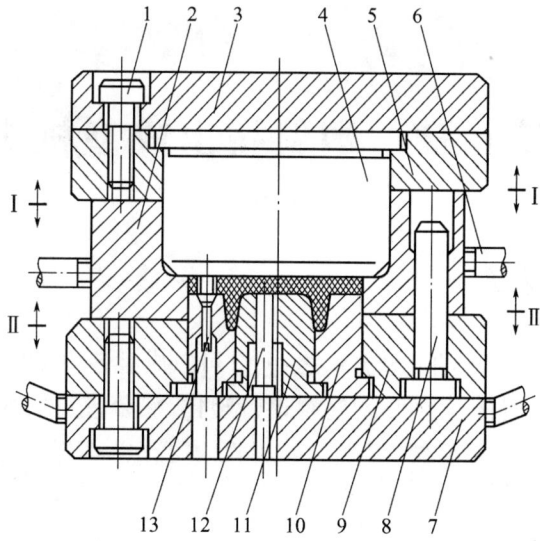

图 5 - 9　基座压制模

1—螺钉；2—凹模；3—上模板；4—凸模；5—凸模固定板；6—手柄；7—下模板；
8—导柱；9—型芯固定板；10—主型芯；11—型芯镶件；12—顶杆；13—螺纹型芯。

第6章 塑料挤出成型机头

6.1 挤出机头概述

挤出成型是热塑性塑料的成型方法之一,它可以成型各种塑料管材、棒材、板材、薄膜以及电线、电缆等连续型材,还可以对塑料进行塑化、混合、造粒、脱水及喂料等准备工序或半成品加工。

6.1.1 作用及分类

挤出模包括机头和定型模两部分。

1. 机头的作用

机头是挤出塑料制件成型的主要部件,它使来自挤出机的熔融塑料由螺旋运动变为直线运动,并进一步塑化,产生必要的成型压力,保证塑件密实,从而获得截面形状相似的连续型材。

2. 定型模的作用

从机头中挤出的塑料制件虽然具备了既定的形状,可是因为制件温度比较高,由于自重而会发生变形,因此需要使用定径装置将制件的形状进行冷却定型,从而获得能满足要求的正确尺寸、几何形状及表面质量。通常采用冷却、加压或抽真空的方法,将从口模中挤出的塑料的既定形状稳定下来,并对其进行精整,从而得到截面尺寸更为精确、表面更为光亮的塑料制件。

3. 机头的分类

1)按挤出成型的塑件分类

通常挤出成型塑件有管材、棒材、板材、片材、网材、单丝、粒料、各种异型材、吹塑薄膜、电线电缆等,所用机头分别称为管机头、棒机头。

2)按制品出口方向分类

可分为直向机头和横向机头。前者机头内料流方向与挤出机螺杆轴向一致,如硬管机头;后者机头内料流方向与挤出机螺杆轴向成某一角度,如电缆机头。

3)按机头内压力大小分类

可分为低压机头(料流压力小于4MPa)、中压机头(料流压力为4MPa~10MPa)和高压机头(料流压力大于10MPa)。

6.1.2 结构组成

以典型的管材挤出成型机头为例,如图6-1所示,挤出成型模具的结构可分为以下几个主要部分:

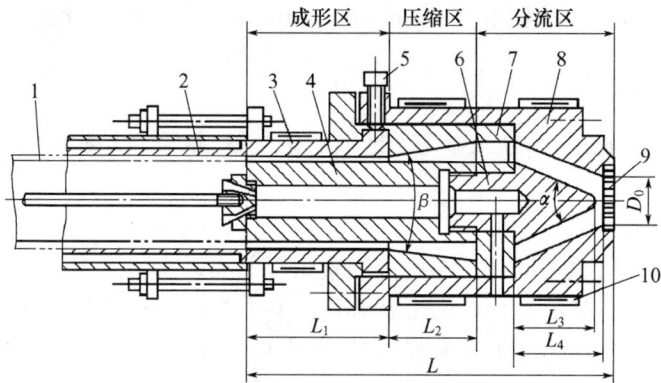

图 6-1 挤出模结构

1—管材；2—定型模；3—口模；4—芯棒；5—调节螺钉；6—分流器；
7—分流器支架；8—机头体；9—过滤网；10—电加热圈。

1. 口模和芯棒

口模 3 用来成型塑件的外表面，芯棒 4 用来成型塑件的内表面，所以口模和芯棒决定了塑件的截面形状。

2. 过滤网和过滤板

过滤网 9 的作用是将塑料熔体由螺旋运动转变为直线运动，过滤杂质，并形成一定的压力；过滤板又称多孔板，同时还起支承过滤网的作用。

3. 分流器和分流器支架

分流器 6（又称鱼雷头）使通过它的塑料熔体分流变成薄环状以平稳地进入成型区，同时进一步加热和塑化；分流器支架 7 主要用来支承分流器及芯棒，同时也能对分流后的塑料熔体加强剪切混合作用，但产生的熔接痕影响塑件强度。小型机头的分流器与其支架可设计成一个整体。

4. 机头体

机头体 8 相当于模架，用来组装并支承机头的各零件。机头体需与挤出机筒连接，连接处应密封以防塑料熔体泄漏。

5. 温度调节系统

为了保证塑料熔体在机头中正常流动及挤出成型质量，机头上一般设有可以加热的温度调节系统，如图 6-1 所示的电加热圈 10。

6. 调节螺钉

调节螺钉 5 用来调节控制成型区内口模与芯棒间的环隙及同轴度，以保证挤出塑件壁厚均匀。通常调节螺钉的数量为 4 个～8 个。

7. 定型模（定径套）

离开成型区后的塑料熔体虽已具有给定的截面形状，但因其温度仍较高不能抵抗自重变形，为此需要用定型模 2 对其进行冷却定型，以使塑件获得良好的表面质量、准确的尺寸和几何形状。

6.1.3 设计原则

1. 内腔呈流线形

为了使塑料熔体能沿着机头中的流道平稳流动而顺利挤出，机头的内腔应呈光滑的

201

流线形,表面粗糙度值 Ra 应取 $1.6\mu m \sim 3.2\mu m$;流道中不能有死角和停滞区,以免过热分解。

2. 足够的压缩比

为使制品密实和消除因分流器支架造成的结合缝,根据制品和塑料种类不同,应设计足够的压缩比。

3. 正确的截面形状及尺寸

由于塑料的物理性能和压力、温度等因素引起的离模膨胀效应,及由于牵引作用引起的收缩效应,使得机头的成型区截面形状和尺寸并非塑件所要求的截面形状和尺寸,因此设计时,要对口模进行适当的形状和尺寸补偿,合理确定流道尺寸,控制口模成型长度,从而获得正确的截面形状及尺寸。

4. 结构紧凑

在满足强度和刚度条件下,机头结构应紧凑,并且应装卸方便、不漏料。另外,形状设计也应规则、对称,便于均匀加热。

5. 合理选择材料

机头内的流道与流动的塑料熔体相接触,磨损较大;有的塑料在高温成型过程中还会产生化学气体,腐蚀流道。因此为提高机头的使用寿命,机头材料应选择耐磨、耐腐蚀、硬度高的钢材或合金钢。

6.1.4 机头与挤出机的关系

1. 机头与挤出机的连接

挤出成型的设备是挤出机,每副挤出成型模具都只能安装在与其相适应的挤出机上。设计机头的结构时,首先要了解挤出机的技术参数以及机头与挤出机的连接形式,所设计的机头应当适应挤出机的要求。由于挤出机的型号不同,其连接形式亦不同。国产挤出机的技术参数、连接形式及尺寸,分别见图 6-2 ~ 图 6-4。

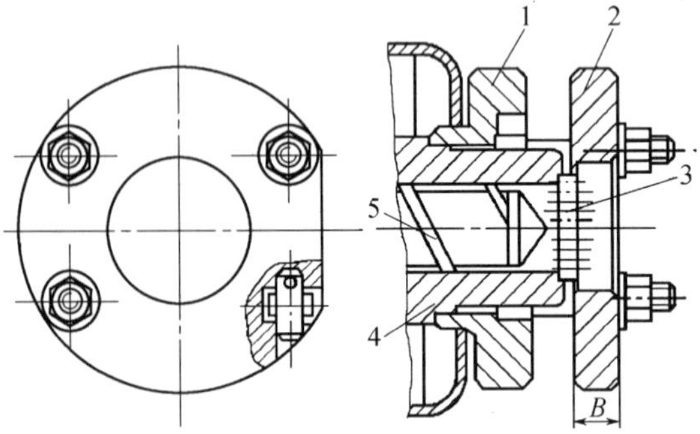

图 6-2 机头连接形式(一)

1—挤出机法兰;2—机头法兰;3—过滤板;4—机筒;5—螺杆。

图 6-2 中机头以螺纹连接在机头的法兰上,而机头法兰是以铰链螺钉与机筒法兰连接固定的,图 6-2 中为 4 个铰链螺钉,有时为 6 个铰链螺钉。一般的安装次序是先松动铰链螺钉,打开机头法兰,清理干净后,将过滤板装入机筒部分(或装在机头上),再将机头安装在机头法兰上,最后闭合机头法兰,紧固铰链螺钉即可。

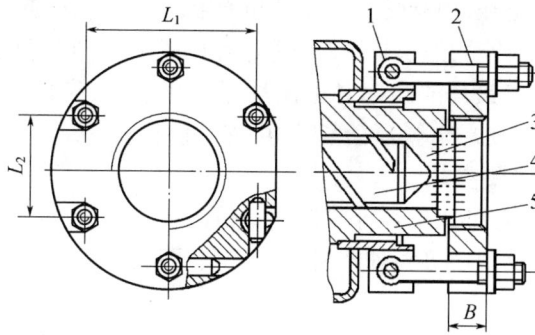

图 6-3　机头连接形式(二)

—挤出机法兰；2—机头法兰；3—过滤板；4—机筒；5—螺杆。

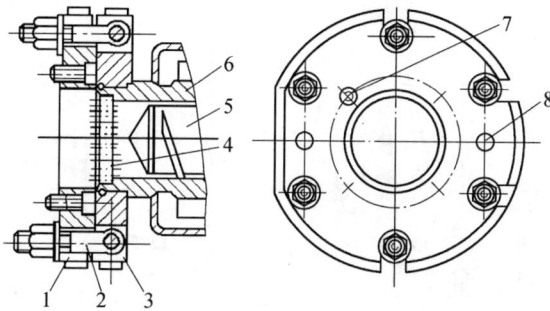

图 6-4　机头连接形式(三)

1—机头法兰；2—铰链螺钉；3—挤出机法兰；4—过滤板；5—螺杆；6—机筒；7—螺钉；8—定位销。

　　机头与挤出机的同心度是靠机头的内径和栅板的外径配合而得,因为栅板的外径与机筒有配合,因此保证了机头与机筒的同心度要求。安装时栅板的端部必须压紧,否则会漏料。图 6-2 与图 6-3 的连接形式基本相同。

　　图 6-4 为机头与挤出机相连接的又一种形式。机头用内六角螺钉与机头法兰连接固定。因为机头法兰与机筒法兰有定位销定位,机头的外圆与机头法兰内孔配合,因此可以保证机头与挤出机的同心度。

　　图 6-5 所示为快速更换机头的一种连接形式。其动作过程是:由液压动力推动锁紧

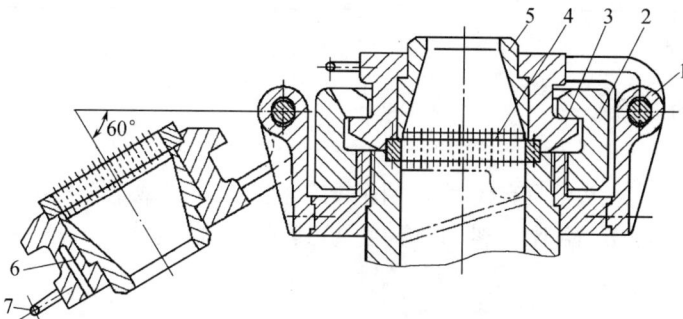

图 6-5　快速更换机头

1—铰链座；2—锁紧环；3—固定套；4—过滤板；5—口模；6—测温器；7—手柄。

环2旋转,使螺纹部分松开,当旋转到开槽部位与右卡紧环的凸起部位对正时,右卡紧环可绕铰链座上的铰链轴转动,退出锁紧环,这时可将机头移到右侧去清洗,然后换上已清洗好的左卡紧环(使左卡紧环的凸起对正锁紧环的开槽后,卡紧环即可装入锁紧环中),液压动力转动锁紧环2,使左卡紧环锁紧,即可连续供料。

2. 国产挤出机的主要参数

目前应用最广泛的是卧式单螺杆非排气式挤出机。表6-1列出了我国生产的适用于加工管、板、膜、型材及型坯等多种塑料制件以及塑料包覆电线电缆的单螺杆挤出机的主要参数。

表6-1　部分国产挤出机的主要参数

序号	螺杆直径 /mm	长径比 L/D	产量/(kg/h)		电动机功率 /kW	加热功率(机身) /kW	中心高 /mm
			HPVC	SPVC			
1	30	15 20 25	2～6	2～6	3/1	2 4 5	1000
2	45	15 20 25	7～18	7～18	5/1.67	5 6 7	1000
3	65	15 20 25	15～33	16～50	15/5	10 12 16	1000
4	90	15 20 25	35～70	40～100	22/7.3	18 24 30	1000
5	120	15 20 25	56～112	70～160	55/18.3	30 40 45	1100
6	150	15 20 25	95～190	120～280	75/25	45 60 72	1100
7	200	15 20 25	160～320	200～480	100/33.3	75 100 125	1100

6.2　管材挤出机头

管材机头在挤出机头中具有代表性,用途较广,主要用来成型连续的管状塑件。管机头适用的挤出机螺杆长径比(螺杆长度与其直径之比)$i=15～25$,螺杆转速$n=10r/min～35r/min$。

6.2.1　典型结构

常用的管材挤出机头结构有直通式、直角式和旁侧式三种形式。另外,还有微孔流道

204

挤管机头等。

1. 直通式挤管机头

直通式挤管机头如图6-1所示,主要用于挤出薄壁管材,其结构简单,容易制造。它适用于挤出小管,分流器和分流器支架设计成一体,装卸方便。塑料熔体经过分流器支架时,产生几条熔接痕,不易消除。

直通式挤管机头适用于挤出成型软硬聚氯乙烯、聚乙烯、尼龙、聚碳酸酯等塑料管材。

2. 直角式挤管机头

如图6-6所示,用于内径定径的场合,冷却水从芯棒3中穿过。成型时塑料熔体包围芯棒并产生一条熔接痕。熔体的流动阻力小,成型质量较高。但机头结构复杂,制造困难。

3. 旁侧式挤管机头

如图6-7所示,与直角式挤管机头相似,其结构更复杂,制造更困难。

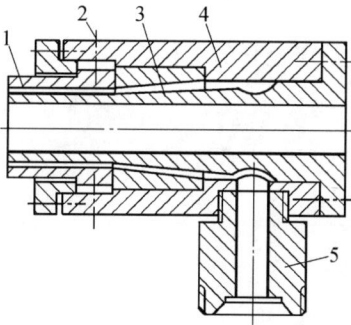

图6-6 直角式挤管机头

1—口模;2—调节螺钉;
3—芯棒;4—机头体;5—连接管。

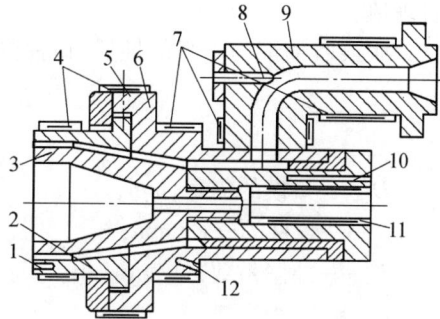

图6-7 旁侧式挤管机头

1—温度剂插孔;2—口模;3—芯棒;
4—加热器;5—调节螺钉;6—机头体;
7—加热器;8—熔料测温孔;9—机头体;
10—熔料测温孔;11—芯棒加热器。

4. 微孔流道挤管机头

微孔流道挤管机头如图6-8所示。机头内无芯棒,熔料的流动方向与挤出机螺杆的轴线方向一致,熔体通过微孔管上的微孔进入口模而成型。微孔流道挤管机头特别适合于成型直径大,流动性差的塑料(如聚烯烃)。它体积小,结构紧凑,但管材直径大,管壁厚

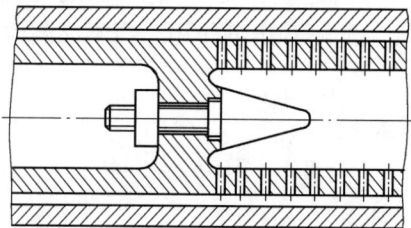

图6-8 微孔流道挤管机头

容易发生偏心,所以口模与芯棒的间隙下面比上面要小10%～18%,用以消除因管材自重而引起的壁厚不均匀。

6.2.2 工艺参数的确定

主要确定机头内口模、芯棒、分流器和分流器支架的形状和尺寸及其工艺参数。在设计管材挤出机头时,需要已知的数据,包括挤出机型号、制品的内径、外径及制品所用的材料等。

1. 口模

口模是用于成型管子外表面的成型零件。在设计管材模时,口模的主要尺寸为口模的内径和定型段的长度,如图6-1所示。

1) 口模的内径 D

口模内径的尺寸不等于管材外径的尺寸,因为挤出的管材在脱离口模后,由于压力突然降低,体积膨胀,使管径增大,此种现象为巴鲁斯效应。也可能由于牵引和冷却收缩而使管径变小。可根据经验,通过调节螺钉(图6-1中5)调节口模与芯棒间的环隙使其达到合理值。

膨胀或收缩都与塑料的性质、口模的温度压力以及定径套的结构有关。

$$D = \frac{d}{K} \tag{6-1}$$

式中　D——口模的内径,mm;

　　　d——管材的外径,mm;

　　　K——补偿系数,见表6-2。

表6-2　补偿系数 K 值

塑料品种	内径定径	外径定径
聚氯乙烯	—	0.95～1.05
聚酰胺	1.05～1.10	—
聚乙烯、聚丙烯	1.20～1.30	0.90～1.05

2) 定型段长度 L_1

口模和芯棒的平直部分的长度称为定型段,见图6-1中的 L_1。塑料通过定型部分,料流阻力增加,使制品密实,同时也使料流稳定均匀,消除螺旋运动和接合线。

随着塑料品种及尺寸的不同,定型长度也应不同,定型长度不宜过长或过短。过长时,料流阻力增加很大;过短时,起不到定型作用。当不能测得材料的流变参数时,可按经验公式计算。

1) 按管材外径计算

$$L_1 = (0.5 ～ 3)D \tag{6-2}$$

式中　D——管材外径的公称尺寸,mm;

通常当管子直径较大时定型长度取小值,因为此时管子的被定型面积较大,阻力较大,反之就取大值。同时考虑到塑料的性质,一般挤软管取大值,挤硬管取小值。

2）按管材壁厚计算

$$L_1 = nt \tag{6-3}$$

式中　t——管材壁厚, mm;

　　　n——系数, 如表6-3所列。

表6-3　口模定型段长度与壁厚关系系数

塑料品种	硬聚氯乙烯	软聚氯乙烯	聚乙烯	聚丙烯	聚酰胺
系数 n	18~33	15~25	14~22	14~22	13~23

2. 芯棒（芯模）

芯棒是用于成型管子内表面的成型零件。一般芯棒与分流器之间用螺纹连接, 其结构如图6-1中4所示。芯棒的结构应利于物料流动, 并利于消除接合线, 使其容易制造。其主要尺寸为芯棒外径、压缩段长度和压缩角。

1）芯棒的外径

芯棒的外径由管材的内径决定, 但由于与口模结构设计同样的原因, 即离模膨胀和冷却收缩效应, 所以芯棒外径的尺寸不等于管材内径尺寸。根据生产经验, 可按下式计算:

$$d = D - 2\delta \tag{6-4}$$

式中　d——芯棒的外径, mm;

　　　D——口模的内径, mm;

　　　δ——口模与芯棒的单边间隙, $\delta = (0.83 \sim 0.94) \times t$, mm; t 为管材壁厚, mm。

2）定型段、压缩段和收缩角

塑料经过分流器支架后, 先经过一定的收缩。为使多股料很好地会合, 压缩段 L_2 与口模中的相应的锥面部分构成塑料熔体的压缩区, 使进入定型区之前的塑料熔体的分流痕迹被熔合消除。

芯棒定型段的长度与 L_1 相等或稍长。L_2 可按下面经验公式计算:

$$L_2 = (1.5 \sim 2.5)D_0 \tag{6-5}$$

式中　L_2——芯棒的压缩段长度, mm;

　　　D_0——塑料熔体在过滤板出口处的流道直径, mm。

3）芯模收缩角 β

低黏度塑料 $\beta = 45° \sim 60°$

高黏度塑料 $\beta = 30° \sim 50°$

3. 分流器和分流器支架

图6-9所示为分流器和分流器支架的结构图。工作流程中, 塑料通过分流器, 使料层变薄, 这样便于均匀加热, 以利于塑料进一步塑化。大型挤出机的分流器中还设有加热装置。

1）分流锥的角度 α（扩张角）

低黏度塑料 $\beta = 30° \sim 80°$

高黏度塑料 $\beta = 30° \sim 60°$

扩张角 $\alpha >$ 收缩角 β。α 过大时, 料流的流动阻力大, 熔体易过热分解; α 过小时, 不

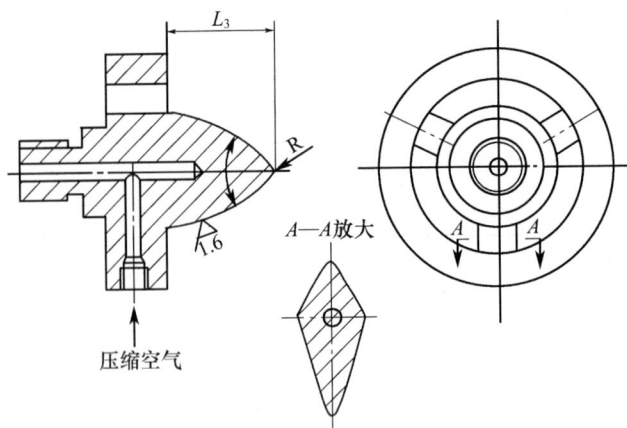

图6-9 分流器与分流支架的结构图

利于机头对其内的塑料熔体均匀加热,机头体积也会增大。

2）分流锥长度 L_3

$$L_3 = (1 \sim 1.5)D_0 \qquad (6-6)$$

式中 D_0——机头与过滤板相连处的流道直径,mm。

3）分流锥尖角处圆弧半径 R

$$R = 0.5\text{mm} \sim 2\text{mm}$$

R 不宜过大,否则熔体容易在此处发生滞留。

4）分流器表面粗糙度值 Ra

$$Ra < 0.4\mu\text{m} \sim 0.2\mu\text{m}$$

5）栅板与分流锥顶间隔 L_5

$$L_5 = 10\text{mm} \sim 20\text{mm} \text{ 或 } L_5 < 0.1D_1$$

式中 D_1——螺杆2的直径,mm,如图6-8所示。

L_5 过小会引起料流不均,过大则停料时间长。

分流器支架主要用于支承分流器及芯棒。支架上的分流筋应做成流线型,在满足强度要求的条件下,其宽度和长度尽可能小些,以减少阻力。出料端角度应小于进料端角度,分流筋尽可能少些,以免产生过多的熔接痕迹。

4. 拉伸比和压缩比

拉伸比和压缩比是与口模和芯棒尺寸相关的工艺参数。根据管材断面尺寸确定口模环隙截面尺寸时,一般由拉伸比确定。

1）拉伸比 I

所谓管材的拉伸比是口模和芯棒的环隙截面积与管材成型后的截面积之比,其计算公式如下:

$$I = \frac{D^2 - d^2}{D_s^2 - d_s^2} \qquad (6-7)$$

式中 I——拉伸比;

D_s、d_s——塑料管材的外、内径,mm;

208

D、d——分别为口模的内径、芯棒的外径,mm。

常用塑料的挤管拉伸比如表6-4所列。

表6-4　常用塑料的挤管拉伸比

塑料品种	硬聚氯乙烯	软聚氯乙烯	聚碳酸酯	ABS	高压聚乙烯	低压聚乙烯	聚酰胺
拉伸比	1.00~1.08	1.10~1.35	0.90~1.05	1.00~1.10	1.20~1.50	1.10~1.20	0.90~1.05

挤出时拉伸比较大有如下三项优点:①经过牵引的管材,可明显提高其力学性能;②在生产过程中变更管材规格时,一般不需要拆装芯棒、口模;③在加工某些容易产生熔体破裂现象的塑料时,用较大的芯棒、口模可以生产小规格的管材,既不产生熔体破裂现象又提高了产量。

2)压缩比 ε

所谓管材的压缩比是机头和多孔板相接处最大进料截面积与口模和芯棒的环隙截面积之比,反映出塑料熔体的压实程度。

低黏度塑料　$\varepsilon = 4 \sim 10$

高黏度塑料　$\varepsilon = 2.5 \sim 6.0$

6.2.3　管材的定径和冷却

管材被挤出口模时,还具有相当高的温度,没有足够的强度和刚度来承受自重和变形。为了使管子获得较低的粗糙度值、准确的尺寸和几何形状,管子离开口模时,必须立即定径和冷却,由定径套来完成。经过定径套定径和初步冷却后的管子进入水槽继续冷却,管子离开水槽时已经完全定型。一般用外径定径和内径定径两种方法。

1. 外径定径

如果管材外径尺寸精度高,需使用外径定径。外径定径需使管子和定径套内壁相接触,为此,常用内部加压或在管子外壁抽真空的方法来实现,因而外径定径又分为内压法和真空法,如图6-10所示。

1)内压法外径定径

如图6-10(a)所示,在管子内部通入压缩空气(预热,约 0.02MPa~0.1MPa),为保持压力,可用浮塞堵住防止漏气,浮塞用绳索系于芯模上。定径套的内径和长度一般根据经验和管材直径来确定,如表6-5所列。

表6-5　内压法外定径套尺寸　　　　　　　　　　　mm

材　料	定径套的内径	定径套的长度
聚乙烯、聚丙烯	$(1.02 \sim 1.04)D_S$	$10D_S$
聚氯乙烯	$(1.00 \sim 1.02)D_S$	$10D_S$
注:D_S——管材的公称直径。		

当管材直径 $D_S \geqslant 40\text{mm}$ 时

定径套的长度 L　$L < 10D_S$

定径套的内径 d　$d > (1.008 \sim 1.012)D_S$

当管材直径 $D_S \geqslant 100$ 时

$$定径套的长度 L \quad L = (3 \sim 5)D_S$$

设计定径套的内径时,其尺寸不得小于口模内径。

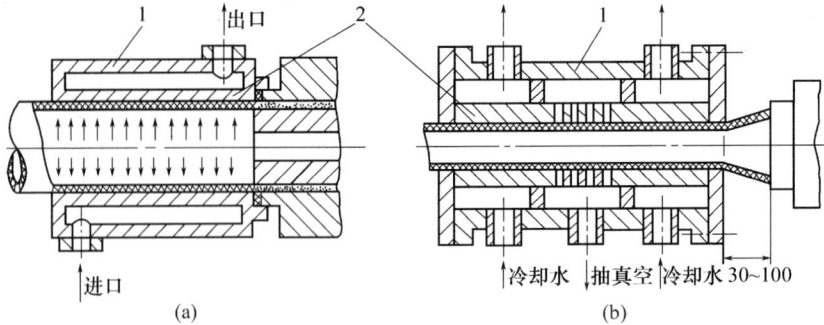

图 6 - 10　外定径法

1—外壁;2—内壁。

2) 真空法外径定径

如图 6 - 10(b)所示,在定径套内壁 2 上打很多小孔,抽真空用。抽真空时借助真空吸附力将管材外壁紧贴于定径套内壁 2,与此同时,在定径套外壁 1、内壁 2 夹层内通入冷却水,管坯伴随真空吸附过程的进行,而被冷却硬化。真空法的定径装置比较简单,管口不必堵塞,但需要一套抽真空设备,常用于生产小管。

真空定径套生产时与机头口模应有 20mm ~ 100mm 的距离,使口模中流出的管材先行离模膨胀和一定程度的空冷收缩后,在进入定径套中,冷却定型。

定径套内的真空度一般要求在 53kPa ~ 66kPa。真空孔径在 0.6 ~ 1.2 范围内选取,它与塑料黏度和管壁厚度有关,如塑料黏度大或管壁厚度大,孔径取大值,反之取小值。

真空定径套的内径如表 6 - 6 所列。

表 6 - 6　真空定径套的内径　　　　　　　　　　　　　　　　　mm

材　　料	定径套内径	材　　料	定径套内径
硬聚氯乙烯	$(0.993 \sim 0.99)D_S$	聚乙烯	$(0.98 \sim 0.96)D_S$
注:D_S——管材的公称直径。			

真空定径套的长度一般应大于其他类型定径套的长度。例如,对于直径大于 100mm 的管材,真空定径套的长度可取 4 倍 ~ 6 倍的管材外径。这样有助于更好地改善或控制离模膨胀(巴鲁斯效应)和冷却收缩对管材尺寸的影响。

2. 内径定径

内径定径是固定管材内径尺寸的一种定径方法。此种方法适用于侧向供料或直角挤管机头。该定径装置如图 6 - 11 所示。定径芯模与挤管芯模相连,在定径芯模内通入冷却水。当管坯通过定径芯模后,便获得内径尺寸准确、圆柱度较好的塑料管材。这种方法使用较少,因为管材的标准化系列多以外径为准。但内径公差要求严格,以保证压力传输时内径定径管壁的内应力分布较合理。

(1)定径套应沿其长度方向带有一定的锥度,在 0.6:100 ~ 1.0:100 之间选取。

（2）定径套外径一般取$[1+(2\%\sim4\%)]d_s$，（d_s为管材内径），定径套外径稍大于管材内径，使管材内壁紧贴在定径套上，从而使管壁获得较低的表面粗糙度值。另外，通过一段时间的磨损也能保证管材内径d_s的尺寸公差，提高定径套的寿命。

（3）定径套的长度一般取$80\text{mm}\sim300\text{mm}$。牵引速度较大或管材壁厚较大时取大值；反之，取小值。

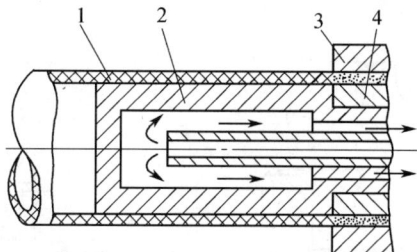

图 6 – 11　内定径法
1—管材；2—定径芯模；3—口模；4—芯棒。

6.3　吹塑薄膜挤出机头

吹塑薄膜挤出机头简称吹膜机头，其方法是挤出壁薄的大直径的管坯，然后用压缩空气吹涨。吹塑成型可以生产聚氯乙烯、聚乙烯、聚苯乙烯、聚酰胺等各种塑料薄膜，应用广泛。

6.3.1　结构类型及参数确定

6.3.1.1　机头结构类型

常用的薄膜机头大致可分为芯棒式机头、十字形机头、螺旋机头、多层薄膜吹塑机头和旋转机头。

1. 芯棒式机头

如图 6 – 12 所示。来自挤塑机的塑料熔体，通过机颈 7 到达芯棒轴 9 转向 90°，并分成两股沿芯棒轴分料线流动，在其末端尖处汇合后，沿机头流道芯棒轴 9 和口模 3 的环隙挤成管坯，然后由芯棒 9 中通入压缩空气，将管坯吹涨成膜，调节螺钉 5，可调节管坯厚薄的均匀性。

1）芯棒扩张角 α 和分流线斜角 β

芯棒扩张角 α 在选取上不可取得过大，否则会对机头操作工艺控制、膜厚均匀度和机头强度设计等方面产生不良影响。通常取 $\alpha=80°\sim90°$，必要时，可取 $\alpha=100°\sim120°$。芯棒轴分流线斜角 β 的取值与塑料的流动性有关，不可取得太小，否则会使芯棒尖处出料慢，导致过热滞料分解，一般取 $\beta=40°\sim60°$。

2）特点

芯棒式机头结构简单，机头内部通道空隙小，存料少，熔体不易过热分解，适用于加工聚氯乙烯等热敏性塑料，仅有一条薄膜熔合线。但芯棒轴受侧向压力，会产生"偏中"现象，造成口模间隙偏移，出料不均，所以薄膜厚度不易控制均匀。

211

2. 十字形机头

如图 6 – 13 所示,其结构类似于挤管机头。在设计这种中心进料式机头时,要注意分流器支架上的支承筋在不变形的前提下,数量尽可能少一些,宽度和长度也应小一些,以减少接合线。为了消除接合线,可在支架上方开一道环形缓冲槽,并适当加长支承筋到出口的距离。

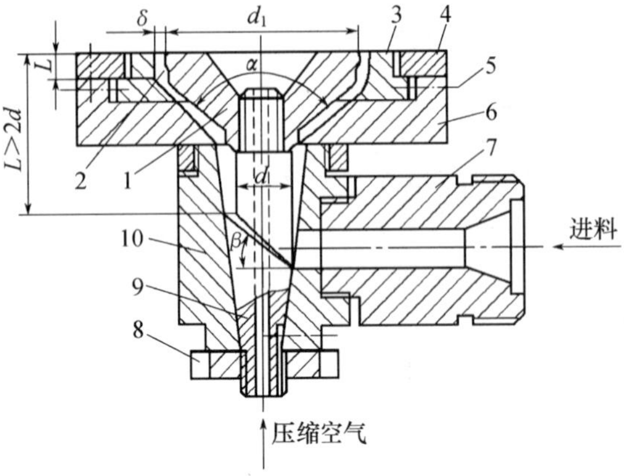

图 6 – 12 芯棒式机头

1—芯棒;2—缓冲槽;3—口模;4—压环;

5—调节螺钉;6—上机头体;7—机颈;

8—紧固螺母;9—芯棒轴;10—下机头体。

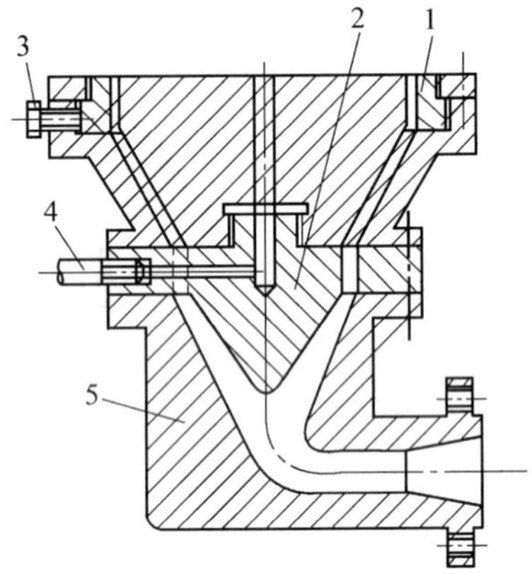

图 6 – 13 中心进料的十字机头

1—口模;2—分流器;3—调节螺钉;

4—通压缩空气管;5—机头体。

十字形机头的优点是出料均匀,薄膜厚度易于控制。同时,由于中心进料,芯模不受侧向力,因而没有"偏中"现象。其缺点是:因为有几条支承筋,增加了薄膜的接合线;机头内部空腔大,存料多,不适合于容易分解的物料。

3. 螺旋式机头

如图 6 – 14 所示,熔融树脂从机头底部的树脂进料口 1 进入模体,通过一个由若干个径向分布孔所组成的星形分配器,自分支点分成 2 ~ 8 股料流,分别沿着各自的螺槽旋转上升,并从切向流动逐渐过渡为轴向流动。至成型前的流道 4 处汇合,然后经缓冲槽 5 均匀地从定型段挤出。这种机头适合于加工流动性好而不易分解的树脂。

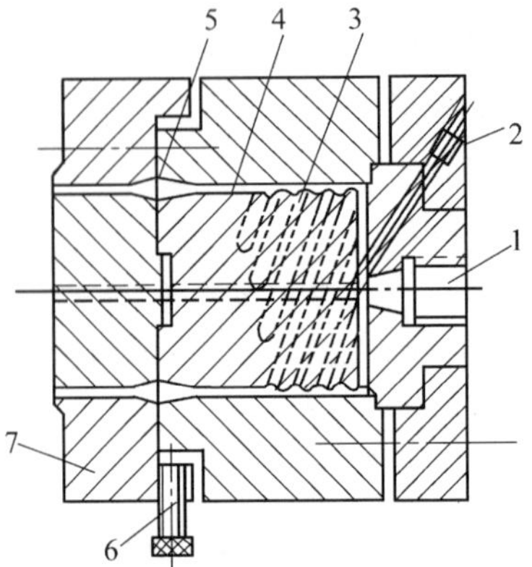

图 6 – 14 螺旋式机头

1—进料口;2—通气孔;3—芯棒;4—流道;5—缓冲槽;6—调节螺钉;7—口模。

212

螺旋槽数目如表6-7所列,主要取决于挤出量和螺旋芯棒的直径。中心进料孔直径与螺杆、口模直径的关系如表6-8所列。

表6-7 螺旋槽数目与芯棒直径的关系

芯棒直径	50	100	200	300
螺旋槽数	2	2~4	3~4	4~6

表6-8 中心进料孔直径与螺杆、口模直径的关系 mm

螺杆直径	45	65	90	150
口模直径	50~200	150~400	250~800	500~1200
中心进料孔直径	25	25~32	25~32	32~38

星形分配器各径向孔的直径取决于树脂类型、熔体指数、加工温度,通常为6mm~16mm。

螺槽开始点的深度为16mm~20mm。

螺距为16mm~22mm。

口模定型段高度 h 为20mm~25mm,口模间隙 δ 为0.8mm~1.2mm。

4. 多层薄膜吹塑机头

也称复合吹塑机头,是将同种(异色)或异种树脂分别加入两台以上的挤出机,经过同一个模具同时挤出,一次制成多色或多层薄膜。

挤出的各熔融树脂分别导入模内各自的流路,这些层流在口模定型区进行汇合,如图6-15所示。

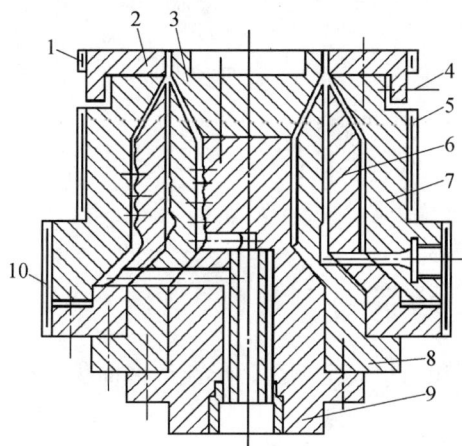

图6-15 多层薄膜吹塑机头

1—加热圈;2—口模;3—芯棒;4—调节螺钉;5—加热圈;
6—外芯模;7—机头过渡体;8—中层芯模;9—内芯模。

在设计多层薄膜吹塑机头时,一般要求机头内的料流达到相等的线速度。其次,应注意模内复合机头接合部件形状,使之容易加工制造。另外,模外复合机头往往带有引入氧化性气体通道,使两层薄膜之间进行物理和化学的接合。

6.3.1.2 参数的确定

1. 调节装置

设调节环和调节螺钉,保证机头出料口环形隙缝宽度均匀一致,调节螺钉4应多于6个。

2. 环形隙缝尺寸

取 $\delta = 0.4mm \sim 1.2mm$ 或按 18 倍 $\sim$ 30 倍的薄膜厚度选取,太小时机头内反压力大,太大时又影响薄膜厚度的均匀性。一般薄膜厚度为 $0.01mm \sim 0.3mm$,应符合吹胀比、牵引比和压缩比。

1)吹胀比 α

是指吹胀后的泡管膜直径与未吹胀的管坯直径(也叫机头口模直径)的比值,一般取 $1.5 \sim 4.0$,工程上常用 $2 \sim 3$。增大吹胀比,薄膜的横向强度随之增大,但不能太大,以免吹破。

$$\alpha = \frac{2W}{\pi d} \qquad (6-8)$$

式中　α——吹胀比;

　　　W——膜管压平后的双层宽度,mm;

　　　d——口模直径,mm。

2)牵引比 b

牵引比是指薄膜牵引速度与管坯挤出速度的比值,一般为 $4 \sim 6$。增大牵引比,薄膜的纵向强度随之提高,但不能太大,否则难以控制厚薄均匀,导致薄膜拉断。

牵引速度即薄膜牵引辊的圆周速度。

管坯挤出速度可用单位时间挤出的树脂体积除以口模间隙的截面积求得

$$V = \frac{Q}{\pi d \delta \gamma} \qquad (6-9)$$

式中　V——管坯挤出速度,cm/min;

　　　Q——薄膜产率,g/min;

　　　d——口模直径,cm;

　　　δ——口模间隙,cm;

　　　γ——熔融树脂密度,g/cm^3。

3)压缩比

是指机颈内流道截面积与口模定型区环形流道截面积的比值,一般应 $\geqslant 2$。

4)定型区长度 L_1

一般定型区长度 $L_1 \geqslant 15\delta$,以控制薄膜的厚度,可参考表 6-9。

表 6-9　定型区长度 L_1 与间隙 δ 的关系

塑料	聚氯乙烯	聚乙烯	聚酰胺	聚丙烯
L_1	$(16 \sim 30)\delta$	$(25 \sim 40)\delta$	$(15 \sim 20)\delta$	$(25 \sim 40)\delta$

5)缓冲槽尺寸

通常在芯棒的定型区开设一两个缓冲槽,其深度取 $(3.5 \sim 8)\delta$,宽度取 $(15 \sim 30)\delta$,它的作用是可以用来消除管坯上的分流痕迹。

6）避免产生接合缝

芯棒尖到模口处的距离 L 应不小于芯棒轴直径的两倍。

6.3.2　冷却装置

为了使接近流动态的膜管固化定型,并在牵引辊的压力作用下不相互粘结,必须对刚刚吹胀的膜管进行强制冷却。冷却介质为空气或水。

风环是比较常用的冷却装置,其结构如图 6 – 16 所示。一般风环的进风口至少有 3 个,由鼓风机送来的空气沿风环切线方向同时进入。风环上下各设一层挡板,对进入的空气起缓冲和稳压作用,以保证风环口的出风量均匀。风从风环吹出的倾角取 40°~50°,一般情况下,风环内径为机头直径的1.5 倍~2.5 倍。

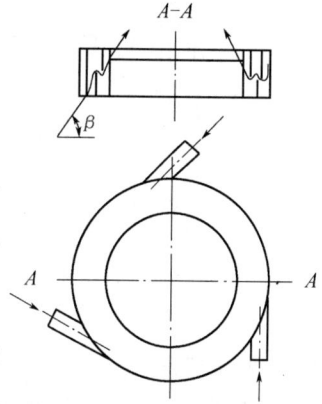

图 6 – 16　吹塑薄膜的
冷却定型风环

6.4　板材与片材挤出机头

凡是成型段横截面具有平行缝隙特征的机头,称为板材与片材挤出机头,也称平缝形挤出机头。主要用于塑料板材、片材和平膜加工。

由挤出机提供的塑料熔体,从圆形逐渐过渡到平缝形,并要求在其出口横向全宽方向上熔体流速均匀一致,这是板材与片材挤出机头设计的关键。其次,要求塑料熔体流经整个机头流道的压降要适度,并停留时间要尽可能短,且无滞料现象发生。

目前,板材与片材挤出机头已能挤出成型达 40mm 厚度的板材。但通常认为仅在15mm 以内才可视为已经掌握的厚度。板片材宽度可达 4000mm。适用于板片材挤出成型的塑料品种有 PVC、PE、PP、ABS、PS、PC、PA、POM 和醋酸纤维素等,其中前四种应用较多。

用于挤出成型板材与片材的机头可分为鱼尾式机头、支管式机头、螺杆式机头和衣架式机头等四大类,本节只介绍前三种结构形式。

6.4.1　鱼尾式机头

1. 结构及其特点

鱼尾式机头其模腔似鱼尾状。塑料熔体呈放射状流动,从机头中部进入模腔,向两侧分流。此时,熔体中部压力大、流速高、温度高及黏度小,而熔体两端压力小、流速低、温度低及黏度大,因此机头中部出料多,两端出料少,造成制品厚度不均匀。为了克服此缺陷,通常在机头模腔内设置阻流器,如图 6 – 17 所示。还可采用阻流棒,如图 6 – 18 所示,以调节料流阻力大小。

此种机头结构较简单且易加工,适合于多种塑料的挤出成型,如黏度较低的聚烯烃类塑料、黏度较高的塑料以及热敏性较强的聚氯乙烯和聚甲醛等。

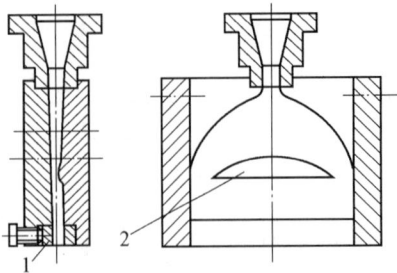

图 6-17　带阻流器的鱼尾式机头

1—模口调节块；2—阻流器。

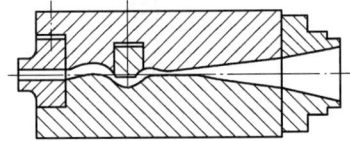

图 6-18　带阻流棒的鱼尾式机头

2. 参数的确定

不适于挤出成型宽幅板（片）材，一般幅宽小于 500mm，板厚不大于 3mm。鱼尾的扩张角不能太大（通常取 80°左右）。

6.4.2　支管式机头

这种机头的型腔呈管状，从挤出机挤出的熔体先进入支管中，然后通过支管经模唇间的缝隙流出成板材坯料，能均匀地挤出宽幅制品。该种机头按结构又可分成四种形式：

1. 一端供料的直支管机头

如图 6-19 所示，塑料熔体从支管的一端进料，而支管的另一端则被封死。支管模腔与挤出料流方向一致，塑件的宽度可由幅宽调节块进行调节。缺点是塑料熔体在支管内停留时间较长，容易分解变色，且温度难于控制。

2. 中间供料的直支管机头

如图 6-20 所示，塑料熔体从支管的中间进料，然后分流充满支管的两端，再由支管的平缝中挤出。这种机头结构简单，能调节幅宽，可生产宽幅制品。制品沿中心线有较好的对称性。

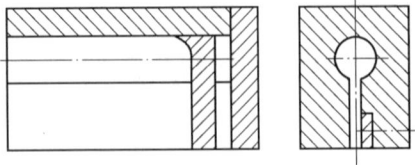

图 6-19　一端供料的直支管机头

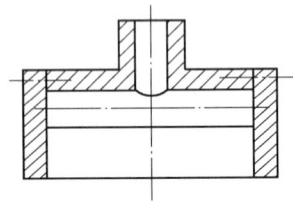

图 6-20　中间供料的直支管机头

3. 中间供料的弯支管机头

如图 6-21 所示，具有中间供料的直支管机头的优点，料腔呈流线形，没有死角，不滞留。适合于挤出成型熔融黏度低或黏度高而热稳定性差的塑料。缺点是机头制造困难，不能调节幅宽。

4. 带有阻流棒的双支管机头

如图 6-22 所示，用于加工黏度高的宽幅塑件，成型幅宽可达 1000mm～2000mm。阻流棒的作用是调节流量，限制模腔中部塑料熔体的流速。

216

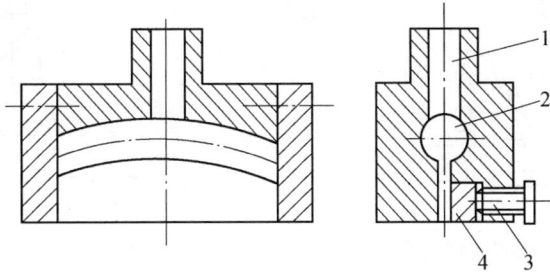

图 6 - 21　中间供料的万支管机头
1—进料口；2—弯支管型腔模；3—模口调节螺钉；4—模口调节块。

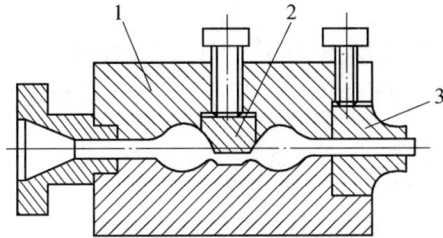

图 6 - 22　带有阻流棒的双支管机头
1—支管模腔；2—阻流棒；3—模口调节块。

5. 参数的确定

支管式机头的支管直径在 30mm ~ 90mm 范围内，对于熔融黏度低的塑料，管径可选大一些；对于熔融黏度高、热稳定性差的塑料，支管直径选小些，以防塑料熔体在机头内停留时间过长，造成分解。

平直部分的长度依熔体特性而不同，一般取长度为板厚的 10 倍 ~ 40 倍。但板材厚时，由于刚度关系，模唇长度应不超过 80mm。

6.4.3　螺杆式机头

螺杆机头实际是支管式机头的一种，只是在直支管内加装上了螺杆。熔体经过螺杆的分配，可使模唇的压力均匀，流速趋于一致，获得厚度均匀的制品。因此适用于宽度较大的片材。按机头的结构形式可分为两种。

1. 一端供料型螺杆机头

如图 6 - 23 所示，在直支管内装上了一根螺杆，由一端进料，螺杆旋转可进一步塑化塑料熔体，并均匀地进行分配。分配螺杆的直径应比连用的挤出机螺杆直径稍小，根径是渐变的。为了减少塑料熔体分解的机会，分配螺杆应做成多头螺纹。

2. 中间供料型螺杆机头

如图 6 - 24 所示，在直支管内装上了一对方向相反的螺杆，由支管中间进料，使得熔体流程变短。

机头温度容易控制，适用于加工热稳定性差的塑料，可生产宽幅制品，最宽可达 4000mm。

其缺点是：由于分配螺杆的转动，挤出制品易出现波浪形料流痕。另外，机头结构复杂，成本较高。

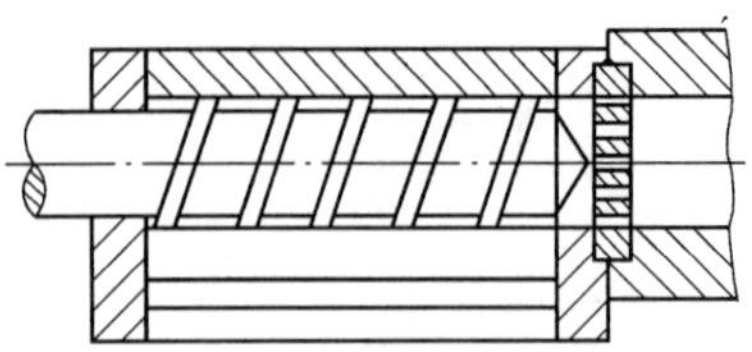

图 6 - 23　一端供料螺旋杆机头

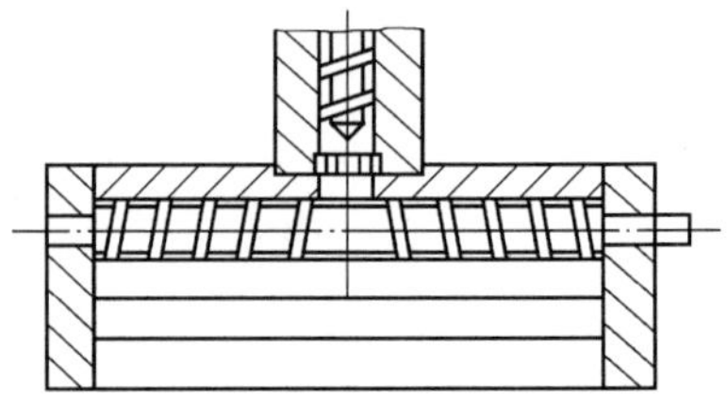

图 6 - 24　中间供料螺旋杆机头

6.5　挤出机头实例

内压式硬管机头如图 6 - 25 所示,这是一种常见的内压式外定径的典型结构管机头,它适合于挤出成型软、硬 PVC、PE、PP、PA、PC 和 ABS 等塑料管材。

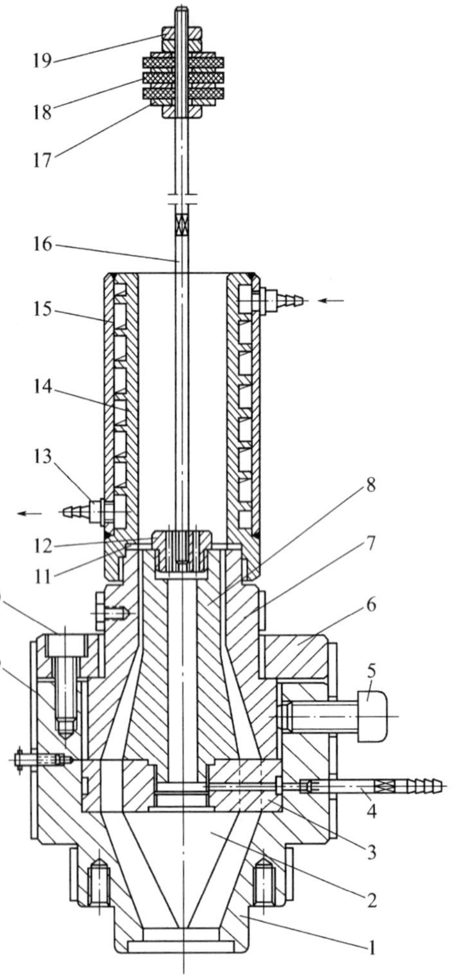

图 6 - 25　内压式硬管机头

1—机头体;2—分流锥;3—分流支架;4—气嘴;5—调节螺钉;6—脱圈;7—口模;
8—芯模;9—加热圈;10—内六角螺钉;11—隔热圈;12—连接头;13—水嘴;14—冷却套;
15—外套;16—拉杆;17—垫圈;18—密封圈;19—六角螺钉。

218

压缩空气经气嘴4、分流支架3、芯模8和连接头12的内孔进入管坯内部,靠设在尾端的密封头(由件16、17、18和19组成)堵牢,将管坯吹胀并紧贴在冷却定型套上滑行定径。拉杆16的长度一般为3mm~8mm,需根据管材的壁厚和冷却的速度来确定。

对于内径较小的管材(如PE、PP盘管),由于内置密封头比较困难,则可采取直接堵塞管接头的办法以保证不漏气,也可内压定型。

第7章 吹塑成型模具设计

7.1 吹塑成型原理及方法

7.1.1 概述

目前吹塑成型主要用于吹制包装容器和中空成型制品,因此也叫中空成型。适用于吹塑成型的塑料有高压聚乙烯、低压聚乙烯、硬聚氯乙烯、纤维素塑料、聚苯乙烯、聚酰胺、聚甲醛、聚丙烯、聚碳酸酯等。其中应用最多的主要是聚乙烯,其次是聚氯乙烯。聚乙烯无毒、加工性能好。聚氯乙烯价廉,透明性及印刷性能较好。吹塑成型使用的主要设备是挤出机、挤出机头、吹塑成型模具及供气装置等。本章以吹制中空制品为例,着重叙述吹塑模具的设计问题。

吹塑成型的基本过程是:制造所要求的型坯,把型坯夹持固定到模具中,通入压缩空气吹胀型坯,使型坯紧贴模腔面成为塑件。压缩空气的压力一般为 $2.7kg/mm^2 \sim 5kg/mm^2$,在保持成型压力下使塑件在模内充分地冷却,然后放出制品内的压缩空气,开启模具、取出塑件。根据成型方法的不同,通常可把吹塑成型分为挤出吹塑成型和注射吹塑成型两种。

7.1.2 挤出吹塑成型

挤出吹塑成型是成型中空制品的主要方法。其成型过程是挤出管状型坯,把型坯夹到模具中,向型坯中通入压缩空气,使型坯膨胀贴于模具成型表面而成为塑件,待保压、冷却定型后,放出压缩空气,取出塑件。这种成型方法使用的设备及模具简单,但是成型的塑件壁厚不均匀。

图7-1所示是挤出吹塑成型工艺过程示意图。首先,挤出机挤出管状型坯,如图7-1(a)所示,截取一段管坯趁热将其放入模具中,闭合对开式模具同时夹紧型坯上下两端;如图7-1(b)所示;然后,用吹管通入压缩空气使型坯吹胀并贴于模具型腔表面成型,如图7-1(c)所示;最后经保压和冷却定型,便可排出压缩空气并开模取出塑件,如图7-1(d)所示。

7.1.3 注射吹塑成型

注射吹塑成型的方法是用注射成型制造型坯,然后把型坯移装入吹塑模具中进行中空成型。这种成型方法适于小塑件的大批量生产,所生产的塑件壁厚均匀,无毛边、不需要后加工修饰;塑件底部无挤缝,强度好、生产效率高。缺点是生产费用大。

注射吹塑成型的工艺过程如图7-2所示。首先,注射机将熔融塑料注入注射模内,形成管坯,管坯成型在周壁带有微孔的空心型芯上,如图7-2(a)所示;接着趁热移至吹塑模内,如图7-2(b)所示,然后从芯棒的管道内通入压缩空气,使型坯吹胀并贴于模具

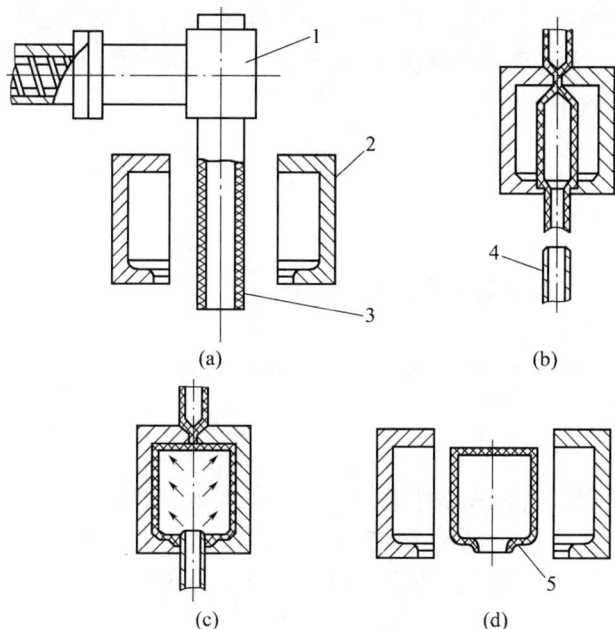

图 7 - 1　挤出吹塑成型工艺过程示意图

(a)挤出型坯；(b)闭合模具；(c)通入压缩空气、保压；(d)取出制件。

1—挤出机头；2—吹塑模；3—管状型坯；4—压缩空气吹管；5—塑件。

的型腔壁上,如图 7 - 2(c)所示;最后经保压、冷却定型会放出压缩空气,且开模取出塑件,如图 7 - 2(d)所示。

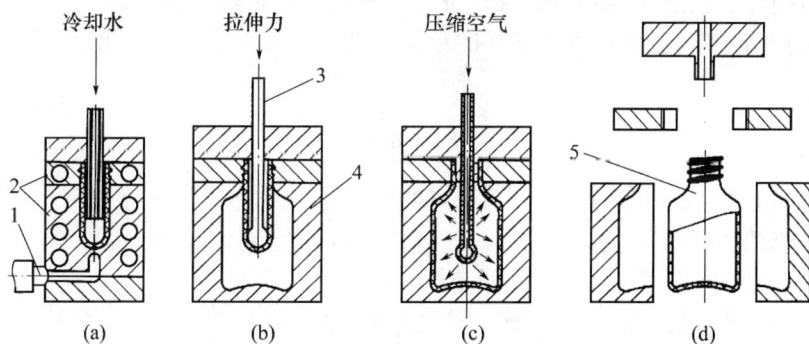

图 7 - 2　注射吹塑中空成型

(a)注射型坯；(b)拉伸型坯；(c)吹塑型坯；(d)塑件脱模。

1—注射机喷嘴；2—注射模；3—拉伸型芯；4—吹塑模；5—塑件。

7.2　中空塑件的设计

中空塑件的设计应根据中空塑件的吹塑成型特点来确定塑件的膨胀比、延伸比、螺纹、圆角、支承面、外表面等。

7.2.1　膨胀比

型坯由挤出机头被挤出后,因本身自重而伸长,造成塑件整体不均匀。通常以加快挤

221

出型坯的速度,减少型坯在空间的停留时间来解决这一缺陷。除此之外,在挤出型坯的过程中,物料在挤出机头内因受压而体积缩小,当被挤出机头后又因解除压力而使型坯膨胀变粗。型坯的膨胀比按下式计算。

$$X = \frac{D - d}{d} \qquad (7 - 1)$$

式中 X——膨胀比;

$\quad\quad D$——型坯离开口模之后的实际直径,mm;

$\quad\quad d$——机头口模的直径,mm。

通常取决于料温、挤出速度和型坯离模以后的膨胀量值。

7.2.2 吹胀比

吹胀比是指塑件最大直径和型坯直径之比。只要能选择恰当的吹胀比,就能顺利地成型出合格的塑件。若吹胀比过大,会使塑件壁厚不均匀,加工工艺不易掌握。通常吹胀比在 2:1 ~ 4:1 范围内,多采用 2:1 左右。可以按以下公式计算吹胀比。

$$B = \frac{D_1}{d_1} \qquad (7 - 2)$$

式中 B——吹胀比;

$\quad\quad D_1$——塑件外径,mm;

$\quad\quad d_1$——型坯外径,mm。

机头口模与芯轴之间的间隙是设计挤出机头的主要参数,它直接影响着塑件的质量。当确定吹胀比值之后,就可以根据塑件的最大径向尺寸来确定机头口模与芯轴之间的间隙宽度。

$$S = tB\alpha \qquad (7 - 3)$$

式中 S——口模与芯轴之间的间隙宽度,mm;

$\quad\quad t$——塑件的壁厚,mm;

$\quad\quad B$——吹胀比,一般在 2 ~ 4 之间选用;

$\quad\quad \alpha$——修正系数,一般取 1 ~ 1.5,黏度大的塑料取偏小值。

7.2.3 延伸比

延伸比是塑件长度和型坯长度之比。根据延伸比可以确定有底型坯的长度。延伸吹塑成型的塑件,延伸比越大,即塑件壁厚越薄,塑件强度越高,但是在实际应用中必须保证塑件的实用壁厚和刚度,通常取 $S_R = 4 ~ 6$ 较为合适。

$$S_R = \frac{L}{b} \qquad (7 - 4)$$

式中 S_R——延伸比;

$\quad\quad L$——塑件长度;

$\quad\quad b$——型坯长度(除瓶口螺纹部分外)。

7.2.4 塑件设计问题

1. 型坯形状与塑件的壁厚

中空塑件的形状是评价塑件质量的重要因素。中空塑件是利用挤出的型坯在模具中吹胀而成型的。膨胀大的地方塑件壁薄;膨胀小的地方塑件壁厚;膨胀量相同,则塑件壁厚均匀。另外由于材料的熔融指数关系及型坯的自重影响而造成型坯下部偏厚,进而影响塑件壁厚的均匀性。以瓶为例,它的壁厚与直径之间存在如以下关系。

$$T = \frac{K}{D} \tag{7-5}$$

式中 T——塑件在直径 D 方向上的壁厚;

  D——塑件的直径;

  K——与型坯直径和厚度有关的常数。

由上式可见,随着瓶的直径增大,瓶的壁厚就变薄。瓶口处与筒体处直径差愈大,这两处的壁厚差别也就愈大。不难想像,塑件的形状、壁厚直接受型坯的形状与壁厚的影响。塑件的横断面积大,角部为锐角和凸起凹下部分就难以成型,从而引起膨胀、收缩和壁厚变化大,要特别注意。就以瓶类塑件来说,有必要特别注意瓶口的根部、肩部及瓶底。图 7-3 是表示瓶类塑件吹塑成型后壁厚分布不均匀的情况。

为了保证塑件质量,壁厚均匀,可以根据塑件的几何形状来确定型坯的形状及壁厚。例如吹塑圆形的瓶子,型坯应为圆管形。若吹塑成型的塑件为方桶,则应把型坯作成方管形。又如图 7-4 所示,塑件的断面为椭圆形,则应把型坯作成厚薄不一样的。在图中处于外面的是塑件断面形状,处于中间的部分是型坯的形状及各部分的厚度情况。

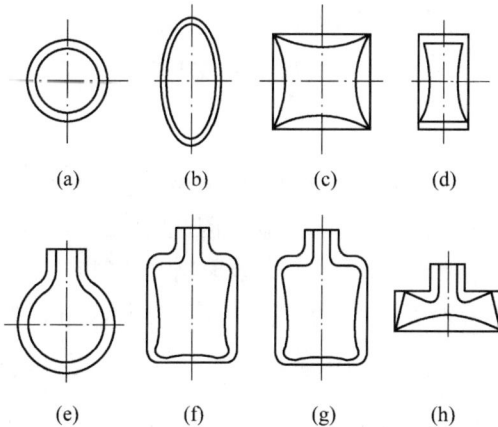

图 7-3 瓶类塑件壁厚不均匀情况

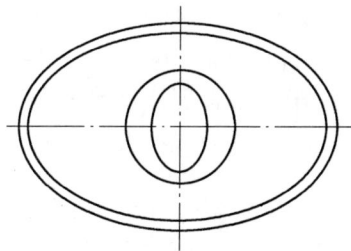

图 7-4 塑件与型坯的断面
形状及厚度情况

2. 螺纹

由于吹入的空气压力低,模具和坯料温度低,并且在螺纹处的塑料层厚度大,塑料与模具成型面之间的空气不能完全排出去,因此,成型的塑件螺纹比模具螺纹小甚至难以成型。通常都采用梯形断面的螺纹,不能选用细牙螺纹。在螺纹的根部希望有最低限度的圆角,以保证螺牙的强度。

为了便于清除塑件上的毛边余料,可在不影响使用的前提下,把螺纹作成断续状的,在接近模具分型面的一部分组件上不带螺纹,如图 7-5 所示。图 7-5(a)所示塑件比图 7-5(b)所示塑件清理毛边容易。

3. 塑件上的圆角

在塑件的角隅处应采用圆弧过渡,二界面角采用圆弧过渡,三界面角用球面过渡,这样就可以增加塑件的强度和美观,且容易成型,壁厚均匀。对于某些要求造型美观的塑件,则圆角可以很小,甚至可以没有圆角。如暖水瓶套外观要求凸凹部分明显,而强度并无多大要求,四角就可以很小。

4. 塑件的支承面

通常很少以整个平面作为塑件的支承面,并要尽量减小支承面。对于瓶类塑件来说,一般采用环形支承面,如图 7-6 所示。图 7-6(a)以整个平面作支承面,在钳切熔接部分因存在钳切毛边而凸起,可导致塑件放置不稳;图 7-6(b)是环形支承面,情况大为改善,且增加了塑件底部的刚度。

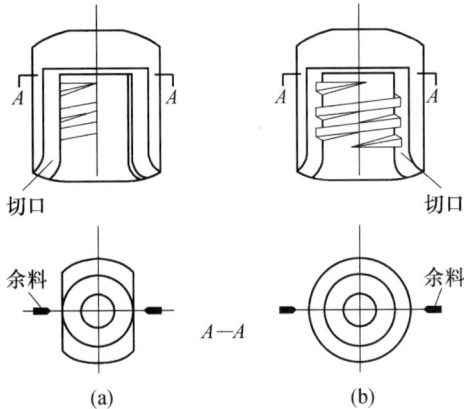

图 7-5 螺纹形状

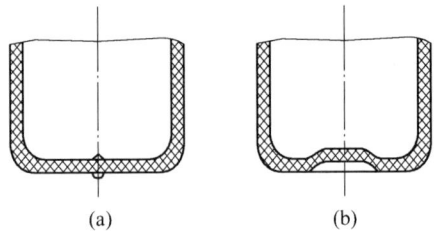

图 7-6 支承面

5. 塑件的外表面

对于聚乙烯塑件来说,精美地加工模具成型表面似乎没有必要,因为聚乙烯塑件表面均匀粗糙,并不会影响外观,还解决了光滑的表面易被划伤的问题。因此常对模具成型表面进行喷砂处理,使获得的聚乙烯塑件表面的粗糙程度类似于磨砂玻璃。同时在吹塑成型中,粗糙的模具成型表面可使在塑料与模具成型表面之间储存微小量的空气,利于塑件脱模。

6. 吹塑塑件的尺寸

通常容器类塑件对尺寸要求并不严格,成型收缩率对塑件尺寸的影响并不大,同时吹塑成型不使用成型塑件内腔的模具成型零件,而是以在压缩空气下的型坯自由表面成型。塑件尺寸与空气压力、坯料温度、坯料厚度、成型周期、几何形状等有关,要获得极高精度尺寸的塑件是有困难的,但是对于有刻度的定容量的瓶类和螺纹件来说,要求就很严格,成型材料的成型收缩率就有相当的影响。塑件体积越大,其影响就越大。

在收缩成型中,也可以通过控制成型条件来调节塑件尺寸,但这很有限的。表 7-1 中所列的各种塑料的成型收缩率值,可在设计吹塑模具时作为参考。

表 7-1　各种塑料的成型收缩率

塑 料 名 称	收缩率/%	塑 料 名 称	收缩率/%
聚甲醛及其共聚物	1~3	聚丙烯	1.2~2
尼龙6	0.5~2	聚碳酸酯	0.5~0.8
聚乙烯(低密度)	1.2~2	聚苯乙烯及改性物	0.5~0.8
聚乙烯(高密度)	1.5~3.5	聚氯乙烯	0.6~0.8

另外在吹塑成型中还可以通过变更挤出型坯条件、吹塑条件来增加塑件熔接处强度、塑件质量,并改善塑件的外观质量。

7.3　吹塑成型模具的设计

吹塑成型的塑件的质量的好坏往往受成型条件、成型模具所右左。设计模具时要了解所使用的吹塑机的结构及技术规范,模具的形状、结构及尺寸要符合成型设备的要求。

7.3.1　吹塑模具的类型及组成零件

成型设备不同,模具的外形也不同。根据吹塑模具的工作情况,吹塑模具可分为两种类型。

1）手动铰链式模具

手动铰链式模具是依靠人工开、闭模具的,它是由玻璃吹塑模具延用过来的,现在已基本上不使用,仅用于小批量生产及试制。其结构形式如图7-7所示,模腔是由两个半片组成的,其一侧装有铰链,另一侧装有开、闭模手柄及闭锁销子。模具主体可用铸造法制作。

2）平行移动式模具

平行移动式模具是由两个半个具有相同型腔的模具组合而成,吹塑机上的开、闭模装置有油压式、凸轮式,齿轮式、肘节式等多种方式。通常都是直接用螺钉把模具安装在吹塑机上,依靠开、闭模装置进行开、闭模运动。模具的安装方法、安装尺寸、模具外形大小等都受到所吹塑机的限制,因而成型的塑件大小、形状也受到相应的限制。缺点是应用范围窄。图7-8所示的就是这种平行移动式模具。

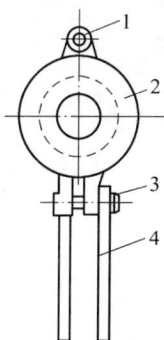

图7-7　手动铰链式模具
1—铰链；2—型腔；3—锁紧零件；4—手柄。

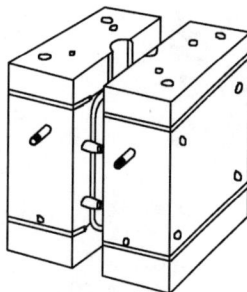

图7-8　平行移动式模具

根据吹塑模具的组装方式,还可以把吹塑模具分为组合式结构及镶嵌式结构两种类型。

1) 组合式结构

模具由两个半模组成,每个半模由口板1、腹板2和底板5组合而成,如图7-9所示。口板和底板上有钳切刃,钳切刃用强度好的钢材制造,腹板用铝合金等材料制造,三部分用螺钉连接、圆销定位,两个半模的定位由导柱保证。

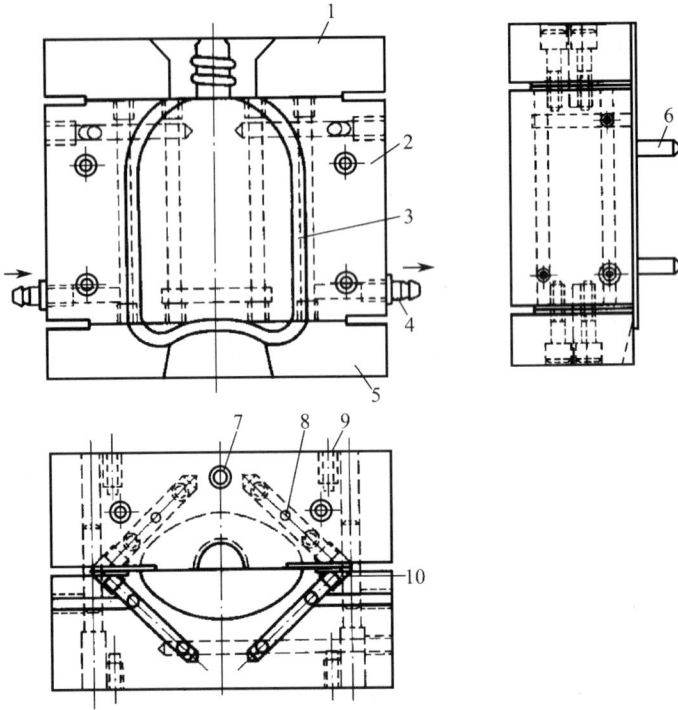

图7-9 组合式吹塑模

1—口板;2—腹板;3—塑件;4—水嘴;5—底板;6—导柱;

7—固定螺钉;8—水道;9—安装螺孔;10—水堵。

2) 镶嵌式结构

模具整体由一块金属构成,一般采用铝合金制造,在其口部和底部嵌入钢件,镶嵌件可用压入法或螺钉紧固。图7-10所示是用铝锭制造的模体,在模体的上、下分别嵌入口

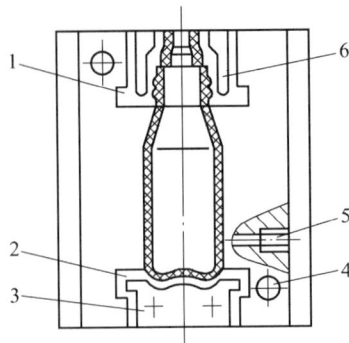

图7-10 上吹口模具结构

1—口部镶块;2—底部镶块;3—余料槽;4—导柱;5—冷却水道;6—余槽。

部镶块1和底部镶块2,在模体上有冷却水通道,两个半模依靠导柱4导向定位。

7.3.2 模具设计要点

1. 模口

成型瓶等容器类塑件时,模口成型瓶口部分,校正芯棒挤压成型内径并切除余料,成型时通过它吹入压缩空气。模口的形式如图7-11所示,图7-11(a)是具有锥形截断环的模口;图7-11(b)是具有球面截断环的模口。

2. 模底

采用注射吹塑成型时不需要切除余料,整体式模底与模具本体分开,单独安装在机床的取件位置上,兼起取件的作用。若采用管状坯料进行吹塑成型时,模底分为两半,分别装在模具的两部分上,在合模时由钳切刃把余料切除,同时钳切刃还起夹持、密封型坯的作用。

钳切刃的宽度太小,角度太大,则钳切刃锐利,就有可能在吹制之前使型坯塌落,也有使熔接线厚度变薄的倾向。如果钳切刃宽度太大,角度太小,则有可能出现闭模不紧和余料切不断的现象。若使钳切刃平行地切除余料,熔接线处的强度则大有改善。一般情况下,钳切刃平行部分的宽度为0.5mm~1mm,角度约15°时较好。为了防止型坯塌落,又便于清除余料可以设置二道钳切刃。钳切刃是关键部分,具有钳切刃的口模,模底应采用强度好而硬度大的材料。钳切刃处的粗糙度要小,热处理后要研磨抛光,大批量生产时要镶以硬质铬,并加以抛光。

图7-12是钳切刃的形式,图7-12(a)为一般形式,图7-12(b)是残留飞边的形式,b为0.2mm;图7-12(c)是二道钳切刃的形式。表7-2所列是对不同塑料进行吹塑成型时钳切口的推荐尺寸。

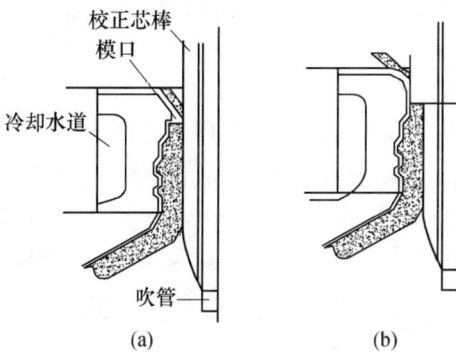

图7-11 塑件口部的成型与切断　　　　图7-12 钳切口的形式

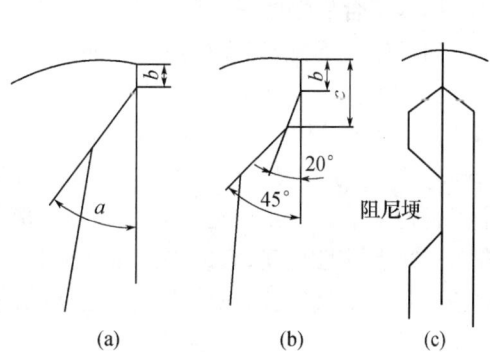

表7-2 钳切口尺寸

塑 料 名 称	b/mm	a/(°)	塑 料 名 称	b/mm	a/(°)
聚甲醛及其共聚物	0.5	30	聚苯乙烯及其改性物	0.3~1.0	30
尼龙6	0.5~4.0	30~60	聚丙烯	0.3~0.4	15~45
聚乙烯(低密度)	0.1~4.0	15~45	聚氯乙烯	0.5	60
聚乙烯(高密度)	0.2~4.0	15~45			

3. 余料槽

闭合模具时必须切除多余的型坯,被切下的余料储存于余料槽中,如图 7 – 13 所示。余料槽的大小由型坯被夹持后的宽度与厚度来确定,以模具能闭合严密为准。

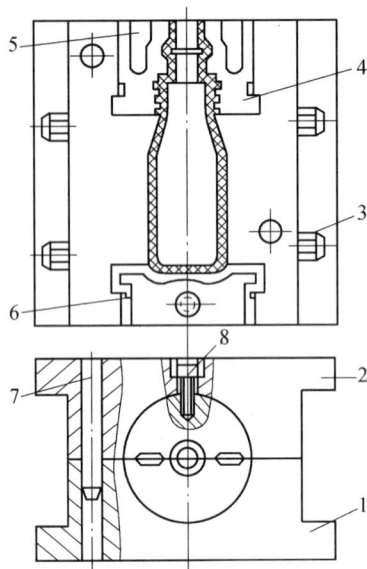

图 7 – 13　挤出吹塑模的结构
1—动模;2—定模;3—水管接头;4—上刃口;5—余料槽;6—下刃口;7—导柱;8—螺钉。

4. 排气孔

模具闭合后型腔是封闭状态,为了保证塑件的质量必须把模具内的原有空气加以排除。如果排气不良,就会在塑件表面上出现斑纹、麻坑成型不完整等缺陷。应当特别注意排气孔的部位应设在成型中空气容易贮留的地方,即最后吹起来的地方,如多面体的角部、圆瓶的肩部等处。如果可能的话,可在分型面上开设排气槽。排气槽的宽度为 10mm ～ 20mm,深度为 0.03mm ～ 0.05mm,用磨削和铣削的办法加工。在平面部分排气,可以采用以钢粉末冶金方法制造的多孔性金属来完成。如图 7 – 14(a)图所示,在模腔的表面上嵌入一片多孔性金属,它的平面轮廓形状不但可以做成各种花形图案或文字,还可在其背面钻出若干个通气孔,以使空气通过此孔排出去。再且,也可以在模腔平面上钻一直径约

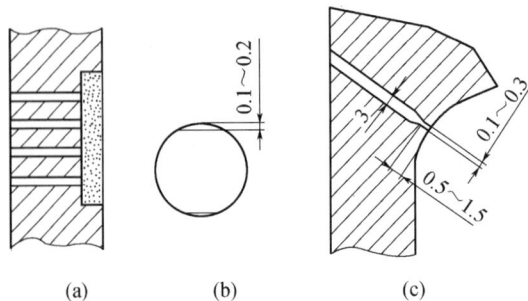

(a)　　　　　(b)　　　　　(c)

图 7 – 14　排气结构

228

为 10mm 的孔,在该孔中嵌入在周围有两三处磨去约 0.1mm ~ 0.2mm 的圆销,利用形成的销、孔之间的间隙排气,不会给塑件留下痕迹,如图 7 – 14(b)所示。图 7 – 14(c),所示为在角隅部及肩部开设排气孔的办法,排气孔的直径取 0.1mm ~ 0.3mm,吹塑成型后不会给塑件留下痕迹。另外,还可以利用嵌件的排气间隙排气,如在瓶的首部及底部的嵌件处设置极为微小的间隙实现排气。

5. 模具的冷却

通常把吹塑模具的温度控制在 20℃ ~ 50℃ 的范围内。模具温度低,则成型周期短,成型效率高。进行中空吹塑成型时,塑件各部分的厚度不一样,若冷却速度相同,会造成厚壁部分冷却慢,塑件表面凹凸不平。由于塑件各部位冷却不均匀,在塑件中存在残余应力,模具就容易变形。耐冲击性和耐应力变小开裂性增大。由于来自型坯的热量与塑件的厚度成正比例,因此有必要根据塑件的壁厚来对模具施行冷却。对于瓶类塑件,根据塑件的壁厚可把模具分为三部分,即首部、圆筒体部、底部。对模具也按此分为三部分进行冷却,以不同的冷却水温和流速达到各部分冷却速度相同,保证塑件质量提高。

模具的冷却方式与一般注射模具相同,也是用冷却水冷却。冷却水通道可以用钻孔加工而成,也可以用铸造的办法实现。为了提高冷却效果,必要时可以在冷却孔道中设置分流器,用以增大冷却表面的面积。另外,由于模具材料不同,热传导率也不同,所以要注意防止在塑件相同壁厚处出现冷却不均匀的情况。

6. 模具接触面

模具接触面若粗糙,则塑件上的分型线大而明显。若对模具接触面进行精细加工,使模具合模线能正确地符合一致,则塑件上的分型线就很细微,几乎看不见。为了使塑件上分型线不显眼,必要时还可以使模具的接触面减小。模具接触面处磨损快、易带伤,在使用和保管中要特别加以注意。

7. 模具型腔

在塑件外表面上常常设计有图案、文字、容积刻度等,有的塑件还要求表面为镜面、绒面、皮革面等,因此设计模具时应预先考虑到模具成型表面的加工问题。

若对模具成型表面进行研磨、电镀,则塑件表面粗糙度小。但随着使用时间的推移,模具成型面与型坯间的气体不能完全排出,会造成塑件表面出现地图状的花纹。因此对于成型聚乙烯制品的模具型腔,多采用喷砂处理过的粗糙表面,这不但有利于塑件脱模,而且也并不妨碍塑件的美观。

对于模具型腔的加工来说,还可用电铸方法铸成模腔壳体后再嵌入模体;也可利用钢材热处理后的碳化物组织形状,通过酸腐蚀而做成类似皮革纹状;还可用涂覆感光材料后,经过感光、显影、腐蚀等过程制作成有花纹的型腔表面。

8. 锁模力

设计吹塑模具时,所选用成型设备的锁模装置的锁模力要满足使两个半模能紧密闭合的要求。通常锁紧装置的锁模力应大于吹塑成型时在模腔内所形成的打开模具的力的 20% ~ 30%。根据以下公式可计算所要求的锁模力。

$$P \geqslant P_1 F(1.2 ~ 1.3) \tag{7 – 6}$$

式中 P——锁模力;

P_1——吹胀力,kg/cm^2;

F——塑件在模具分型面上的投影面积,cm^2。

第8章　新型塑料注射成型模具设计

8.1　热流道注射模具简介

8.1.1　概述

热流道技术是应用于塑料注射模浇注流道系统的一种先进技术,是塑料注射成型工艺发展的一个热点方向。所谓热流道成型是指从注射机喷嘴送往浇口的塑料始终保持熔融状态,在每次开模时不需要固化作为废料取出,滞留在浇注系统中的熔料可在再一次注射时被注入型腔。

热流道又称无流道,是大型塑料注射模具设计的发展方向,其含义可从两方面理解:①浇注系统中取消了流道,使熔融塑料直接由注射机喷嘴经粗短的进料口到达浇口,然后进入模具型腔内,它是靠塑料本身的热量使进料口中的塑料保持熔融状态;②浇注系统中仍有流道,只不过比通常的流道大,或者采用喷嘴式流道,而且这种流道还采用内部或外部加热的方法来保温,使其中的塑料始终保持熔融状态。

热流道技术特点:主流道和分流道做得很粗大,在注射过程中靠近模壁的熔料因散热而冷凝,形成冷固层,起绝热作用,而流道中心部位的塑料仍保持熔融状态,从而使熔融塑料顺利流入型腔。

与普通注射模相比,热流道模具主要有以下几个优点:

(1)无废料模具。在整个生产过程中,浇注系统内塑料始终处于熔融状态,制品不需要修剪浇口,基本上是无废料加工,可节约大量原材料。同时又不需要凝料的回收、挑选、染色等工序,故省工、省时、节能降耗。

(2)保证了成型塑料件质量。注射料中因不再掺入经过反复加工的浇口料,塑件质量可得到提高。同时由于浇注系统塑料保持熔融状态,塑料流动性好,流动时压力损失和产品内应力降低,易实现多浇口、多型腔模具及大型制品的低压注射,也能使所需的注射锁模力减小。

(3)适合大型注射件生产。在大型制品的模具中,能更自由的优化选择注射点的位置。有利于获得更加均匀的充模流动;在模腔中获得更小温度和压力损失;对工程模塑件能缩小收缩的差异,并有较低的内应力。

(4)缩短注射制品的成型周期,提高生产效率。在传统的冷流道模具中,注射制品的最大壁厚往往远小于主流道的厚度,主流道的冷却速度远滞后于制品,而采用了热流道系统的模具,没有主流道的冷却问题,也没有流道冷却时间的限制,因而可以大大缩短成型周期,提高注射生产效率。

(5)成型工艺条件简单,适用树脂范围广。由于热流道中精确的温控调节系统技术,热流道可以用于熔融温度较宽的聚乙烯(PE)、聚丙烯(PP)等塑料;同时由于限制了熔体温度的下降,有足够长的流程注入型腔,热流道也能用于加工温度范围窄的热敏性或结晶性塑料,如聚氯乙烯(PVC)、聚甲醛(POM)等,对易产生流涎的聚酰胺(PA),可采用阀式热喷嘴流道成型。

(6)有利于生产过程自动化。由于对时间的控制有调节保压时间的功能,起到可控浇口的作用,可用机械关闭浇口;塑料经热流道模具成型后就是最终的塑料制品,避免了修剪浇口及回收加工冷流道凝料等二次工序,有利于生产过程自动化。目前国外很多注射厂家均将热流道与自动化结合起来以大幅度地提高生产效率。

(7)热流道注射模所用的注射机与普通热塑性注射模所用注射机相同。

总之,使用热流道可以显著地提高注射件的内在质量和外观质量,降低生产成本,顺应了高产低耗、环保生产的世界潮流。

但是热流道系统也存在一些问题,如热流道使定模部分温度偏高;热流道板受热膨胀,产生热应力等,在模具设计时必须加以注意。

采用热流道浇注系统成型塑件时,要求塑料具有如下性能:

(1)塑料的熔融温度范围宽,黏度变化小,热稳定性好。即在较低的温度下有较好的流动性,不固化;在较高的温度下,不流涎,不分解,能较容易进行温度控制。

(2)熔体黏度对压力敏感,不施加注射压力时熔体不流动,但施加较低的注射压力熔体就会流动。在低温、低压下也能有效地控制流动。

(3)固化温度和热变形温度较高,塑件在比较高的温度下即可固化,缩短了成型周期。

(4)比热容小,导热性能好,既能快速冷凝,又能快速熔融。熔体的热量能快速传给模具而冷却固化,提高生产效率。

目前,在热流道注射模中应用最多的塑料有聚乙烯、聚丙烯、聚苯乙烯等。

具备以上条件可用热流道模具成型的塑件有聚乙烯、聚丙烯、聚苯乙烯等,其他某些塑料通过模具结构上的改进亦可用热流道模具成型,如聚丙烯、聚氯乙烯、ABS、聚甲醛、聚碳酸酯等。

8.1.2 热流道模具的结构形式

热流道注射模可以分为绝热流道注射模和加热流道注射模。

8.1.2.1 绝热式热流道注射模具

绝热流道注射模的流道截面相当粗大,这样,就可以利用塑料比金属导热性差的特性,让靠近流道内壁的塑料冷凝成一个完全或半熔化的固化层,起到绝热作用,而流道中心部位的塑料在连续注射时仍然保持熔融状态,熔融的塑料通过流道的中心部分顺利充填型腔。由于不对流道进行辅助加热,其中的融料容易固化,要求注射成型周期短。

1. 井坑式喷嘴的绝热式流道注射模

井坑式喷嘴又称绝热主流道,它是一种结构最简单的适用于单型腔的绝热流道。图8-1所示为井坑式喷嘴,它在注射机喷嘴与模具入口之间装有一个主流道杯,杯外采用空气隙绝热。杯内有截面较大的储料井,其容积约取塑件体积的1/3~1/2。在注射过程中,与井壁接触的熔体很快固化而形成一个绝热层,使位于中心部位的熔体保持良好的流动状态,在注射压力的作用下,熔体通过点浇口充填型腔。采用井坑式喷嘴注射成型时,一般注射成型周期不大于20s。主流道杯的主要尺寸如图8-2所示,其具体尺寸可查表8-1。

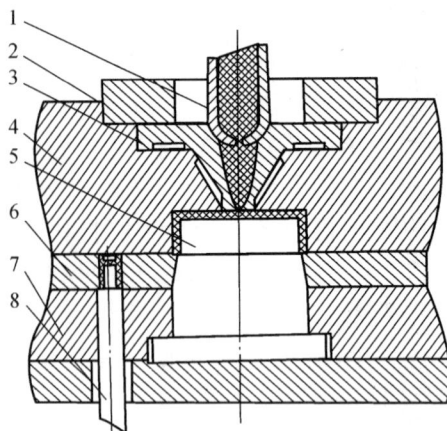

图 8-1 井坑式喷嘴

1—注射机喷嘴;2—定位环;3—主流道杯;4—型腔板;
5—型芯;6—脱模板;7—型芯固定板;8—推杆。

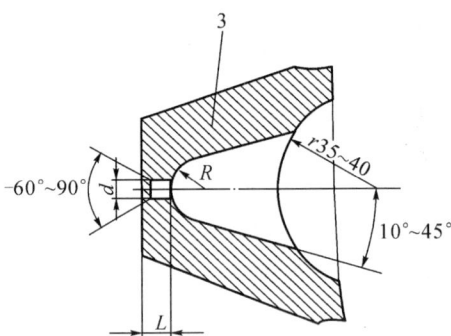

图 8-2 主流道杯的尺寸

表 8-1 主流道杯的推荐尺寸

塑件质量/g	成型周期/s	d/mm	R/mm	L/mm
3 ~ 6	6 ~ 7.5	0.8 ~ 1.0	3.5	0.5
6 ~ 15	9 ~ 10	1.0 ~ 1.2	4.0	0.6
15 ~ 40	12 ~ 15	1.2 ~ 1.6	4.5	0.7
40 ~ 150	20 ~ 30	1.5 ~ 2.5	5.5	0.8

注射机的喷嘴工作时伸进主流道杯中,其长度由杯口的凹球坑半经 r 决定,二者应很好地贴合。储料井直径不能太大,要防止熔体反压使喷嘴后退产生漏料。图8-3所示是一种移动式井坑式喷嘴,弹簧4使主流道杯3压在注射机喷嘴1上,主流道杯又可随之后退,保证储料井中的塑料得到喷嘴的供热,也使主流道杯3与型腔板5间产生空气间隙,防止主流道杯3中的热量外流。在成型结束后开模时,弹簧4顶起主流道杯3,将浇口拉断。

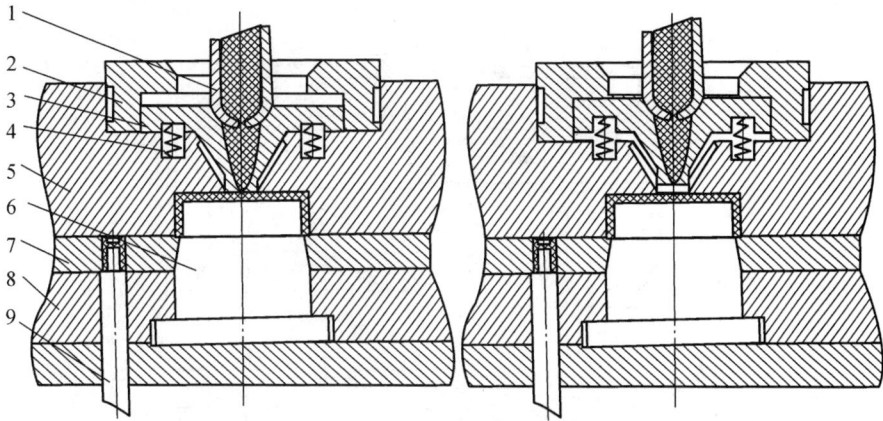

图 8-3 移动式井坑式喷嘴

1—注射机喷嘴;2—定位环;3—主流道杯;4—弹簧;
5—型腔板;6—型芯;7—脱模板;8—型芯固定板;9—推杆。

图 8-4 所示是一种注射机喷嘴伸入主流道杯的形式,增加了对主流道杯的传导热量。注射机喷嘴伸入主流道杯的部分可以做成倒锥的形式。这样在注射结束后,可以使主流道杯中的凝料随注射机喷嘴一起拉出模外,便于清理流道。

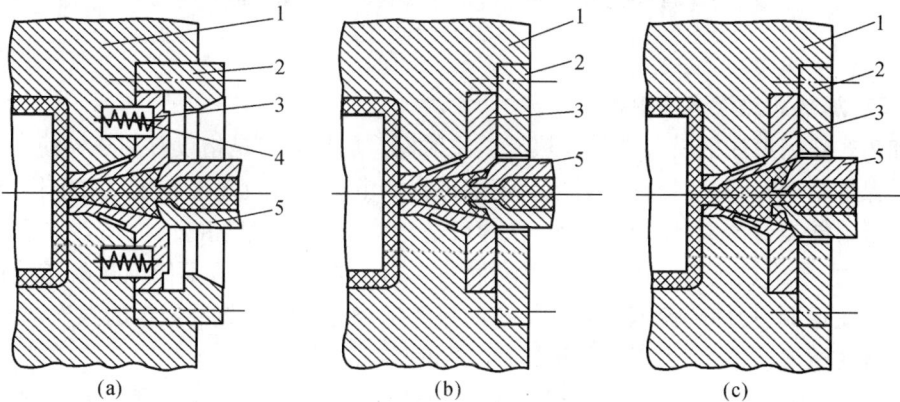

(a)　　　　　　　(b)　　　　　　　(c)

图 8-4 井坑式喷嘴

1—定模板;2—定位环;3—主流道杯;4—弹簧;5—注射机喷嘴。

3. 多腔的绝热式热流道注射模

多型腔绝热流道可分为直接浇口式和点浇口式两种类型。其分流道为圆截面,直径常取 16~24mm,成型周期愈长,直径愈大,最大可达 30mm。在分流道板与定模板之间设置气隙,并且减小二者的接触面积,以防止分流道板的热量传给定模板,影响塑件的冷却定型。多型腔绝热流道注射模的结构形式见图 8-5,在分流道处设置分模面。

多型腔绝热流道在停止生产后,其内的塑料会全部冻结,所以应在分流道中心线上设置能启闭的分型面,以便下次注射时彻底清理流道凝料。流道的转弯和交会处都应该是圆滑过渡,可减少流动阻力。

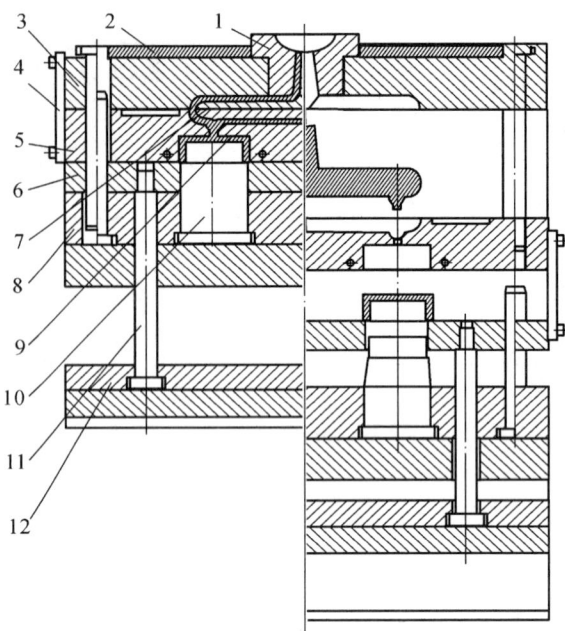

图 8 - 5　多腔的绝热式热流道注射模
1—浇口套;2—绝热垫;3—定模板;4—锁模板;5—型腔板;6—脱模板;
7—熔料;8—型芯固定板;9—凝固层;10—型芯;11—推杆;12—推板。

8.1.2.2　加热式热流道注射模

加热式热流道注射模又简称为热流道注射模。加热流道是指设置加热器使浇注系统内塑料保持熔融状态,以保证注射成型正常进行。由于能有效地维持流道温度恒定,使流道中的压力能良好传递,压力损失小,这样可适当降低注射温度和压力,减少了塑料制品内残余应力,与绝热流道相比,它的适用性更广。同时,加热流道不像绝热流道使用前后必须清理流道凝料,加热流道模具在生产前只要把浇注系统加热到规定的温度,分流道中的凝料就会熔融。但是,由于加热流道模具同时具有加热、测温、绝热和冷却等装置,模具结构更复杂,模具厚度增加,并且成本高。加热流道模具对加热温度控制精度要求也很高。

1. 单型腔加热流道

单型腔加热流道采用延伸式喷嘴结构,它是将普通注射机喷嘴加长后与模具上浇口部位直接接触的一种喷嘴,喷嘴自身装有加热器,型腔采用点浇口进料。喷嘴与模具间要采取有效的绝热措施,防止将喷嘴的热量传给模具。

图 8 - 6 所示为各种延伸式喷嘴。喷嘴上带有电加热圈和温度测量、控制装置,一般喷嘴温度要高于料筒温度 5 ~ 20℃。应尽量减少喷嘴与模具的接触时间和接触面积,通常注射保压后喷嘴应脱离模具。也可以采用气隙或塑料层减小接触面积。一般喷嘴应为 $\Phi 0.8 \sim 1.2$mm 直径的点浇口。图 8 - 6(a)所示为球头喷嘴伸入模具浇口套内的结构形式,喷嘴采用台肩定位并承受大部分压力。为增大绝热效果,在喷嘴与浇口套之间增设气隙。图 8 - 6(b)所示为锥形喷嘴,喷嘴前端具有较大锥度,并带有气隙槽和承压台肩。其

浇口套上开设气隙绝热,还可以在浇口套外侧引入冷却水加强绝热效果。图8-6(c)所示是一种成型喷嘴,其喷嘴的前端是型腔的一部分,此部分应尽可能小,以加快塑件冷却,防止在塑件上留下较大的痕迹。另外喷嘴要准确定位,以控制塑件成型部分的厚度尺寸。同时喷嘴前端与模具孔的配合必须考虑热膨胀,以防止出现飞边。

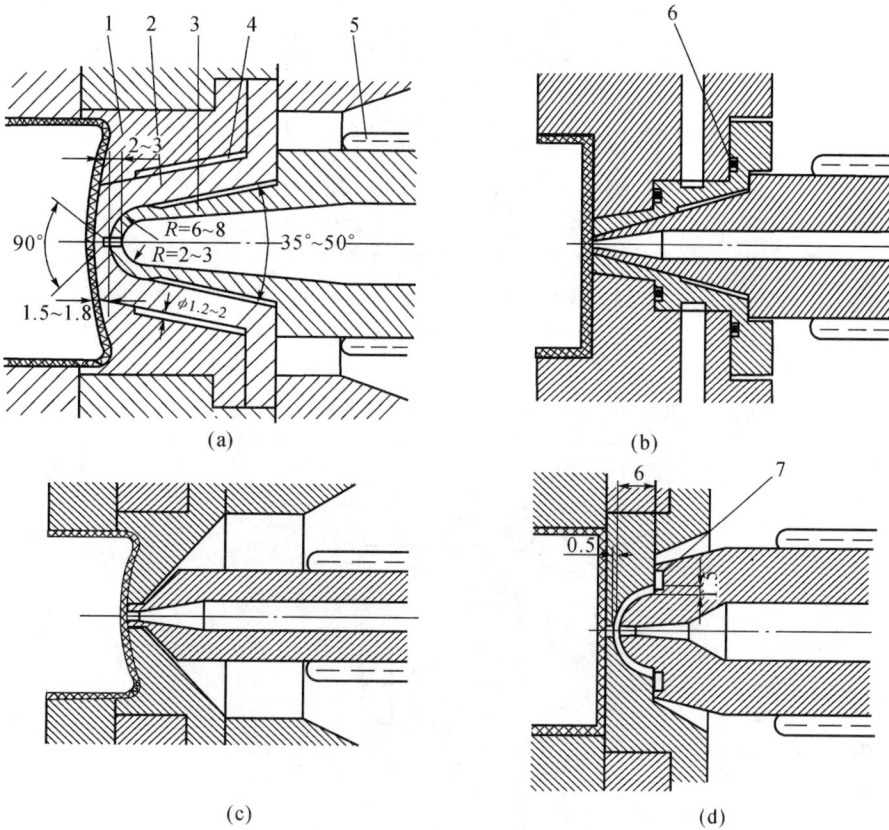

图8-6 延伸式喷嘴

1—衬套;2—浇口套;3—喷嘴;4—空气隙;5—电加热圈;6—密封圈;7—聚四氯乙烯密封垫。

2. 多型腔加热流道

多型腔加热流道系统由主流道、热流道板和喷嘴三部分组成,如图8-7所示。

8.1.2.3 阀式浇口的热流道多型腔模具

对熔融黏度很低的塑料的多型腔注射模具,为防止流涎现象,采用阀式浇口。如图8-8、8-9所示。阀式浇口的热流道特点:熔料黏度很低时,避免流涎;熔料温度偏高时,避免拉丝;针阀的往复移动可减少浇口凝固的机会;可准确控制补缩时间和缩短物料的充模时间;可在高压下提前快速封闭浇口,降低了塑件内应力,减少了变形,提高了塑件尺寸稳定性;塑件上无浇口痕迹。

对于两个或两个以上型腔的热流道模具,一般都采用热流道板的浇注形式,热流道板的温度高于型腔板,其平行方向的热膨胀量大于型腔板的热膨胀量,可引起浇口间的错位或使模板变形,故设计时必须考虑。

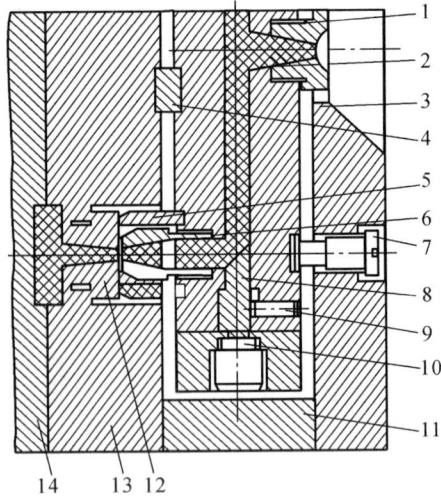

图 8 - 7 多腔加热流道

1—浇口套;2—热流道板;3—定模板;4—垫块;5—滑动压环;6—喷嘴套;7—支承螺钉;
8—堵头;9—止转销;10—加热器;11—侧板;12—浇口杯;13—定模板;14—动模板。

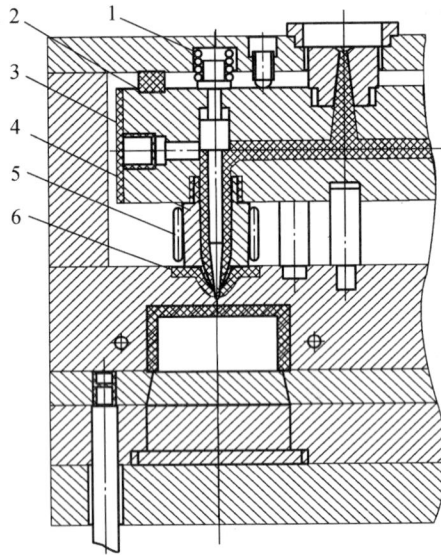

图 8 - 8 弹簧阀式浇口多型腔模

1—弹簧;2—针阀;3—热流道板;4—喷嘴;5—电热环;6—绝热垫。

8.1.3 热流道板

热流道板是多腔加热流道的核心部分,热流道板上设有分流道和喷嘴,热流道板上接主流道,下接型腔浇口,本身带有加热器。

8.1.3.1 热流道板结构

常用的热流道板为一平板,其外形轮廓有一字形、H 形、十字形等,如图 8 - 10 所示。热流道板分为内加热式和外加热式。内加热式其加热器在分流道之内;外加热式其加热

236

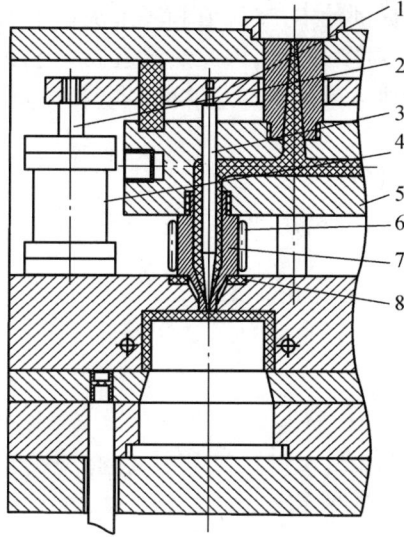

图 8 – 9　液压阀式浇口多型腔模

1—探针座板；2—活塞杆；3—针阀；4—液压缸；5—热流道板；6—加热环；7—喷嘴；8—绝热垫。

器在分流道之外，图 8 – 10 所示的热流道板均采用外加热。

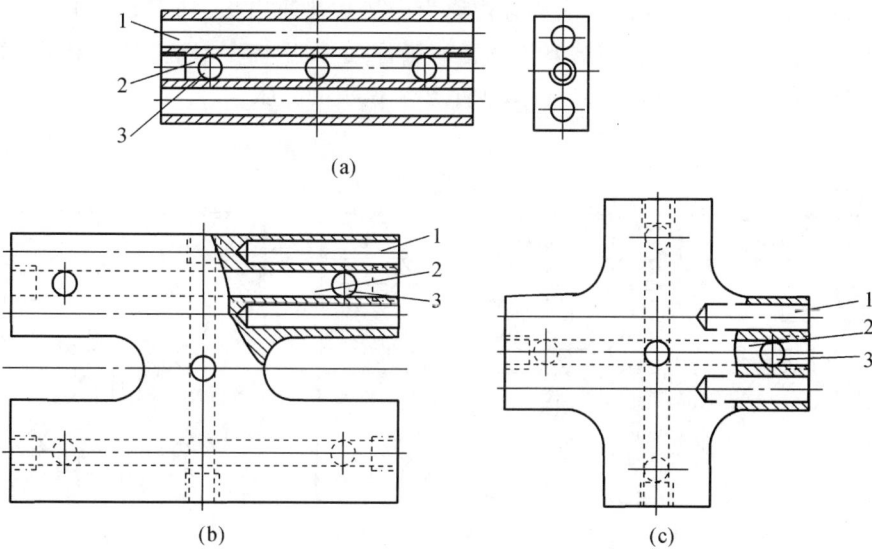

(a)

(b)　　　　　　　　　　(c)

图 8 – 10　热流道板

1—加热气孔；2—分流道；3—喷嘴孔。

　　热流道板上的分流道截面多为圆形，其直径约为 $\Phi5 \sim 15mm$，分流道内壁应光滑，转角处应圆滑过渡防止塑料熔体滞留。分流道端孔需采用孔径较大的细牙管螺纹管塞和密封垫圈堵住，以免塑料熔体泄漏。热流道板采用管式加热器加热。

　　热流道板安装在定模板与型腔板之间，为防止热量散失，应采用隔热方式使热流道板与模具的基体部分绝热，目前常采用空气间隙或隔热石棉垫板绝热，空气间隙通常取为 3 ~ 8mm。

由于热流道板悬架在定模部分中,主流道和多个浇口中高压熔体的作用力和板的热变形要求热流道板有足够的强度和刚度,因此热流道板应选用中碳钢或中碳合金钢制造,也可以采用高强度铜合金。热流道板应有足够的厚度和强固的支承,支承螺钉或垫块也应有足够的刚度。

8.1.3.2 热流道板加热功率计算

将热流道板加热至设定温度所需电功率可按如下公式计算:

$$P = \frac{mc(\theta - \theta_0)}{36 \times 10^5 t_\eta} \tag{8-1}$$

式中　P——加热器功率,kW;

　　　m——热流道板质量,kg;

　　　c——热流道板材料的比热,钢材约为485J/(kg·℃);

　　　θ——热流道板的设定温度,℃;

　　　θ_0——室温,℃;

　　　η——加热器加热效率,常取0.5~0.7;

　　　t——热流道板升至设定温度所需时间,h。

8.1.3.3 内热式热流道板

热流道板上的流道均采用内加热方式称为内热式热流道板,如图8-11所示。加热管设置于流道中心,流道中塑料熔体包围着加热管,这样熔体本身起到了绝热作用,提高了加热效率,降低了热流道板的温度,减少了热流道板的膨胀。

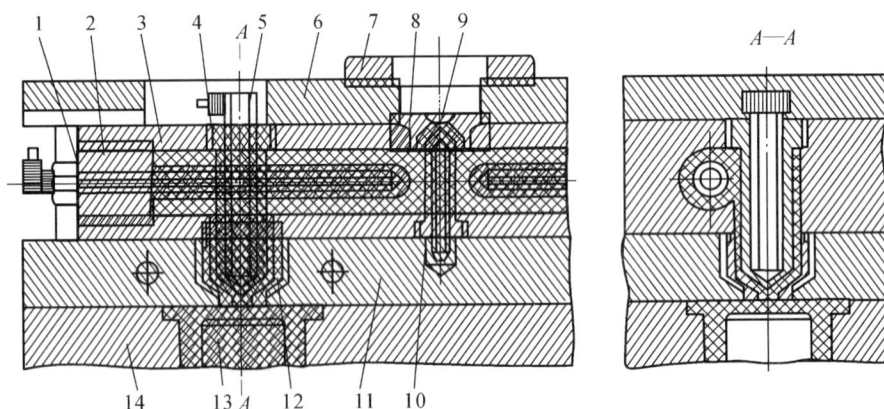

图8-11　内热式热流道板

1—加热芯棒;2—分流道加热管;3—热流道板;4—内热式喷嘴;5—加热芯棒;6—定模板;7—定位圈;
8—浇口套;9—加热芯棒;10—主流道加热管;11—浇口板;12—喷嘴套;13—型芯;14—型腔板。

采用内热式热流道板,其加热管四周温度高,熔体流速快时有产生分解的可能,因此要严格控制加热管的温度。另外沿流道径向越向外,熔体温度和流速越低,甚至形成固化层,所以加热管与流道壁之间的距离应为3~5mm,不能过大。采用内热式热流道板时,一般让加热管温度控制得较低,用高压注射成型。

238

8.1.4　热流道喷嘴

热流道喷嘴是连接高温热流道板和冷却固化塑件型腔的节流通道。为保持喷嘴内塑料的熔融状态,喷嘴可采用外部或内部加热,同时还要采取有效的绝热措施,防止热量外流。要避免喷嘴内温度过低产生冷料堵塞喷嘴,也要防止塑料过热而流涎、拉丝,甚至热分解。在喷嘴设计时,要考虑温差产生的热膨胀,特别是大型模具,要保证喷嘴口与喷嘴套以及定模型腔上浇口孔的对准。

1．直接接触式喷嘴

图 8-12 所示为直接接触式喷嘴,喷嘴采用外加热,其内部通道粗大,适合于用热敏性塑料成型的小型薄壁精密制品。

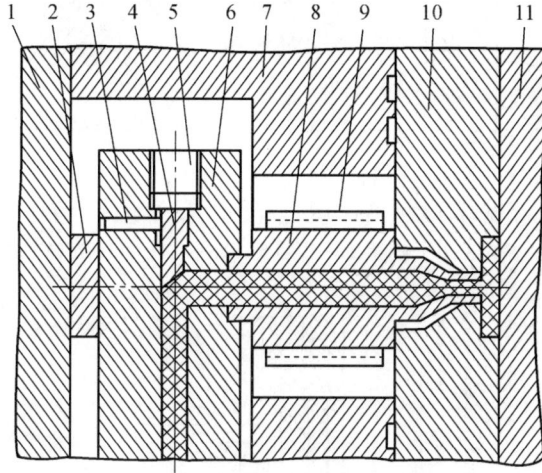

图 8-12　直接接触式喷嘴
1—定模板;2—垫块;3—止转销;4—堵头;5—螺塞;6—热流道板;
7—侧支板;8—直接接触式喷嘴;9—加热圈;10—浇口板;11—动模板。

1）绝热式喷嘴

绝热式喷嘴如图 8-13 所示,绝热式喷嘴的热量来源于热流道板中被加热的熔体和流道板的传热。喷嘴采用塑料隔热层与模具型腔板绝热,喷嘴常用导热性好的铍铜合金制造。

2）内热式喷嘴

内热式喷嘴是在喷嘴的内部设置加热棒,对喷嘴内的塑料进行加热,如图 8-14 所示。加热棒安装于分流梭中央,其加热功率可由电压调节。分流梭四周的熔体通道间隙一般为 3~5mm。间隙过小,使流动阻力大,散热快;间隙过大,则熔体径向温差大,并且结构尺寸也大。

2．阀式热流道喷嘴

用一根可控制启闭的阀芯置于喷嘴中,使浇口成为阀门,在注射保压时打开,在冷却阶段关闭。这种喷嘴可防止熔体拉丝和流涎,特别适用于低黏度塑料。阀式热流道喷嘴按阀启闭的驱动方式分为两类:一类是靠熔体压力驱动;另一类是靠油缸液压力驱动。图 8-15 所示是一种靠熔体压力驱动的弹簧针阀式热流道喷嘴。在注射和保压阶段,注射

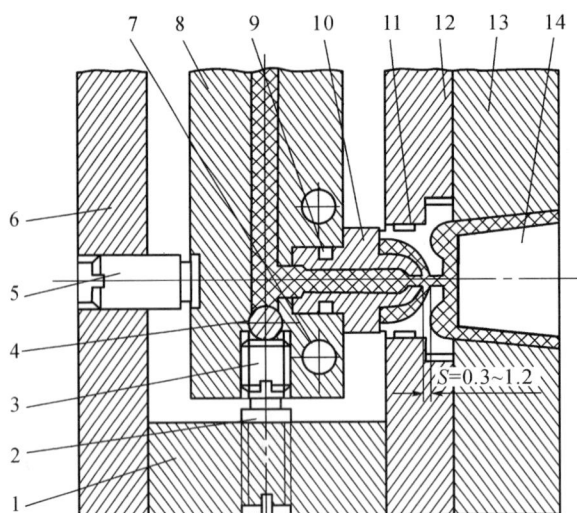

图 8 - 13　绝热式喷嘴

1—侧支架;2—定距螺钉;3—螺塞;4—密封钢球;5—支承螺钉;6—定模板;7—加热器孔;
8—热流道板;9—弹簧圈;10—喷嘴;11—喷嘴套;12—浇口板;13—定模型腔板;14—型芯。

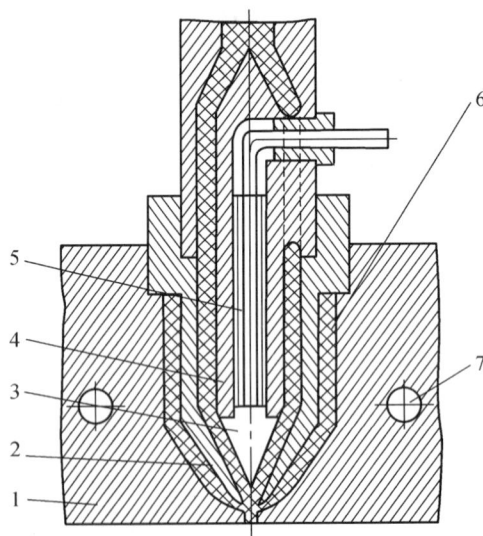

图 8 - 14　内热式喷嘴

1—浇口板;2—喷嘴;3—锥形尖;4—分流梭;5—加热棒;6—绝热层;7—冷却水孔。

压力传递至喷嘴浇口处,浇口处的针阀芯 9 克服了弹簧 4 的压力而打开浇口,塑料熔体进入型腔。保压结束后熔体的压力下降,这时弹簧 4 推动针阀芯 9 使浇口闭合,型腔内的塑料不能倒流,喷嘴内的熔料也不会流涎。

　　弹簧针阀式喷嘴结构紧凑,使用方便,其弹簧力应可以调节,针阀芯导向部分的间隙非常重要,要使其在高温下滑动而不咬合,又不能间隙过大使熔体泄漏。目前该类喷嘴已有系列化产品。

240

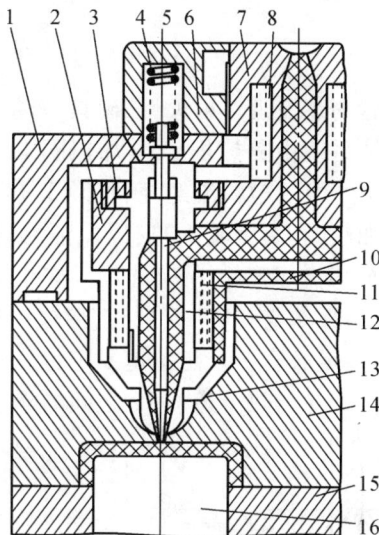

图 8 – 15　弹簧针阀式喷嘴

1—定模板;2—热流道板;3—压环;4—弹簧;5—活塞杆;6—定位圈;7—浇口套;8—加热圈;
9—针阀芯;10—隔热层;11—加热圈;12—喷嘴体;13—喷嘴头;14—浇口板;15—脱模板;16—型芯。

3. 热管式热流道

热管是一种超级导热元件,它是综合液体蒸发与冷凝原理和毛细管现象设计的,通常直径 $\Phi2 \sim 8mm$,长 $40 \sim 200mm$,其导热能力是同样直径铜棒的几百倍至上千倍,如图 8 – 16所示。它是铜管制成的密封件,在真空状态下加入传热介质,热端蒸发段的传热介质在较高温度下沸腾、蒸发,经绝热段向冷的凝聚段流动,放出热量后又凝结成液态。管中细金属丝结构的芯套,起着毛细管的抽吸作用,将传热介质送回蒸发段重新循环,这一过程继续进行到热管两端温度平衡。常用热管的有效工作温度范围 $-10℃ \sim 250℃$。

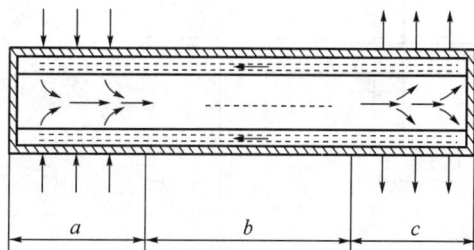

图 8 – 16　热管的工作原理

a—蒸发段;b—绝热段;c—凝聚段。

热管用于热流道模具的喷嘴和流道板加热,可将电加热圈或电热棒加热处的热量迅速导向冷端使温度均化。若喷嘴的一端由于结构原因无法加热,利用热管可以使喷嘴的轴向温差控制在 $2℃$ 内。

8.1.5　热流道注射模具结构实例

热流道注射模节省原料,生产效率高,是注射成型模具的发展趋势,被越来越广泛地用于生产实际中。

1. 套管热流道注射模

图 8-17 所示为塑料套管的热流道注射模,该模具一模四腔,采用外加热式热流道板和绝热式喷嘴。其热流道浇注系统由隔热板 9、电加热圈 11、热流道板 12、浇口套 13、喷嘴 16、密封圈 17 组成。注射时,熔融塑料流经浇口套 13、热流道板 12 和喷嘴 16 进入模具型腔,热流道板 12 设有电加热圈 11 为其加热,以保证熔融塑料的温度。喷嘴 16 无加热装置,其温度靠热传导获得,因此,喷嘴 16 应选用导热性好的铍铜合金材料。在注射时,有一部分熔融塑料流入浇口板 6 与喷嘴 16 之间,形成一层隔热层,以保证喷嘴 16 处有足够的温度。热流道板 12 由定心套 7 及定位销 8 定位,用压紧螺钉 15 压紧,并可做适当的调节。隔热板 9 用于浇口板 6 与热流道板 12 之间的隔热,以保证各自的适当温度。

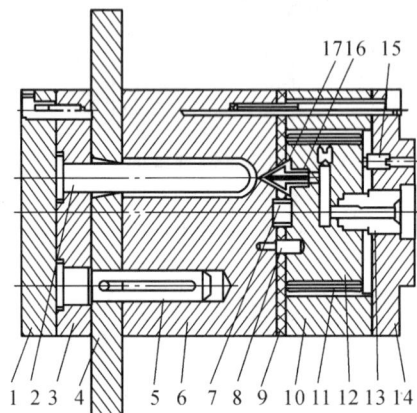

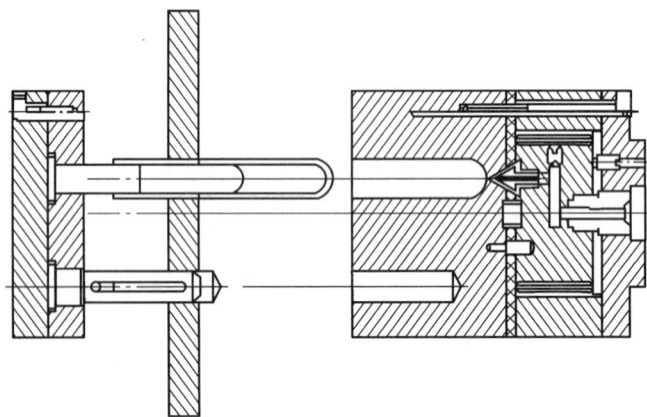

图 8-17 套管热流道注射模

1—动模板;2—型芯;3—型芯固定板;4—脱模板;5—导柱;6—浇口板;7—定心套;8—定位销;
9—隔热板;10—垫板;11—电加热圈;12—热流道板;13—浇口套;14—定模板;15—压紧螺钉;16—喷嘴;17—密封圈。

2. 塑料杯热流道注射模

一次性塑料杯生产批量大,要求有高的生产率,所以采用热流道注射模。图 8-18 为采用延伸式喷嘴的热流道注射模,延伸喷嘴 4 的外侧有电加热圈 3 为其提供热量,喷嘴与浇口套 6 接触的肩部用聚四氟乙烯的隔热密封圈 5 进行隔热。首次注射时,熔融塑料进入延伸喷嘴4与浇口套6之间的间隙,起到隔热保温作用。浇口套6的外侧为一冷却套2,冷却套2上可由环形冷却水孔通入冷却水进行冷却,密封圈7为冷却套2进行密封。

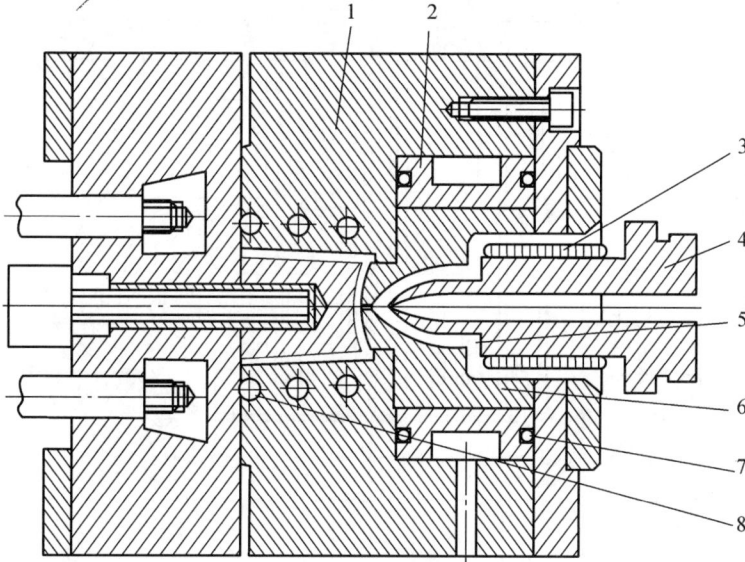

图8-18　塑料杯热流道注射模

1—型腔板;2—冷却套;3—电加热圈;4—延伸喷嘴;5—隔热密封圈;6—浇口套;7—密封圈;8—冷却水孔。

3. 洗衣机盖板热流道注射模

洗衣机盖板要求外表面光滑美观,无浇口和推杆痕迹,因此塑件在模具中要倒置,如图8-19所示。其塑件的推出要在定模一侧,因此,定模一侧尺寸较大。如采用普通的直浇口,浇注系统凝料很多,而且取出不方便,因此采用热流道,浇口套8的外侧带有多组电加热圈对浇口套进行加热,浇口套与模具模板间采用空气间隙绝热。由于浇口套过于细长,中间位置增加卡环9,用以给浇口套定位。模具注射时,熔料经浇口套8进入模腔。注射结束后模具打开,当打开到一定距离后,拉板13拉动脱模板12推出制件,同时通过脱模板上用螺钉连接的复位杆3拉动顶杆固定板5运动,使顶杆6顶出制件。

4. 周转箱热流道注射模

图8-20所示的周转箱热流道注射,其周转箱的尺寸较大,采用6个浇口进料。浇口喷嘴6采用电加热圈7进行加热,热流道板3采用电加热棒进行外加热。模具四侧滑块由8根斜导柱和两组斜置油缸驱动,用来实现侧抽动作。滑块由定模板和动模板的双重斜楔锁紧。

5. 托盘热流道多层注射模

图8-21为托盘热流道多层注射模。工作原理:在动模型芯板30上安装有齿条34,齿条34与型腔板32上的齿轮35啮合,而与齿轮35同轴的齿轮36又与装在定模型芯板上的齿条37啮合。开模时,随着动模后退动作,齿轮齿条机构传动,两层型腔的分型面Ⅰ—Ⅰ、Ⅱ—Ⅱ面同时开启,模具两侧的推板22由于拉钩顺序分型机构(本图中未作表达)的作用保持不动,制品留在型芯板30上。开模即将结束时,楔形杆使拉钩转动脱钩,推出机构与定、动模座板的连接消除,因此,推板22和推杆4在弹簧2的推力下前进,将制品从型芯板30上推落。脱模螺栓1对模板分型距离进行限定,同时又起复位杆的作用。合模时,脱模螺栓1接触隔板21后,推杆推出机构复位。

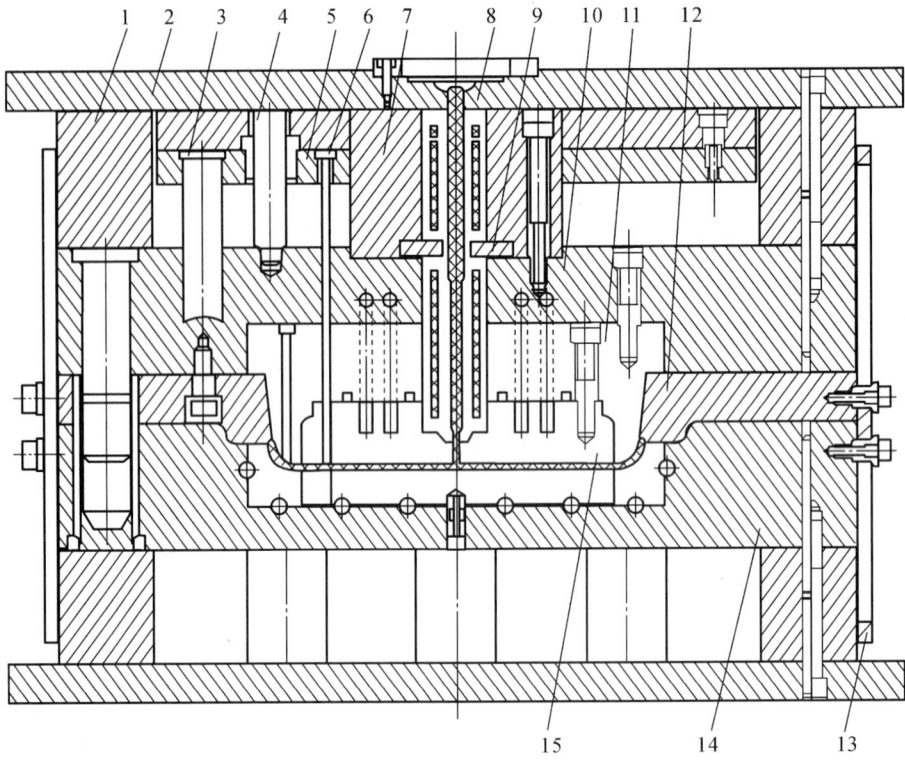

图 8-19 洗衣机盖板热流道注射模

1—垫块;2—定模板;3—复位杆;4—导柱;5—顶杆固定板;6—顶杆;7—支座;8—浇口套;
9—卡环;10—定模型芯固定板;11—型芯;12—脱模板;13—拉板;14—型腔板;15—型芯镶件。

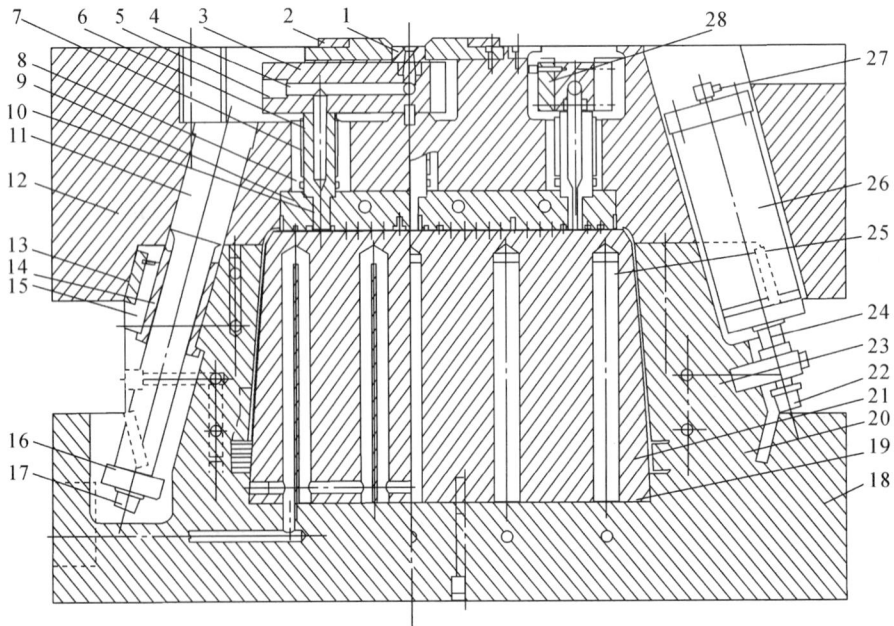

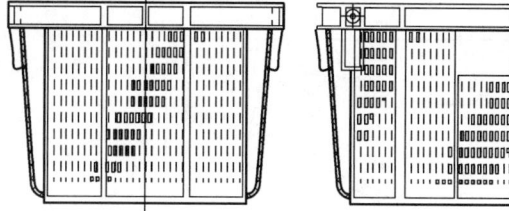

图 8 - 20　周转箱热流道注射模

1—主浇口套;2—定位圈;3—热流道板;4—堵头;5—螺塞;6—浇口喷嘴;7—电加热圈;8—热电偶;
9—型腔镶件;10—浇口套;11—斜导柱;12—定模板;13—斜楔热块;14—导柱;15—长滑块;16—电热圈;
17—螺钉;18—动模板;19—密封圈;20—短滑块;21—型芯;22—螺钉;23—连接板;24—油缸轴;
25—隔水板;26—油缸;27—油管接头;28—加热板。

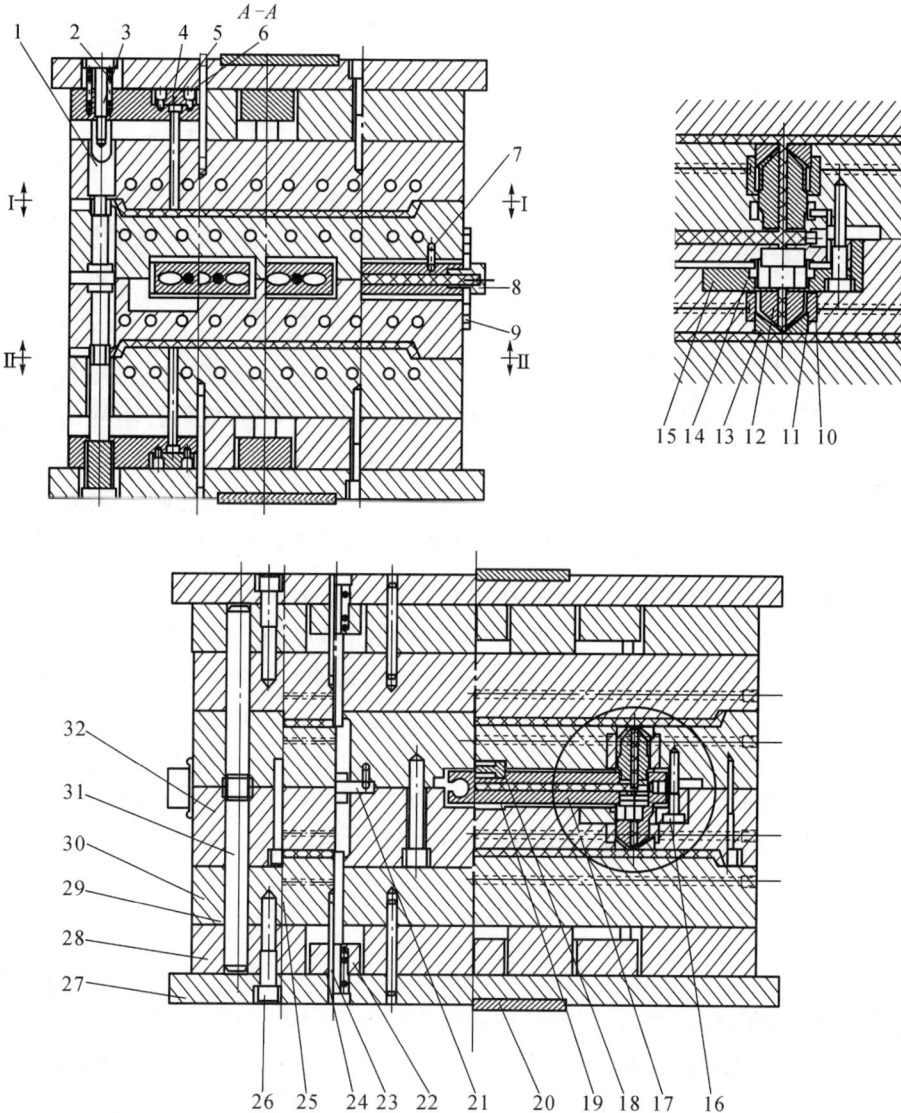

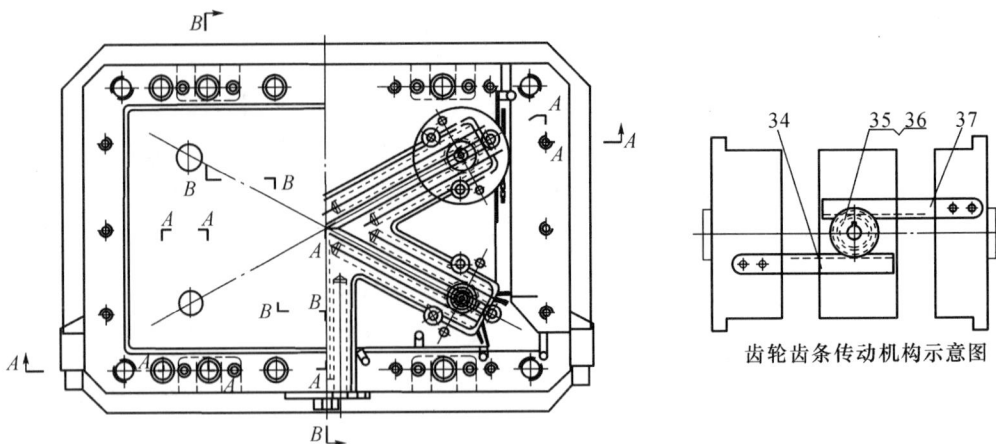

图 8-21 托盘热流道多层注射模

1—脱模螺塞;2—弹簧;3—螺钉;4—推杆;5—垫块;6—螺钉;7—销钉;8—浇口套;9—固定环;10—密封圈;
11—水环;12—二级喷嘴;13—镶件;14—滑动环;15—固定块;16—螺钉;17—流道;18—定位环;19—承压环;
20—定位圈;21—隔板;22—推板;23—导柱;24—导套;25—螺钉;26—螺钉;27—动模板;28—垫块;29—导套;
30—型芯板;31—导柱;32—型腔板;34—齿条;35—齿轮;36—齿轮;37—齿条。

8.2 双色注射模具简介

8.2.1 双色注射成型原理

注射成型双色或混色塑料制品是将同一种原料分别混合配制成两种不同的颜色,并由两台相同结构、相同规格的注射机分别塑化注射两种颜色熔料,然后经由一个喷嘴注入成型模具内。成型的塑料制品有分色的、混色的或者是无规则花纹的,其外观效果是普通注射成型及表面修饰所无法得到的。两台相同规格注射机中塑化熔料交替的经喷嘴注射完成,由塑化机筒和喷嘴间的程序控制阀控制动作。

双色注射机结构如图 8-22 所示。两个注射系统(料筒)和两副模具共用一个合模系统。模具的定模安装在机床固定模板上,动模安装在机床回转板 6 上。两副模具的型芯相同且具有 2 根互相垂直的对称轴,型腔一小一大。当其中一个注射系统 2 向小型腔模内注入 A 种塑料,注射成型后,开模,回转板转动 180°,将已成型的 A 种塑料零件(包在型芯上)作为嵌件送到大型腔所在的另外一个注射系统 4 的工作位置上,合模后注射系统 4 向大型腔模内注入 B 种塑料,对嵌件包覆或半包覆,经过注射、保压和冷却定型后脱模。

8.2.2 注射成型双色制品生产工艺特点

双色注射机由两套结构、规格完全相同的塑化注射装置组成。喷嘴按生产方式需要应具有特殊结构,或配有能旋转换位的结构完全相同的两组成型模具。塑化注射时,要求两套塑化注射装置中的熔料温度、注射压力、注射熔料量等工艺参数相同,要尽量缩小两套装置中的工艺参数波动差。

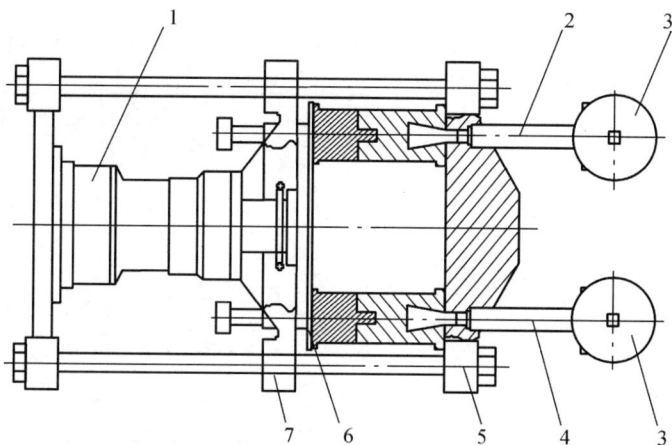

图 8 – 22 双色注射成型示意图

1—合模液压缸;2—注射系统;3—料斗;4—注射系统;5—定模板;6—回转板;7—动模板。

双色注射成型塑料制品与普通注射成型塑料制品比较,其注射时的熔料温度和注射压力都要采用较高的参数值。主要原因是双色注射成型中的模具流道比较长,结构比较复杂,注射熔料流动阻力较大。

双色注射成型塑料制品要选用热稳定性好、熔体黏度低的原料,以避免因熔料温度高,在流道内停留时间较长而分解。应用较多的塑料是聚烯烃类树脂、聚苯乙烯和 ABS 料等。

双色塑料制品在注射成型时,为了使两种不同颜色的熔料在成型时能很好地在模具中熔接,保证注射制品的成型质量,应采用较高的熔料温度、较高的模具温度、较高的注射压力和注射速率。

8.2.3 双色注射模具实例

1. 按键双色注射模

计算机及通信行业中常用的字符按键其通常的成型方法大都是采用先注射成型母体(无字符的按键),再将字符印刷上去,这种方法的优点是模具结构简单,用普通注射机即可进行大批量连续自动化生产,但印刷上去的字符在使用过程中容易磨损,最终导致按键表面字符模糊不清,影响使用而致报废。另一种方法是用一副模具专门生产白色的字符嵌件,将字符嵌件放入另一副模具,再注射深色塑料将字符嵌件包封而成型按键。

在已有双色注射机的条件下,可以根据双色注射成型的原理设计制造出双色注射模,利用双色注射机直接成型出带字符的按键,这种按键的字符和母体是用两种不同颜色的塑料成型,字符不易磨损,且成型出来的按键即为成品,减少了印刷工序。但双色注射机成本高,且模具精度要求高,模具制造成本高。

按键双色注射模结构如图 8 – 23 所示,模具整体结构以模具中心为原点上下左右对称,只是字符嵌件型芯型腔与按键母体型芯型腔大小不同,流道也不对称。模具上分布有 4 个定模导柱,2 个回转板导柱,整副模具采用 1 模 12 个字符嵌件和 1 模 12 个按键的布局。

字符嵌件腔为第 1 型腔,按键母体腔为第 2 型腔,合模第 1 次注射后,模具垂直上方的第 1 型腔的 12 个腔内注射了白色字符嵌件。模具水平下方的第 2 型腔的 12 个按键母体腔在第 1 模时注射无字符的深色塑料按键,从第 2 模开始才注射深色塑料将字符嵌件包封而成为带字符的按键。

247

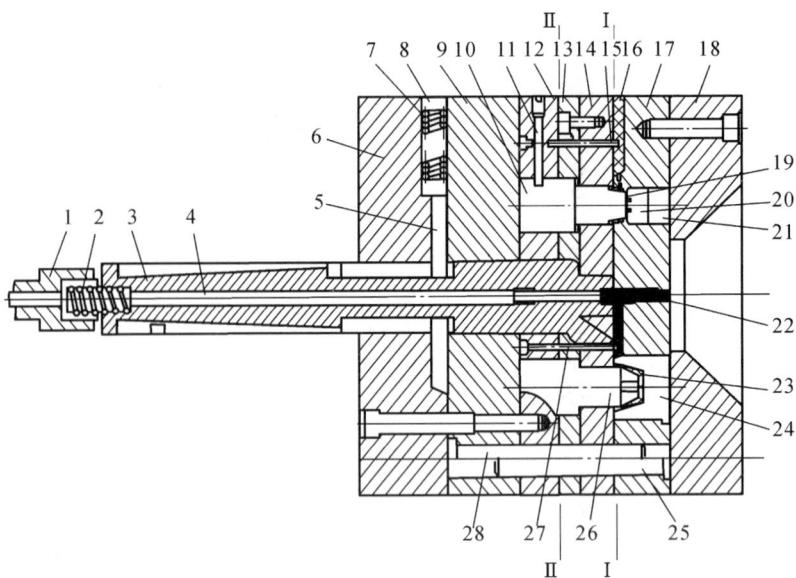

图 8 - 23　按键双色注射模

1—调节杆；2—弹簧；3—螺旋轴；4—推杆；5—导滑销；6—动模板；7—弹簧；8—压块；9—支承板；
10—字符型芯；11—定位销；12—动模固定板；13—回转板；14—回转板；15—拉料杆；16—主流道；
17—定模固定板；18—定模板；19—字符嵌件；20—字符嵌件；21—垫块；22—主流道；23—按键；
24—按键母体镶件；25—定模导柱；26—按键型芯；27—拉料杆；28—回转板导柱。

开模时动模部分后退，Ⅰ分型面首先分开。因为第 1 型腔成型字符嵌件部分，其浇口设计成潜伏浇口，此时潜伏浇口即与 12 个字符嵌件切断分离，但字符嵌件仍保留在动模部分中回转板 13、14 的型腔上，流道凝料由球形拉料杆 15 拉向动模一侧。第 2 型腔的浇口设计成侧浇口形式，成型的按键母体留在按键型芯 26 上，流道凝料由倒锥形冷料穴和球形拉料杆 27 拉向动模一侧。动模后退到使回转板全部脱离定模板上的导柱 25 后，动模继续后退，此时Ⅱ分型面分开。依靠机床开合模机构推动螺旋轴 3 沿轴线向前移动一段距离，使回转板脱离回转板导柱 28 和按键型芯，同时使成型字符嵌件的流道凝料及成型按键母体的流道凝料从球形拉料杆 15、27 上脱落，同时按键母体也从按键型芯上脱落，倒锥形冷料穴中的凝料在弹簧的作用下推出冷料穴，此时回转板起脱模板的作用。动模继续后退，机床开合模机构继续推动螺旋轴前进，此时螺旋轴在导滑销的作用下，一边沿轴线向前移动，一边绕轴线旋转 180°后，将第 1 型腔成型的字符嵌件旋转输送到第 2 型腔所在位置，第 1 次注射结束。

第 2 次注射过程：合模，定模将回转板压向动模，由于第 2 型腔尺寸大于第 1 型腔尺寸，通过回转板从第 1 型腔输送过来的字符嵌件套入第 2 型腔中。定模导柱首先导入动模导套，然后回转板导套导入动模上的回转板导柱，回转板上的 24 个型孔导入动模上的24 个型芯，螺旋轴上的导滑销迫使螺旋轴在合模过程中沿轴向作直线运动而不发生旋转运动，合模后第 1 次注射成型的 12 个字符嵌件由按键型芯正确压入按键型腔中的成型位置，然后进行第 2 次注射。

2. 水龙头把手双色注射模

水龙头把手双色注射模如图 8 - 24 所示。工作原理：注射时，甲工位（图中模具左边的型腔部分）的模腔被一注射装置注入 ABS 塑料，成型出制品的内层塑件，同时，另一注射装置通过浇口套10将PMMA塑料注入乙工位（图中右边）的模腔，即在内层塑件之上成型透明的外层部分。制品外层的壁较厚，所以在模具型腔镶件8上开设了螺旋形冷却水道，以实现制品的快速冷却。

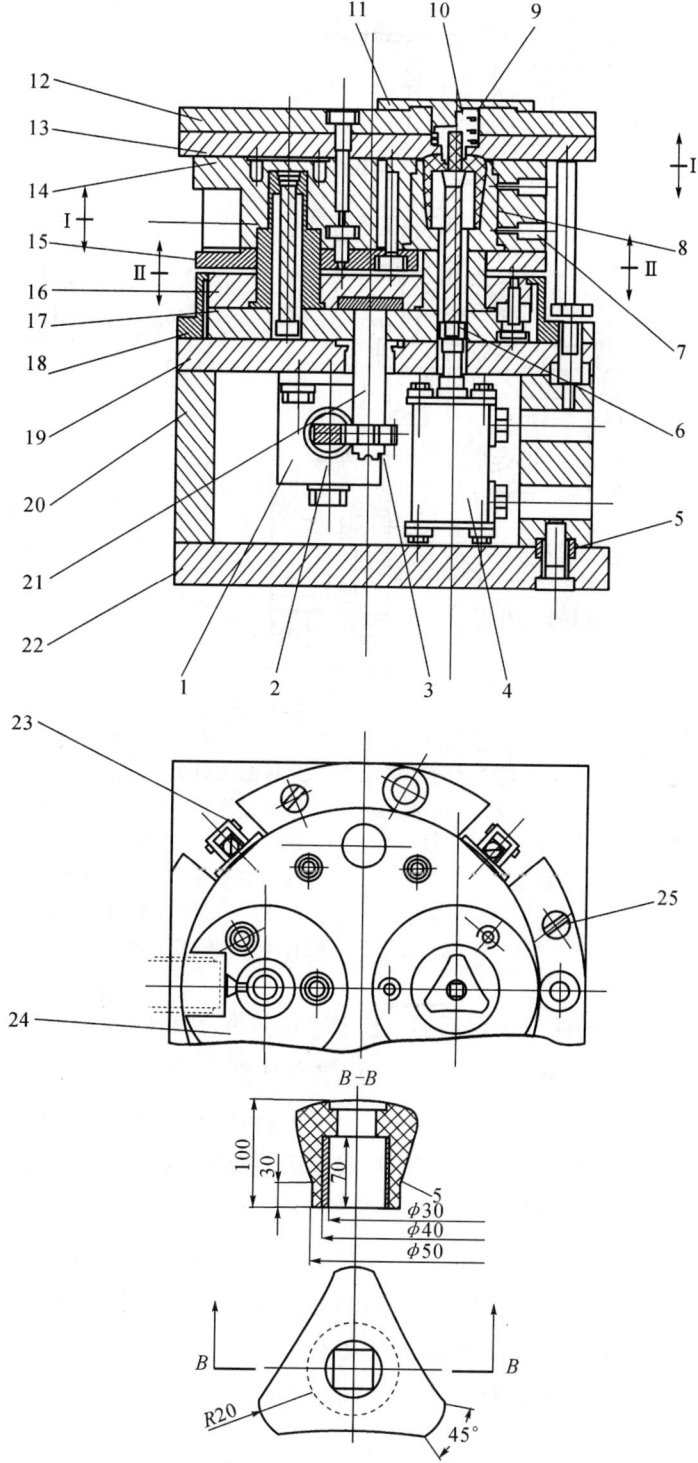

制品材料：内层ABS，外层PMMA

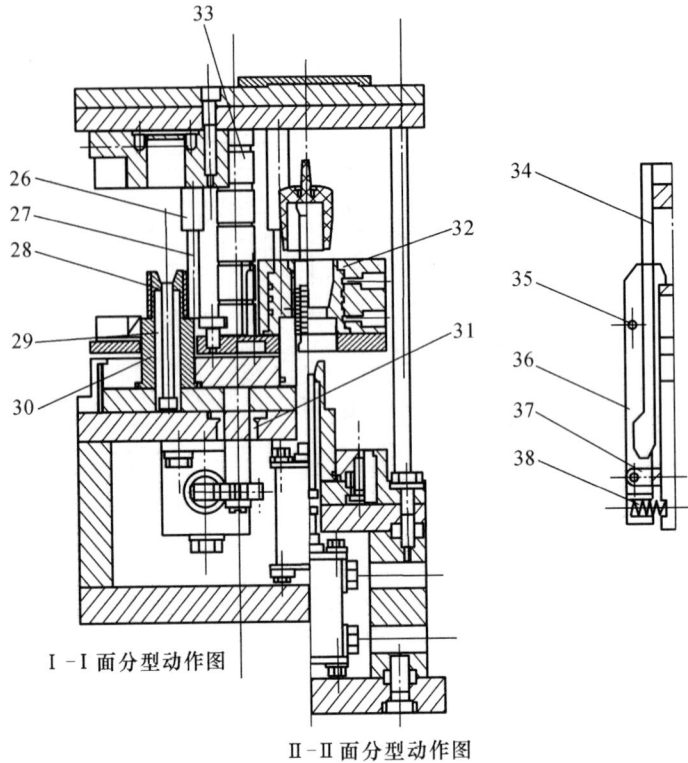

图 8－24　水龙头把手双色注射模

1—气缸;2—齿条;3—齿轮;4—汽缸;5—空心销;6—螺母;7—水嘴;8—型腔镶件;9—弹簧;10—浇口套;
11—定位圈;12—定模板;13—浇口板;14—定模固定板;15—固定板;16—型芯固定板;17—垫板;
18—导向环;19—支承板;20—垫块;21—方头主轴;22—动模板;23—十字头螺栓;24—圆盘;
25—限位螺钉;26—伸缩拉套;27—定距螺杆;28—弹簧;29—锥形推杆;30—型芯;31—衬套;
32—型腔固定环;33—导柱;34—脱钩杆;35—横销;36—拉钩;37—轴承座;38—复位弹簧。

　　开模之前,乙工位的注射装置后撤,浇口套 10 在弹簧 9 的作用下向外退出脱离流道凝料。开模时,由于拉钩 36 钩住固定板 15,故模具首先沿Ⅰ—Ⅰ面分型,内层塑件和制品保留在各自的型芯上。当Ⅰ—Ⅰ面分开一定距离时,脱钩杆 34 作用横销 35 使拉钩 36 脱离固定板 15,随即定距拉杆 27 和伸缩拉套 26 拉住固定板 15,固定板 15 停止动作。接着Ⅱ—Ⅱ面开始分型。型芯固定板 16 和垫板 17 带着已成型有内层塑件的型芯 30,从固定板 15 中退出至一定距离后,气缸 1 驱动齿条 2,齿条 2 与齿轮 3 啮合,因而带动方头主轴 21 旋转 180°,这样,当模具重新闭合时,被卸除了制品的型芯将进入甲模腔,而附着内层塑件的型芯进入乙模腔。制品的推出是在乙工位,由气缸 4 推动锥形推杆 29 实现,随后由弹簧 28 将锥形推杆 29 复位。

8.3 热固性塑料注射模具简介

8.3.1 概述

热固性塑料的注射成型是近20年来得到迅速发展的新工艺,它具有成型周期短、生产率高、塑件质量好、自动化程度高等特点,因此是热固性塑料模塑成型的重大革新,使热固性塑料成型技术的发展获得新的生命力。

热固性塑料注射模的基本结构与热塑性塑料注射模相似,模具安装在专用的热固性塑料注射成型机上,工作时由注射机的锁模机构锁紧。塑料在料筒内用低温加热和螺杆转动时的摩擦热塑化成熔融状态,然后在螺杆的压力作用下将熔融塑料通过注射机喷嘴和浇注系统注入模具型腔,由于模具的温度已加热到预定温度,因此熔融塑料在型腔内发生化学变化,最后硬化成型。塑件成型后在开模时由推出机构脱模。

8.3.2 热固性塑料注射模具设计注意事项

热固性塑料注射模具结构和热塑性塑料注射模具结构基本相同,设计时应注意以下几点:

(1)提高分型面合模后的接触精度,合模后分型面间隙应在0.015~0.03范围之内。热固性注射成型用的塑料,流动稳定性差,但在一定时间和温度条件下黏度很低,流动性反而优于热塑性塑料,所以模具分型面间缝隙过大,就会产生严重溢边;接触面积与接触精度是成反比的,接触面积大接触精度低,接触面积小接触精度高,所以在设计热塑性塑料注射模具时不但在结构设计上要提出较高的接触精度要求,而且在装配、试模时都应提出这个要求。

(2)要提高制品的脱模能力和模具的顶出能力。热固性塑料注射成型工艺要求模温高于料筒温度,但是容易造成制品与型芯之间较大的真空力,阻碍制品脱模。

(3)要减少模具储存料屑的坑穴,使制品上的溢边、硬屑不易储存在内。

(4)模具要选合适的材料,既有较好的耐磨性,还应有较低的热膨胀性,除此之外材料还应有良好的自润性,并使用耐高温的润滑剂。

(5)型芯和凸模粗糙度应小一些。

(6)要提高嵌件、镶块、活动型芯安装精度和稳定性。

8.3.3 热固性塑料注射模具实例

图8-25为某复杂形状的薄壁外壳热固性塑料注射模,材料为酚醛塑料。其工作过程与热塑性塑料注射模相同,不同点在于该模具设计了电热棒加热装置和绝热板绝热装置,取代了冷却装置。

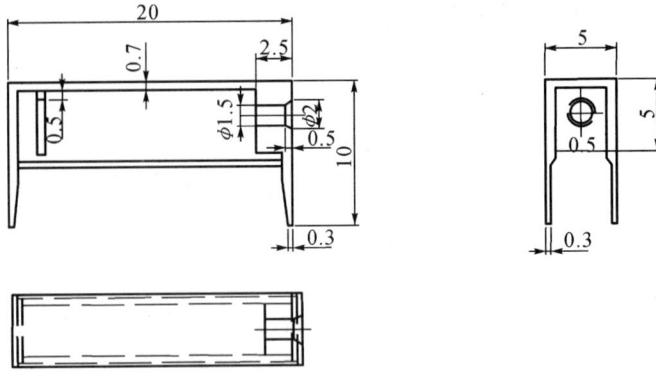

材料：酚醛塑料

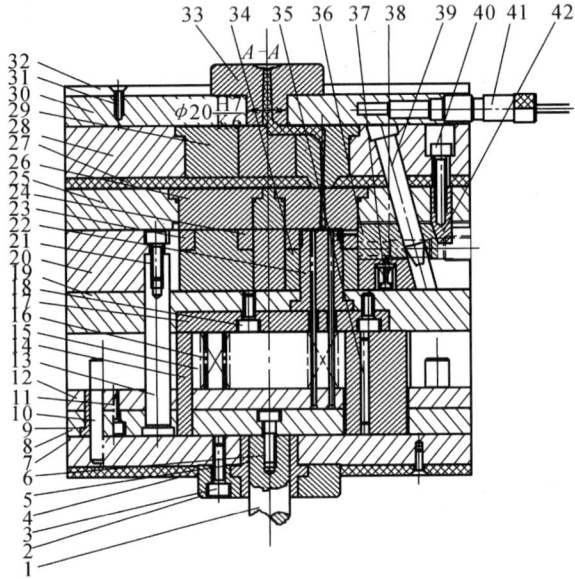

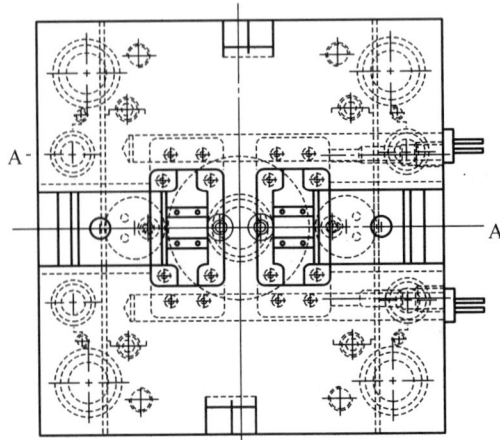

252

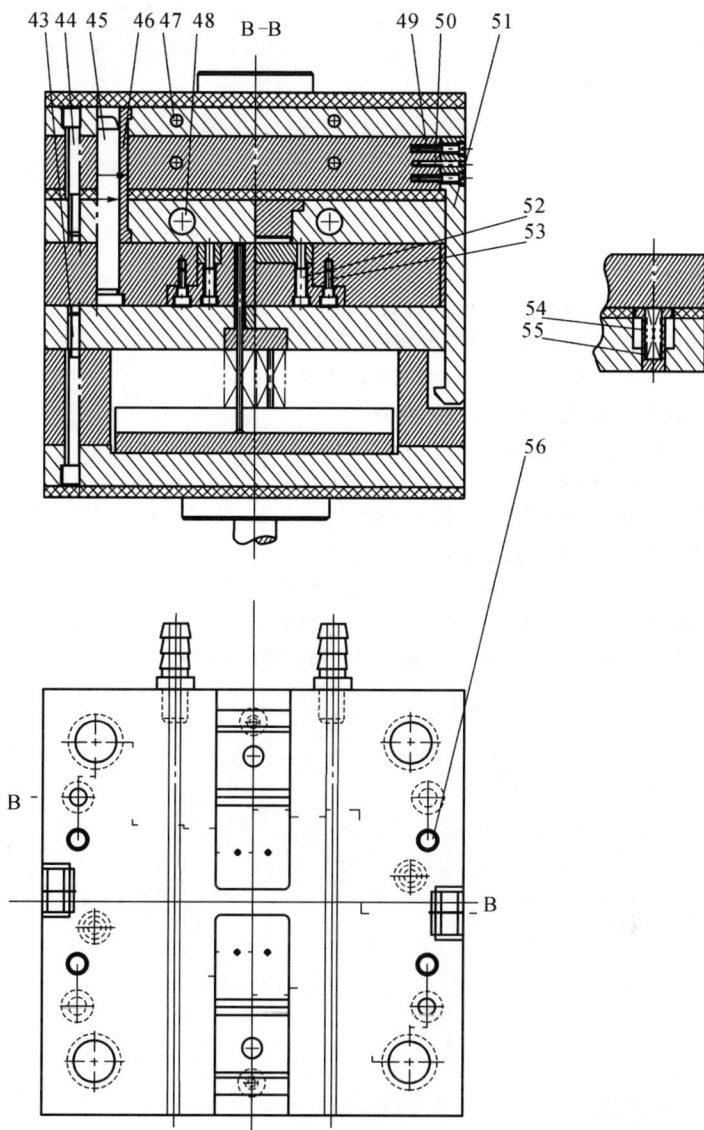

图 4 - 25 薄壁外壳热固性塑料注射模

1—推杆;2—固定板;3—螺栓;4—绝热板;5—导套;6—螺栓;7—挡板;8—动模板;9—导套;
10—圆柱销;11—螺栓;12—顶杆固定板;13—限位导柱;14—支柱;15—弹簧;16—顶杆;17—挡块;
18—螺栓;19—型芯;20—固定板;21—螺栓;22—型芯;23—型腔镶块;24—型腔镶块;25—固定板;
26—型腔镶块;27—绝热板;28—垫块;29—流道镶块;30—定模板;31—罗定;32—绝热板;33—浇口套;
34—型腔镶块;35—圆柱销;36—滑块;37—限位杆;38—弹簧;39—斜导柱;40—螺栓;41—热电偶;
42—限位块;43—螺栓;44—螺栓;45—导柱;46—导套;47—冷却水管;48—电热棒;49—螺钉;
50—圆柱销;51—拉钩;52—螺栓;53—螺栓;54—弹簧;55—挡块;56—圆柱销。

参 考 文 献

[1] 李秦蕊. 塑料模具设计. 西安:西北工业大学出版社,1988.

[2] F. 汉森. 塑料挤出技术[德]. 北京:中国轻工业出版社,2001.

[3] 王效岳. 塑料挤出机头典型结构120例. 北京:中国轻工业出版社,2001.

[4] 张振英. 塑料挤出成型入门. 杭州:浙江科学技术出版社,2000.

[5] 阎亚林. 塑料模具图册. 北京:高等教育出版社,2004.

[6] 齐卫东. 塑料模具设计与制造. 北京:高等教育出版社,2004.

[7] 刘汉云. 塑料模具设计与制造. 南京:江苏科学技术出版社,1989.

[8] 马金骏. 塑料模具设计. 北京:中国轻工业出版社,1984.

[9] 刁树森. 塑料模具设计与制造. 哈尔滨:黑龙江科学技术出版社,1984.

[10] 林德宽,冯少如. 塑料制件成型工艺及设备. 北京:国防工业出版社,1980.

[11] 欧阳德祥,蒋太斌,等. 按键双色注射模设计. 模具工业,2004(1):37-41.

[12] 阎亚林,彭志平. 电器外壳热流道注射模设计. 模具工业,2004(2):36-39.